21世纪高等学校电子信息类专业规划教材

PHP程序设计

主　编　李英梅　刘新飞

副主编　玄　萍　焦亚冰　张　鲲　刘建伟

主　审　马宪敏

清华大学出版社

北京交通大学出版社

·北京·

内 容 简 介

本书从初学者的角度出发，使用通俗易懂的语言，内容丰富的例子，全面细致地介绍了基于PHP语言和MySQL数据库的动态网站开发技术。全书共分17章，主要内容包括：HTML的基本语法、CSS的基本用法、PHP概述与入行、PHP的数据类型和运算符、PHP的基本控制语句、PHP实用小程序、MySQL数据库管理、图形化管理MySQL——phpMyAdmin、PHP与MyASQL的协同工作、用户注册登录系统、网上调查系统、用户留言系统、图片上传系统、聊天室系统、新闻及搜索系统，以及PHP的面向对象编程。

本书结构清晰，语言流畅，内容丰富，图文并茂。根据知识点的学习进程，精心安排具有针对性的精彩实例，强调理论知识与实际应用的结合，通过这些示例代码和实例分析，读者能够快速学习和掌握PHP程序开发的精髓，提高开发技能。

本书既可作为高等院校、高职、高专相关课程的教材，也可作为各类社会培训班PHP程序设计教学用书。此外，也可作为PHP爱好者和动态网站开发及维护人员的学习参考书。

图书在版编目（CIP）数据

PHP程序设计 / 李英梅，刘新飞主编．—北京：清华大学出版社；北京交通大学出版社，2011.3
(2017.12重印)
（21世纪高等学校电子信息类专业规划教材）
ISBN 978-7-81123-725-2

Ⅰ．①P…　Ⅱ．①李…　②刘…　Ⅲ．①PHP语言-程序设计　Ⅳ．①TP312

中国版本图书馆CIP数据核字（2009）第215138号

责任编辑：郭东青
出版发行：清 华 大 学 出 版 社　　邮编：100084　　电话：010-62776969
　　　　　北京交通大学出版社　　邮编：100044　　电话：010-51686414
印　刷　者：北京鑫海金澳胶印有限公司
经　　　销：全国新华书店
开　　　本：185×260　　印张：21.25　　字数：530千字
版　　　次：2011年5月第1版　　2017年12月第4次印刷
书　　　号：ISBN 978-7-81123-725-2 / TP·551
印　　　数：9 001～10 000册　　定价：33.00元

本书如有质量问题，请向北京交通大学出版社质监组反映。对您的意见和批评，我们表示欢迎和感谢。
投诉电话：010-51686043，51686008；传真：010-62225406；E-mail：press@bjtu.edu.cn。

前 言

PHP语言是当今互联网最流行、应用最广泛的互联网开发语言之一。它的简单性、开放性、低成本、安全性和适用性等，正受到越来越多的Web程序员的青睐和认同。在Linux和Windows平台的应用都很普遍，已经被全世界越来越多的网站使用。

本书内容全面，涵盖了PHP的绝大多数知识点。考虑了初学者的认知特点，内容编排合理，从Web开发的基础知识和基本的开发环境配置讲起，到PHP语言介绍、PHP函数介绍、PHP和MySQL应用以及PHP的高级技术。案例丰富，几乎每个知识点都有对应的翔实可运行的代码，所有实例代码都附有详细说明及运行效果图。使读者在理解理论知识的基础上，加强实践认识，掌握解决实际问题的方法。本书共分17章，主要内容如下。

第1章介绍了HTML（超文本标记语言）的基本语法及网页布局中经常用到的标记和属性，包括在可视化网页设计软件Adobe Dreamweaver CS4中创建网页的方法和常用工具等。

第2章介绍了CSS（层叠样式表）的基本语法及多种选择器和属性的使用方法，包括在可视化网页设计软件Adobe Dreamweaver CS4中新建样式表和编辑样式表的方法等。

第3章介绍了PHP的发展历史、工作原理和基本功能，同时还介绍了AppServ-win32-2.5.9免费PHP集成开发环境的安装过程，最后介绍了几款实用的PHP的开发工具。

第4章介绍了几个PHP的入门小程序，目的在于测试PHP的开发环境，同时使读者对PHP的开发习惯有一些初步的认识。

第5章介绍了PHP的数据类型和运算符，并对布尔型、整型、浮点型、字符串型、数组、对象和资源一一进行了讲解，并对常量和变量的具体使用原理进行了深入的探讨和研究。

第6章详细介绍了PHP的基本控制语句，并通过一些小实例来对分支控制语句、循环控制语句和函数进行深入的理解。

第7章介绍了文本计数器、图形计数器和日历等常用的PHP小程序，并对用到的知识点逐一进行了讲解和扩展。

第8章介绍MySQL数据库的基础知识、特点和操作，并通过大量的小实例来帮助读者理解和掌握MySQL数据库的理论内容。

第9章介绍MySQL数据库图形化管理软件phpMyAdmin的使用方法，并通过实例对数据库的创建和删除作了详细的讲解。

第10章介绍了PHP与MySQL协同工作的内容，包括PHP的MySQL数据库函数、数据库连接方法和数据库查询语句等。

第11～16章介绍了用户注册登录系统、网上调查系统、用户留言系统、图片上传系统、聊天室系统、新闻及搜索系统的设计思想、方法步骤和注意事项。通过大量的实例源码来加深对PHP基本语法的认识，并对之前学过的PHP与MySQL协同工作的内容进行更深入的理解。

第17章介绍了PHP面向对象编程思想以及面向对象编程的一些经验心得。同时介绍了类、构造函数、析构函数、范围解析操作符、parent和序列化对象等面向对象的常用知识点。

本书集合了多年从事计算机教学一线教师的智慧联合编写，参与本书编写的人员有丰富的教学经验，在编书方面都有较高的造诣。全书实例典型、精彩，编写语言通俗易懂、由浅入深，步骤讲解详尽、富于启发性。

本书由李英梅、刘新飞主编，玄萍、焦亚冰、张鲲、刘建伟任副主编，马宪敏主审。参加本书编写工作的还有孙宁、郭静、吴婧、孟琦、史妍等。具体分工是：第1、2章由李英梅编写，第4章由焦亚冰编写，第3、5章由张鲲编写，第6章由孟琦编写，第7、12章由玄萍编写，第8、11章由刘建伟编写，第9章由吴婧编写，第10章由史妍编写，第13、14、16章由刘新飞编写，第15章由孙宁编写，第17章由郭静编写。

在编写过程中，我们力求做到严谨细致、精益求精，由于编写时间仓促，编者水平有限，书中疏漏和不妥之处在所难免，殷切希望读者和同行专家批评指正。

编　者

2011年3月

目 录

第1章
HTML 基础

任务单一

项目 名称	网址导航类网站的设计制作
能力 目标	1. 会搜集整理网页设计的相关资料； 2. 会使用记事本制作网页； 3. 会使用基本的 HTML 代码； 4. 会利用表格进行基本布局； 5. 会借鉴互联网上现有的优秀网站。
任务 描述	根据掌握的资料，对网站进行整体规划并完成设计和制作： 1. 对将要制作的页面有一个比较完整的构想； 2. 把大概构想画在草图上或者利用 Photoshop 完成效果图的设计； 3. 使用记事本新建网页文件并写入 HTML 的基本结构和网页信息； 4. 对效果图中的设计进行制作； 5. 将制作好的网页文件规划在一个站点文件夹中。

1.1　HTML 语言简介

　　HTML 语言是超文本标记语言（HyperText Markup Language）的缩写，它是 Web 上的专用表述语言，是 SGML（Standard Generalized Markup Language）的一个简化版本。HTML 可以规定网页中信息陈列的格式，指定需要显示的图片，嵌入其他浏览器支持的描述型语言，以及指定超文本链接对象，如其他网页、Java Applet、CGI 程序、PHP 程序等。

　　HTML 语言的源文件是纯文本文件，所以，可以使用任何文本编辑器进行编辑，例如，UNIX 的 vi，DOS 的 edit，Windows 中的记事本等，一些专用编辑器如 Ultra Edit、Edit Plus、Microsoft Frontpage、Macromedia Dreamweaver 等提供了一整套模板等编辑工具；还可以直接调用内置浏览器浏览程序的执行效果，或者干脆提供了"所见即所得"的可视化编辑功能，要比一般编辑器方便得多。

　　HTML 不是程序设计语言，如 C++ 和 Java 之类，它只是标识语言，基本上是只要明白了各种标记的用法，就能学会 HTML。HTML 的格式非常简单，由文字及标记组合而成，对于编辑方面，任何文字编辑器都可以，只要能将文档保存为 ASCII 纯文字格式即可，当然以专业的网页编辑软件为佳。

1.2　HTML 语言中的标记码

1.2.1　标记码简介

　　HTML 语言中使用描述性的标记符（称为标记码）来指明文档的不同内容。标记码是区分文本各个组成部分的分界符，用来把 HTML 文档划分成不同的逻辑部分（或结构），如段落、标题和表格等。标记码描述了文档的结构，它向浏览器提供该文档的格式化信息，以传送文档的外观特性。

1. 标记码格式要求

　　（1）任何标记皆由"<"及">"所围住，如 <html>。

　　（2）标记名与小于号之间不能留有空白字符。

　　（3）某些标记需要加上参数，某些则不必。例如，font 标记码中 color 参数用来设置目标对象的颜色。代码:<font color="#FF0000">设置文本文字的颜色属性</font>。

　　（4）参数只可加于起始标记中。

　　（5）在起始标记之标记名前加上符号"/"便是其终结标记，如</font>。

　　（6）标记字母不区分大小写。

2. 标记码分类及基本结构

　　标记码按形态分为围堵标记与空标记。

　　（1）围堵标记。也称为双标记或双标签，顾名思义，它以起始标记及终结标记将文字围住，令其达到预期显示效果，即必须成对出现。这类标记的语法是：< 标签名称 > 内容 </ 标签名称 >。

例如，HTML 代码:`<b>` 加粗显示文字 `</b>` 不加粗显示文字。显示效果如图 1-1 所示。

其中 `<b>`…`</b>` 便称为围堵标记，它以起始标记 `<b>` 及终结标记 `</b>` 之间的目标对象设置成加粗形式。两者失其一都会发生错误显示。

（2）空标记。也称为单标记或单标签，因为它只需要单独使用就能完整地表达意思。即只有起始标记没有终结标记。这类标记的语法是：`< 标签名称 >`。

例如，HTML 代码：

`<p>` 你喜欢网页制作吗？ `<br>` 喜欢 `</p>`

显示效果如图 1-2 所示。

其中换行标记 `<br>` 便属空标记，它的作用便是将标记后所有东西显示于下一行，可见，再书写终结标记是没有意义的，但有些人会为空标记加上终结标记，这是为方便辨认而已，对 HTML 没有影响。

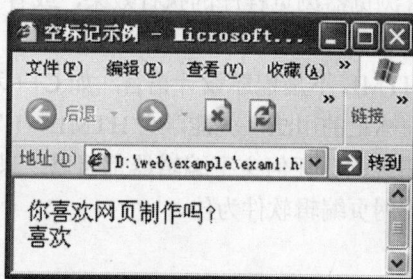

图 1-1　围堵标记显示效果　　　　图 1-2　空标记显示效果

（3）属性。大部分标记码的起始标记内可以包含一些属性，其语法是：

`< 标签名称 属性 1 属性 2 属性 3…>`

各属性之间没有先后次序，属性也可以省略（这时取系统的默认属性）。例如，双标记 `<marquee>`… `</marquee>` 表示令其中的对象移动，默认是自右至左移动，它有几种常见的属性介绍如下。

```
<marquee direction="left"  width="200" height="30" bgcolor="#009999"
    behavior="alternate" >你喜欢网页制作吗?  </marquee>
```

文字移动显示效果如图 1-3 所示。

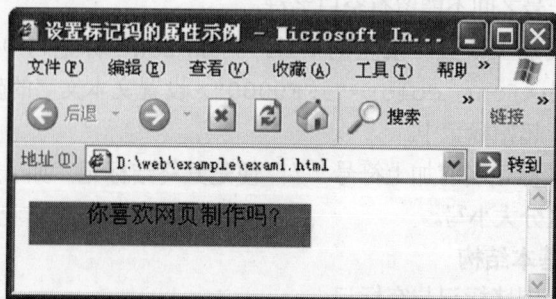

图 1-3　文字移动显示效果

其中:`direction` 属性表示文本对象移动的方向，属性值可以为向左（`left`）、向右（`right`）、向上（`up`）、向下（`down`），默认值为 `left` ;`bgcolor` 属性可以添加背景颜色;`width`、`height`

属性可以设定文字滚动的区域。height=" 高度 ", width=" 宽度 "。沿垂直方向（up 或 down）滚动时，必须设置一定的高度值，否则看不到滚动的文字。behavior 属性能够设定文本的不同移动方式。如滚动的循环往复（scroll）、交替滚动（alternate）、单次滚动（slide）等。

1.2.2 标记码

HTML 文档分文档头和文档体两大部分。文档头对文档进行了一些必要的定义，文档体中显示文档主体的各种信息，所有网页都是在这种架构的基础上逐步润色而形成的。HTML 文档的基本结构如图 1-4 所示。

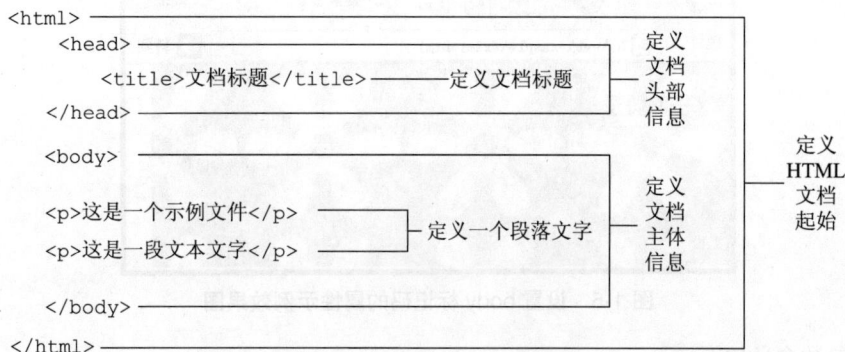

```
<html>
    <head>
        <title>文档标题</title> ————— 定义文档标题
    </head>                                          } 定义文档头部信息
    <body>

    <p>这是一个示例文件</p>
                                        } 定义一个段落文字      } 定义HTML文档起始
    <p>这是一段文本文字</p>
                                                          } 定义文档主体信息
    </body>

</html>
```

图 1-4 HTML 文档的基本结构

该例子中的标记码 <html>、<head>、<title>、<body> 和 <p> 就是通常所说的文件标记码，下面逐一介绍它们的作用。

（1）<html>...</html> 标记码。在代码的最外层，用以宣告这是 HTML 文件，让浏览器认出并正确处理此 HTML 文件。文档中所有代码处于标记 <html> 与 </html> 之间。

（2）<head>...</head> 标记码。文件头，是 HTML 文件第一部分的起始标志。整个文件头处于标记 <head> 与 </head> 之间。

（3）<title>...</title> 标记码。该代码区间定义的是文件的标题。会出现于浏览器顶部，每页有不同而明确的标题是必要的。

（4）<body>...</body> 标记码。是 HTML 文件的第二部分，也是定义信息的主体部分，它包含了文件（即网页）的内容。

（5）<p>...</p> 标记码。HTML 中使用 <p> 标签来定义一个段落。图 1-4 的代码中显示了两个段落。

在这 5 个文件标记码中，只有 <p> 和 <body> 有参数需要设置。而在 <body> 中设置的参数可以确定整个文件的背景色、前景色等基本属性。<body> 的语法：

```
<body 属性1= 属性1值    属性2= 属性2值…>
网页的内容
</body>
```

【例 1.1】为 <body> 设置一些属性参数。

```
<body  text="#990000"  link="#990066"  alink="#0066CC"  vlink="#660099"
    background="../images/bj.gif"  bgcolor="#00CCCC"  leftmargin="10"
```

```
    topmargin="20"
    bgproperties="fixed">
    <p> <a href="#">文字的链接 </a></p>
</body>
```

代码显示效果如图 1-5 所示。

图 1-5　设置 body 标记码的属性示例效果图

其中参数含义如下。

text：指定 HTML 文件中文字颜色属性。

link：指定 HTML 文件中待连接超链接对象颜色属性。

alink：指定 HTML 文件中连接中超链接对象颜色属性。

vlink：指定 HTML 文件中已连接超链接对象颜色属性。

background：指定 HTML 背景图形。

bgcolor：指定 HTML 背景颜色属性。

以下的三个参数只在浏览器中起作用。

leftmargin：指定整份文件显示画面的左方边沿空间，单位为像素。

topmargin：指定整份文件显示画面的上方边沿空间，单位为像素。

bgproperties：指定背景图形是否具有卷动属性。

各颜色属性的参数值可以是用英文描述的色彩如 RED、BLUE、YELLOW 等，也可以是以 "#" 开头的十六进制的色彩值，共六位，每种颜色两位，从 00 到 FF，如红色可以表示为 "#FF0000"、绿色可以表示为 "#00FF00"、蓝色可以表示为 "#0000FF" 等。如例子中 text="#000000" 指定 HTML 文件中文字颜色为黑色。

当指定 bgcolor 属性时，如果已设定背景图形，bgcolor 属性会失去作用，除非背景图形有透明部分。

bgproperties="fixed" 表示固定背景纸，当卷动文字时纸不会跟着卷动。

1.2.3　排版标记码

排版标记包括：<!-- 注释 -->、<p>、
、<hr>、<center>、<pre>、<div>、<nobr>、<wbr>。它们都起到安排网页内容所处位置的作用，下面逐一介绍这几个标记。

6

1. 文本注释 <!-- 注释 -->

像很多程序设计语言一样，HTML 文件也提供注解功能。浏览器会忽视此标记中的文字（可以是多行）而不作显示，一般使用目的如下。

（1）增强程序可读性。为文中不同部分加上说明，方便日后维护及修改。这对较复杂或私人网页尤其重要，它不单是提醒自己，也提醒合作者这部分做什么、那部分做什么。例如，<!-- 由这处开始是产品订购表格 -->。

（2）用作版权声明。假如你不希望别人使用或复制你的网页，可以加上警告内容。

2. 段落标记码 <p>

段落标记的作用是为文字、图片、表格等之间留一空白行。</p> 可以省略，下一个 <p> 的开始标记着上一个 </p> 的结束。

段落标记有一个参数 align，该参数用来设置文本的对齐方式。例如，<p align="center">。设置该段文本对齐方式为"居中对齐"。

可选值为：right, left, center。分别表示为"右对齐"、"左对齐"、"居中对齐"。默认值为 align="left"。

【例 1.2】文字对齐方式示例。

源代码：

```
<html>
<head>
    <title>设置文本的对齐方式</title>
</head>
<body>
    <p align="right">文字右对齐
    <p align="left">文字左对齐
    <p align="center">文字居中对齐
    </body>
</html>
```

对齐方式显示效果如图1-6所示。

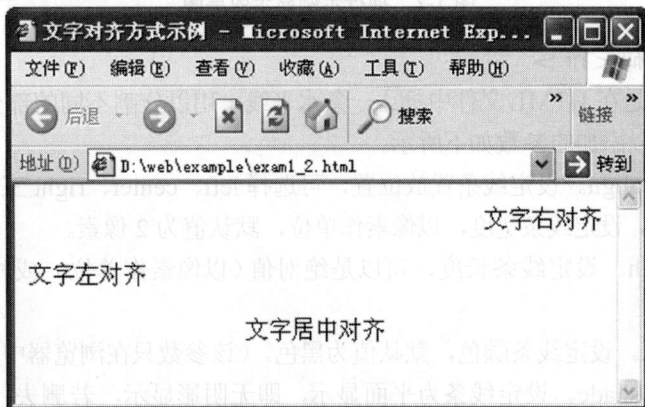

图 1-6　对齐方式效果图

3. 换行标记码 `<br>`

换行标记的作用是令文字、图片、表格等对象显示于下一行。

由于浏览器会自动忽略原始码中空白和换行的部分，这使得 `<br>` 成为最常用的标记之一，因为无论你在原始码中编好了多漂亮的文章，若不适当地加上换行标记或段落标记，浏览器只会将它显示成一大段。所以，对于编写者需要断行的位置，应加上`<br>` 标记码。

【例 1.3】换行示例。

源代码：

```
<html>
    <head>
        <title> 换行示例 </title>
    </head>
<body>
        相见时难别亦难，东风无力百花残。春蚕到死丝方尽，蜡炬成灰泪始干。
    <br> 相见时难别亦难，<br> 东风无力百花残。<br> 春蚕到死丝方尽，<br> 蜡炬成
    灰泪始干。
</body>
/
```

代码显示效果如图 1-7 所示。

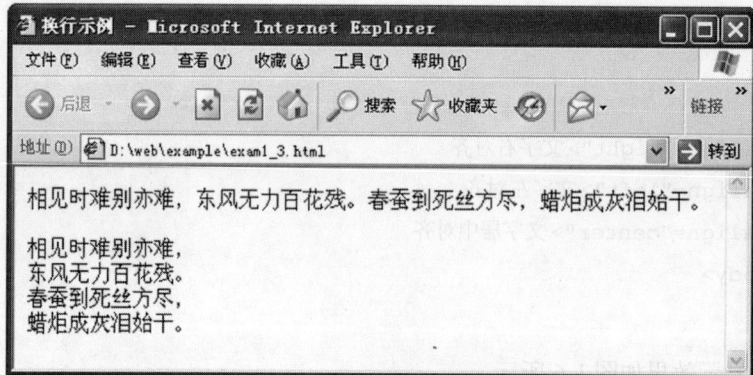

图 1-7　换行示例显示效果图

4. 水平线标记码 `< hr >`

水平线的作用是在 HTML 文件中插入一条水平线，用以分割不同的部分。用 `<hr>` 代码标记水平线。它可以添加的参数如下所示。

（1）对齐方式 align。设定线条置放位置，可选择 left、center、right 三种设定值。

（2）宽度 size。设定线条宽度，以像素作单位，默认值为 2 像素。

（3）长度 width。设定线条长度，可以是绝对值（以像素作单位）或相对值，默认值为 100%。

（4）颜色 color。设定线条颜色，默认值为黑色。（该参数只在浏览器中起作用）。

（5）无阴影 noshade。设定线条为平面显示，即无阴影显示，若删去，则具有阴影或立体，这是默认值。

【例1.4】水平线示例。

部分源代码：

```
<hr align ="right" size ="1" noshade="noshade" color="#000000">
<hr align ="left" size ="2" width ="500" color ="#0000FF" noshade="noshade">
<hr align ="center" size ="3" width ="70%" color="#008000">
```

代码显示效果如图1-8所示。

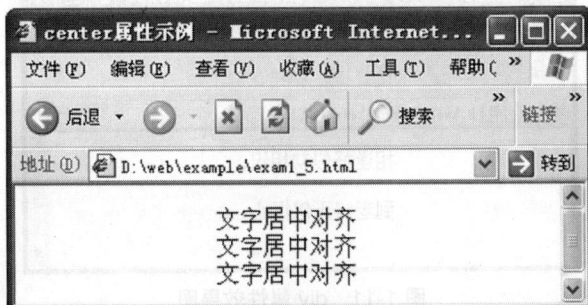

图1-8　水平线示例效果图

　　显示结果为三条水平线，第1条水平线对齐方式为右对齐，宽度为1像素，无阴影显示，长度默认为浏览器长度，颜色为黑色；第2条水平线对齐方式为左对齐，宽度为2像素，长度为500像素，颜色为蓝色，无阴影显示；第3条水平线对齐方式为居中对齐，宽度为3像素，长度为浏览器当前长度的70%，颜色为绿色，有阴影显示。

5. 居中标记 <center>

　　居中标记的作用是令文字、图片、表格等对象居中显示。

　　该标记原先是 netscape 所定义，后来其他浏览器都支持它，但你会发现很多标记已有 align="center" 的参数，<center> 似乎多余了，事实上它还是常用的标记之一，其简单易用，常用于文字上，对于已加有 align="center" 参数的表格标记 <table> 亦要不厌其烦地加上居中标记，因为有颇多的浏览器不支持 <table> 标记中的 align="center" 参数。

【例1.5】center 属性示例。

部分源代码：

```
<center> 文字居中对齐 </center>
<center> 文字居中对齐 </center>
<center> 文字居中对齐 </center>
```

代码显示效果如图1-9所示。

图1-9　居中标记效果图

6. 预设格式标记 <pre>

称为预设格式标记，其作用是令文件以原始码的排列方式显示。

该标记允许保留原始码中输入的空白及换行。细看以下例子便可体会到此标记的威力。除了运用一大堆表格标记之外，只有采用这标记才能有此效果。

【例 1.6】pre 属性示例。

部分源代码：

```
<pre>
        <center>文字居中对齐 </center>
        <center>文字居中对齐 </center>
        <center>文字居中对齐 </center>
</pre>
```

本例只在上一个例子主要代码前后加上 <pre>，代码并没有使用   或者
、<p> 等标记，但是仍然可以显示空格或换行。代码显示效果如图 1-10 所示。

7. 区隔标记 <div>

区隔标记的作用是设定文字、图片、表格等的摆放位置。区隔标记有一个常用参数，基本语法：<div align= 可选值 >。

图 1-10 pre 属性效果图

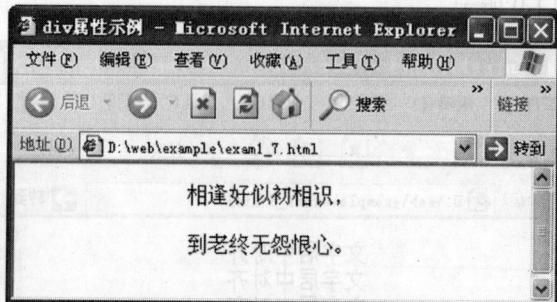

可选值：center, left, right，决定文字、图片、表格等对象居中对齐、左对齐或右对齐。

默认值：align="left"

<div align="center"> 的作用和居中标记 <center> 一样，前者是由 HTML 3.0 开始的标准，后者是通用的标识法。

【例 1.7】div 属性示例。

```
        <div align="center">
        <p> 相逢好似初相识,
        <p> 到老终无怨恨心。
        </div>
```

代码显示效果如图 1-11 所示。

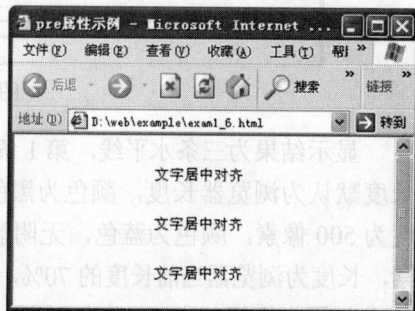

图 1-11 div 属性效果图

8. 不折行标记 <nobr>

不折行标记的作用是令某些文字不因太长而绕行，一起显示于同一行或下一行。它对住址、数学算式、一行数字、程序码等尤为有用。

例如，<nobr> 这句话不能被分行 </nobr>。

例子中 <nobr> 与 </nobr> 标记之间的文字无论处于 HTML 文件源代码中任何位置，在浏览器中显示时都不能被分行。

9. 建议折行标记 <wbr>

建议折行标记，其作用是预设折行部位。

它没有侵犯到
 的责任，只是作建议而已，如果你的系统解析度够高，那么它是不会折行的。

1.2.4　文字的字体与样式标记

本节主要介绍 HTML 的几种基本标记。

1. <font>

<font> 是应用在文件的内文部分，即 <body> 与 </body> 之间的位置，只影响所标识的文字，是一个围堵标记。

<font> 的语法为：<font 属性…>

属性参数含义：

face：设定文字的字体。face 属性可以将文本对象设置成计算机中存在的各种字体。

size：设定文字的大小，其值可以是绝对值或相对值。该属性的有效范围为 1~7，其中默认值为 3，可以在 size 属性值之前加上"+"、"-"字符，来指定相对于字号初始值的增量或减量。size 参数取值绝对值的意思是标记自己决定文字的大小，如 size="6" 表示其大小是 6，而 HTML 默认值为 3，即 size="3" 和没有设定是一样的。相对值的意思便是在默认值 3 的基础上增加或减少大小级数，如 size="-1" 便等同绝对值表示法的 size="2"，但若已设定 <BASEFONT size="n">，则其实际大小是 n-1 不再是 3-1 了。

color：设定文字的颜色。

【例 1.8】font 属性示例。

源代码：

```
<html>
<head>
        <title >设置字体字号颜色示例 </title>
</head>
<body>
        <p><font face=" 宋体 " color="#FF0000"> 宋体文字 </font>
        <p><font face=" 黑体 " size="-1" color="#660066">黑体文字 </font>
        <p><font face=" 华文琥珀 " size="6" color="#00FF00"> 华文琥珀文字 </font>
        <p><font  face=" 华文琥珀 " size="+6"color="#00FF00"> 华文琥珀文字 </font>
</body>
</html>
```

11

代码显示效果如图 1-12 所示。

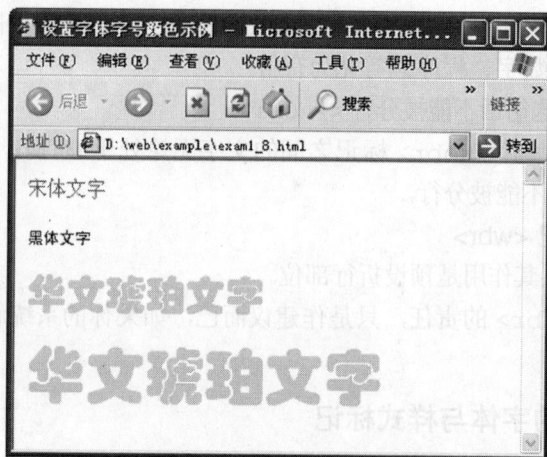

图 1-12   设置字体字号颜色效果图

2. 文字字型样式

为了让文字富有变化，或者为了着重强调某些文字，HTML 提供了一些标识符来设置一些效果。例如，给文字添加粗体效果、斜体效果、下画线效果、大/小型文字效果、强调（特别强调）效果等。

【例 1.9】设置字型示例。

源代码：

```html
<html>
<head>
        <title>设置字形示例</title>
</head>
<body>
        <p><b>粗体文字</b>                        <!b 添加粗体效果 -->
        <p><i>斜体文字</i>                        <!i 添加斜体效果 -->
        <p><u>加下画线文字</u>              <!u 添加下画线效果 -->
        <p><big>大型文字</big>              <!big 添加大型文字效果，令字体加大 -->
        <p><small>小型文字</small>              <!small 添加小型文字效果，令字体变细 -->
        <p><em>强调文字</em>                  <!em 添加强调文字效果 -->
        <p><strong>特别强调文字</strong>  <!strong 添加特别强调文字效果 -->
        <p><strike>删除线文字</strike></b>        <!strike 添加删除线效果 -->
</body>
</html>
```

代码显示效果如图 1-13 所示。

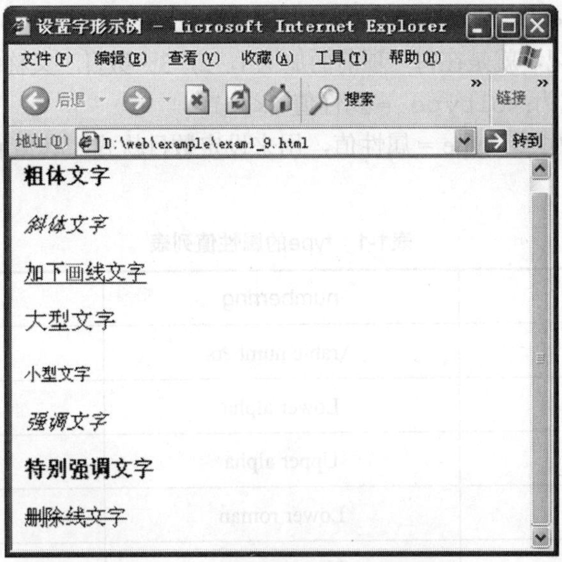

图 1-13　设置字形示例显示效果

3. 标题 <h1>

这些是标题标记，由 <H1> 至 <H6> 变粗变大加宽的程度逐渐减小。每个标题标记所标识的字句将独占一行且上下行各留一空白行。

【例 1.10】设置标题示例。

源代码：

```
<html>
<head>
        <title>设置标题示例</title>
</head>
<body>
        <h1>标题 1 </h1>
        <h2>标题 2 </h2>
        <h4>标题 4 </h4>
        <h5>标题 5</h5>
        <h6>标题 6 </h6>
    </body>
</html>
```

代码显示效果如图 1-14 所示。

图 1-14　设置标题示例效果图

1.2.5　列表元素标记

列表元素标记主要包括以下几种：有序列表标记 <ol>、无序列表标记 <ul> 和列表项标记 <li>。

1. 有序列表标记 <ol>

所谓有序列表标记，就是在每一项前面加上 1，2，3…数目，又称编号清单。

<ol> 的常用格式为：<ol type = 属性值 ></ol>。

例如：<ol type="1">，type = 属性值，用来设定数目款式，其值有 5 种，请参考表 1-1，默认值为 type="1"。

表1-1 type的属性值列表

type	numberring	style
1	Arabic numbers	1,2,3,…
a	Lower alpha	a,b,c,…
A	Upper alpha	A,B,C,…
i	Lower roman	i,ii,iii,…
I	Upper roman	I,II,III,…

2. 无序列表标记 <ul>

所谓无序列表标记，就是在每一项前面加上●实心圆、○空心圆、■实心方格等符号，故又称符号清单。

<ul> 的常用格式：<ul type = 属性值 ></ul>

例如，<ul type="circle">，type = 属性值，设定符号款式，其值有 3 种，如下，默认值为 type = "disc"。

符号●实心圆，是当 type= "disc" 时的列项符号。

符号○空心圆，是当 type="circle" 时的列项符号。

符号■实心方格，是当 type="square" 时的列项符号。

3. 列表项码标记 <li>

不论是有序列表还是无序列表，每一个列表项均用标记 <li> 和 </li> 定义。

【例 1.11】列表元素示例。

源代码：

```
<html>
<head>
<title>列表元素示例</title>
</head>
<body>
<p>第一学期课程
<ol type="1">
    <li>高级语文程序设计</li>          有序列表
    <li>高等数学</li>                  type="1"
</ol>
<ol type="i">
    <li>计算机组装与维修</li>          有序列表
    <li>组成原理</li>                  type="i"
</ol>
```

14

```
<ol type="a">                        ┐
    <li>线性代数</li>                  ├──── 有序列表
    <li>软件工程导论</li>              │     type="a"
</ol>                                 ┘

<p>第二学期课程
<ul type="circle">                   ┐
    <li>数据结构</li>                  ├──── 无序列表
    <li>平面图形图像处理</li>          │     type="circle"
</ul>                                 ┘

<ul type="disc">                     ┐
    <li>多媒体设计与制作</li>          ├──── 无序列表
    <li>ASP.NET动态网站开发</li>       │     type="disc"
</ul>                                 ┘

<ul type="square">                   ┐
    <li>Java Web应用开发</li>          ├──── 无序列表
    <li>数据库应用SQL Server</li>      │     type="square"
</ul>
</body>
</html>
```

代码显示效果如图 1-15 所示。

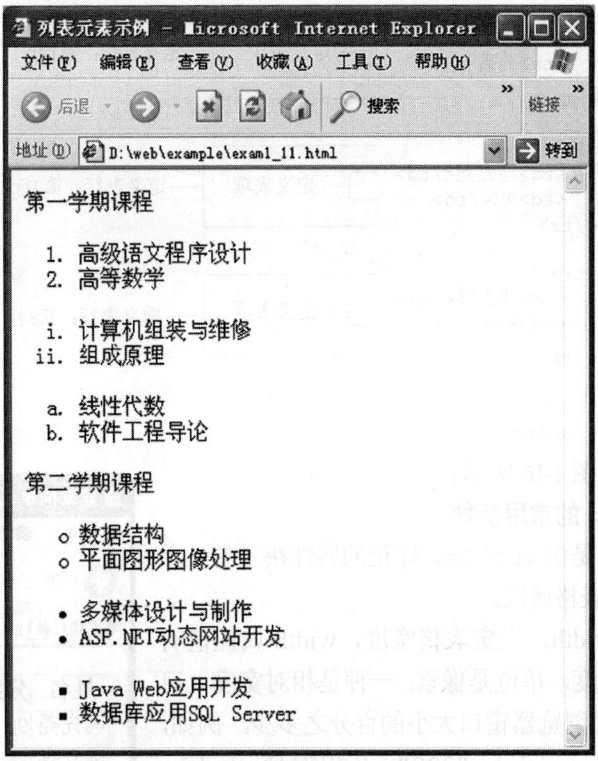

图 1-15　列表元素示例效果图

1.2.6 表格标记

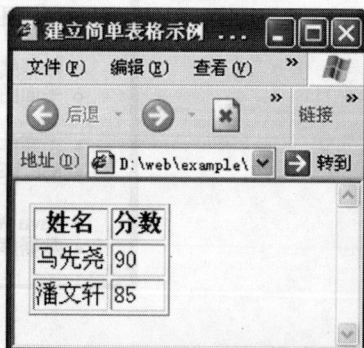

表格可以方便直观地表现一些数据，最简单的表格只有三个基本要素：表行、表头和表项，每个要素都有自己的标记码。本节主要介绍的表格标记:表格 <table>、表行 <tr>、表单元格 <td>、表头 <th>、<caption>。

1. 表格的三个基本要素

表格 <table>、表行 <tr>、表单元格 <td> 这三个标记是定义表格的最重要的标记，可以说只学这三个就足够处理简单的表格了。

（1）表格 <table>。是一个容器标记，意思是说它用以宣告这是表格，而且其他表格标记只能在它的范围内才适用。

（2）表行 <tr>。用以标识表格行（row），每一对 <tr>…</tr> 可以为表格创建一个行。

（3）表单元格 <td>。用以标识单元格（cell），用 <tr> 创建一个行之后，还需要使用 <td> 为行创建单元格。

【例 1.12】建立简单表格示例。

源代码：

```
<html>
  <head>
  <title>建立简单表格示例</title>
  </head>
<body>
<table border="1">
<tr>
    <th>姓名</th>            ┐
    <th>分数</th>            ┘─定义表头    ─定义表行：第1行
</tr>

<tr>
    <td>马先尧</td>          ┐
    <td>90</td>             ┘─定义表项    ─定义表行：第2行
</tr>

<tr>
    <td>潘文轩</td>          ┐
    <td>85</td>             ┘─定义表项    ─定义表行：第3行
</tr>

</table>
</body>
```

代码显示效果如图 1-16 所示。

2. 表格 <table> 的常用参数

表格的整体外观是由 <table> 标记的属性决定的。主要有以下几种常见的表格属性。

（1）表格宽度 width。设定表格宽度，width 属性值有两种，一种是绝对宽度，单位是像素；一种是相对宽度，可以为表格指定其相对浏览器窗口大小的百分之多少。例如，设置绝对值 <table width="300"> 及相对值 <table width="20%">。

图 1-16 建立简单表格效果图

（2）表格边框 border。设定表格边框粗细，单位是像素，语法：border=" 数值 "，数值越大，边框越粗。如果默认，则不带边框。

（3）表格格线 cellspacing。设定表格格线厚度即表项间隙，单位是像素。例如，cellspacing="4"，表示表项之间间隔为 4 像素。

（4）cellpadding。设定文字与格线的距离，单位是像素。例如，cellpadding="1"，表示表格内部文字与格线之间的距离为 1 像素。

（5）对齐方式 align。设定表格内文字、图片等对象的水平摆放位置，属性可选值为 left、right、center 这 3 种。

（6）vailgn。设定表格内文字、图片等对象的垂直摆放位置，属性可选值为 top、middle、bottom 这 3 种。

（7）background。可以为表格设置一个背景图片。如果背景图片小于表格大小，则会平铺该背景图片以充满整个表格；如果背景图片大于表格大小，会自动对背景图片进行裁剪，以适应表格。

（8）bgcolor。设定表格背景颜色。为表格设置背景颜色后整个表格都会呈现这种背景颜色。如果设置背景颜色 bgcolor 的同时也设置了 background 属性，则优先显示 background 属性。

（9）bordercolor。设定表格边框颜色，nc 与 ie 有不同效果。

（10）bordercolorlight。设定表格边框向光部分的颜色（只在 ie 中起作用）。

（11）bordercolordark。设定表格边框背光部分的颜色，使用 bordercolorlight 或 bordercolordark 时，bordercolor 将会失效（只在 ie 中起作用）。

（12）cols。设定表格栏位数目，只是让浏览器在下载表格时先画出整个表格而已。

【例 1.13】表格 <table> 属性示例。

源代码：

```
<html>
<head>
     <title > 表格 table 标记属性示例 </title>
</head>
  <body>
     <table width="500" height="150" border="1" align="center" cellpadding="1"
     cellspacing="4" bordercolor="#FF0000" background="../images/main-bg012.gif"
     bgcolor="#FF0000" >
     <tr>
     <td> 公司名 </td>
     <td> 先尧文化公司 </td>
     </tr>
     <tr>
     <td> 地址 </td>
     <td> 哈尔滨江北利民开发区师大南路 </td>
     </tr>
```

```
        <tr>
          <td> 邮编 </td>
          <td>150025</td>
        </tr>
        <tr>
          <td> 联系人 </td>
          <td> 马先尧 </td>
        </tr>
        <tr>
          <td> 传真 </td>
          <td>0451-8000000</td>
        </tr>
      </table>
    </body>
</html>
```

代码显示效果如图 1-17 所示。

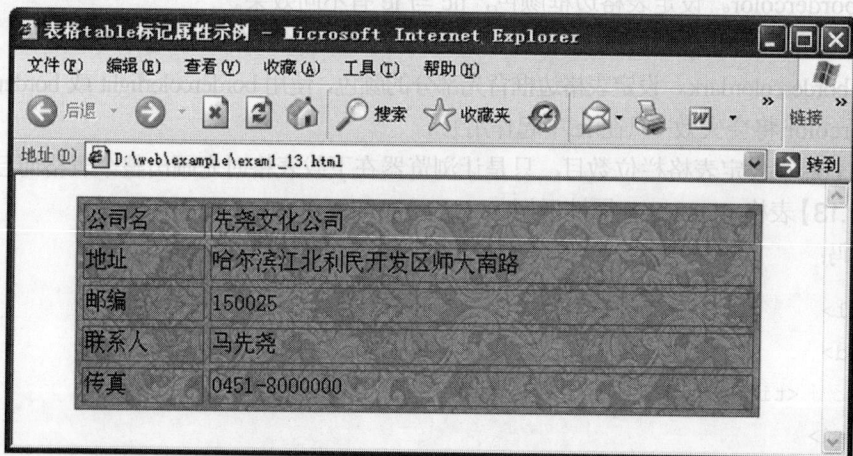

图 1-17 表格 table 标记属性示例效果图

3. 表格行 <tr> 的常用参数

表格的行属性是由 <tr> 标记的属性决定的。主要有以下几种常见的属性。

（1）align：设定该行内字符、图片等的水平摆放对齐位置，可选值为 left，center，right。

（2）valign：设定该行内字符、图片等的垂直摆放对齐位置，可选值为 top，middle，bottom。

（3）bgcolor：设定该行背景颜色。

（4）bordercolor：设定该行边框颜色（只在 ie 中起作用）。

例如：行的属性设置：<tr bgcolor="#FFFF00" bordercolor="#0000FF"border colorlight="#FFFFFF" bordercolordark="#CC00CC">。

4. 表格单元格 <td> 的常用参数设定

表格的单元格属性是由 <td> 标记的属性决定的。主要有以下几种常见的属性。

18

（1）width：设定该单元格宽度，接受绝对值（如 80）及相对值（80%）。

（2）height：设定该单元格高度。

（3）colspan：设定该单元格向右打通的栏数。

（4）rowspan：设定该单元格向下打通的行数。

（5）align：设定该单元格内字符、图片等的摆放对齐位置（水平），可选值为 left，center，right。

（6）valign：设定该单元格内字符、图片等的摆放对齐位置（垂直），可选值为 top，middle，bottom。

（7）bgcolor：设定该单元格底色。

（8）bordercolor：设定该单元格边框颜色（只在 ie 中起作用）。

（9）bordercolorlight：设定该单元格边框向光部分的颜色（只在 ie 中起作用）。

（10）bordercolordark：设定该单元格边框背光部分的颜色，使用 bordercolorlight 或 bordercolordark 时，bordercolor 将会失效（只在 ie 中起作用）。

（11）background：设定该单元格背景图像，与 bgcolor 任用其一。

例如：<tdalign="left" valign="middle" bordercolor=" #996600" bgcolor=" #000000">。

5. 合并表格单元

要创建被合并的表格单元，只需要在 <td> 或 <th> 中加入 colspan 或 rowspan 属性。这两个属性，表示了表元中要合并的列或行的个数。其中 colspan 表示合并的列数；rowspan 表示合并的行数。

例如，colspan="3" 表示这一单元格的宽度为 3 个列的宽度；rowspan="3" 表示这一单元格的高度为 3 个行的高度。

【例 1.14】合并单元格属性示例。

```
<html>
<head>
    <title> 合并单元格属性示例 </title>
</head>
<body>
    <table width="500" border="1" cellpadding="4" cellspacing="0"
    bordercolor="#000000"  background="../images/bj.gif">
    <tr>
    <th colspan="3" align="center"> 计算机科学与技术专业课程 </th>
    </tr>
    <tr>
    <td width="174" rowspan="3" bgcolor="#FFFF00"> 第一学年专业核心课程 </td>
    <td width="154"> 计算机导论 </td>
    <td width="140"> 计算机组成原理 </td>
    </tr>
    <tr>
    <td>C 语言 </td>
    <td>Java 语言程序设计 </td>
```

```
        </tr>
        <tr>
        <td> 平面图形图像处理 </td>
        <td> 计算机网络 </td>
        </tr>
        </table>
    </body>
    </html>
```

代码显示效果如图 1-18 所示。

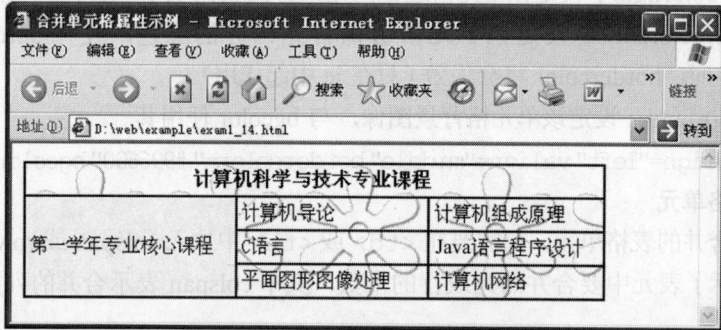

图 1-18　合并单元格属性示例效果图

6. 表头 <th> 标记码与表格单元格标记码 <td> 比较

同样是标识一个单元格，唯一不同的是 <th> 所标识的单元格中的文字以粗体出现，通常用于表格第一行，用以标识栏目。它的用法是取代 <td> 的位置，其参数设定请参考 <td>。当然若以 <td> 所标识的单元格中的文字加上粗体标记 <b> 也等同 <th> 的效果。

7. 标题行 <caption> 标记码

标题行 <caption> 标记码的作用是为表格标识一个标题行，有如在表格上方加上一条没格线的打通行。当然亦可置于下方，通常用于存放该表格的标题。

<caption> 的常用参数设定：<caption align | valign>。

（1）align：该表格标题行相对于表格的摆放水平对齐位置，可选值为 left，center，right，top，middle，bottom，如果 align="bottom"，则标题行会出现在表格的下方，不管原始代码中把 <caption> 放在 <table> 中的头部或尾部。

（2）valign：该表格标题行相对于表格的摆放水平上下位置，可选值为 top, bottom。和 align="top" 或 align="bottom" 是一样的，虽然功能恢复了，但如果要标题行置于下方及向右或向左对齐，那么两个参数便可一起用了。当只需一个参数时，请首选 align，因为 valign 是从 HTML 3.0 才有的参数。

例如，在上一例的代码基础上添加标题行。将 <caption align="center" valign="top"> 标题行：哈尔滨师范大学 2000—2001 学年 </caption> 加在 <table width="500" border="1" cellpadding="4" cellspacing="0" bordercolor="#000000" background="../images/bj.gif" > 与第一个 <tr> 之间。显示效果如图 1-19 所示。

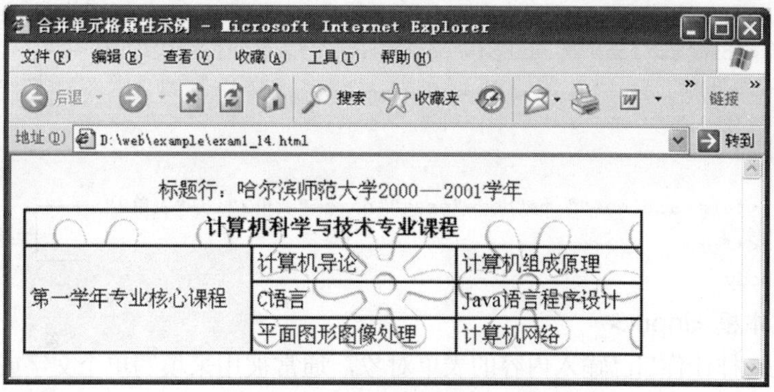

图 1-19　添加标题行的效果图

1.2.7　表单标记

表单在网页中主要负责数据采集的功能。是由一个或多个文本框、单选按钮、多选按钮、下拉列表框、提交按钮等表单控件组成的一个集合。

表单的用处很多，在网上无处不见，当然是配合 PHP、ASP 或 JSP 脚本程序使用为佳（以下均以 PHP 为例），所以要学习 PHP，表单设计是必需的。表单标记并不多，但其参数变化很多。一份表单的基本架构是：在 <form> 标记的包围下加上一种或一种以上的表单输入方式即一个或一个以上的按键。

本节主要介绍的表单标记有 <form>、<input>、<select>、<option>、<textarea>，其中 input 有以下几种类型：text, radio, checkbox, password, submit/ reset, image, file, hidden, button。

1. 表单标记 <form>

表单标记用以宣告此为表单模式，属于一个容器标记，表示其他表单标记需要在它的包围中才有效。

<form> 的常用参数设定:<form action | method>。

参数含义如下。

（1）action：表单通常是与程序脚本配合使用的，参数 action 便是用以指明处理该表单的 PHP 程序（PHP 页面）的位置，这样此表单所填的资料才能正确传递给 PHP 脚本程序（PHP 页面）做处理。

（2）method：传递资料给 PHP 脚本程序（PHP 页面）的方式，可选值为 POST，GET。POST 方式将表单值封装在消息主体中发送，GET 方式将提交的表单值追加在 URL 后面发送给服务器。使用 GET 方式，传送数据效率高，但是传送的信息大小限制在 8 192 个字符，所以，大的数据不宜采用 GET 方式传送。在申请表单中常用的是 POST，而搜索器中常用的是 GET。

例如，<form action="login.php" method="post">。

一个网页中可以允许有多个表单，每个表单可以通过 id 与 name 属性加以区分。所有表单元素都应该是在 <form> 与 </form> 标签码之间。如以下代码所示。

```
<body>
    <form action="" method="post" name="表单1"id="表单1">
    </form>

    <form action="" method="post" name="表单2"id="表单2">
    </form>
</body>
```

表单1

表单2

2. 单行文本框 <input>

文本框是一种让你自己输入内容的表单对象，通常被用来填写单个文字或者简短的回答，如登录账号、密码等。

<input> 的常用参数设定:<input type |name |size| maxlength | value >。

参数含义如下。

（1）type：定义文本输入框。type="text" 表示文本输入框为单行文本输入框;type="password" 表示文本输入框为密码文本输入框，简称密码框。密码框在形式上看与单行文本输入框一样，在浏览器里也只显示单行的空框，只是在输入文字时，将会以掩码的形式在网页里出现。即 "password" 类型所输入的字符全以 * 号表示。

（2）name：该属性定义文本框的名称。单行文本域名称，这是最重要的一个属性，方便脚本程序辨认由表单传来的资料，虽说可随便命名，但通常脚本程序中都有指定名称，若转用其他名称便需要修改该脚本程序了。名称必须以字母或数字开头，从第二位起可以包括字母、数字和下画线，区分大小写，可以写成 name="zhanghao"，若有访问者在该表单此文本域中填入 mary，那么传给脚本程序的字符串便是 zhanghao ="mary"。

（3）size：该属性定义文本框的宽度。该值一般为正整数。

（4）maxlength：该属性定义文本框最多输入的字符数。单行文本域可输入字符的上限，为方便编排资料或避免错误输入等，可以设定上限，例如，年龄可设为 2 等。

（5）value：该属性定义文本框的初始值。例如，value="123456" 代码定义文本框初始值为 "123456"。单行文本域默认值若不填写则文本域是空白的，等待访问者亲自输入，若 value=" 请输入" 字样的话，"请输入" 便会出现在文本域中，当然访客可以修改之。

【例 1.15】表单元素单行文本框示例。

源代码:

```
<html>
<head>
    <title>表单元素单行文本框示例</title>
</head>
<body>
    <form action="" method="post" name=" 表单 1" id=" 表单 1">
    登录账户:<input name="zhanghao" type="text" id="zhanghao" maxlength="10">
    <br><br>
    登录密码:<input name="mima" type="password" id="mima" value="123456">
    <br><br>
```

22

验证码: `<input name="yanzhengma" type="text" id="yanzhengma" value=" 请输入`
` " size="15">`

`</form>`

`</body> /`

`</html>`

代码显示效果如图 1-20 所示。

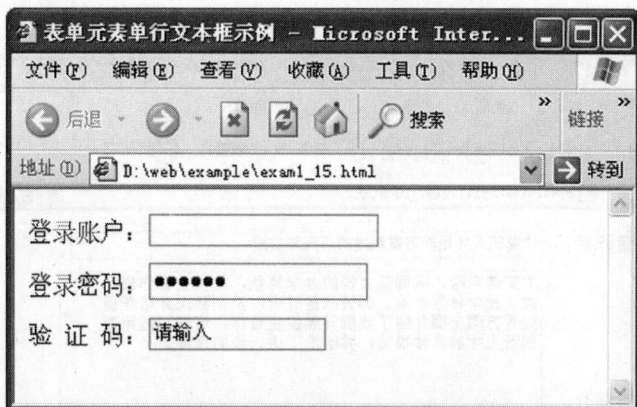

图 1-20 表单元素单行文本框示例效果图

3. 多行文本框 <textarea>

单行文本输入框只能输入一行文字，如果用户有相对比较多的文字尤其是分段的多行文字，在单行文本输入框里是无法输入的，可以用 <textarea> 标记码来创建多行文本框。

<textarea> 的主要参数设定:<textarea cols |rows |wrap| name |>

参数含义如下。

（1）cols：该属性定义多行文本框宽度，单位是单个字符宽度。

（2）rows：该属性定义多行文本框高度，单位是单个字符宽度。

（3）wrap：该属性定义输入内容大于文本域时显示的方式。该属性一共有 3 种属性值：wrap="virtual" 表示在用户输入文字时，文字会在多行文本框里自动换行。wrap="off" 表示关闭自动换行功能。wrap="physical" 表示在用户输入文字时，文字也会在多行文本框里自动换行，但是在将文本框里的文字提交到服务器上时，文字会像用户所看到的一样，在自动换行与用户换回车键处都进行了换行。

（4）name：该属性设定该文字区域的名称，作识别之用，将会传给脚本程序。

【例 1.16】表单元素多行文本框示例。

源代码:

`<html>`

`<head>`

`    <title>` 表单元素多行文本框示例 `</title>`

`</head>`

`<body>`

`    <form action=""method="post" name=" 表单 1" id=" 表单 1">`

```
        文章标题：<input name="title" type="text" id="mima" size="50">    <br><br>
        文章简介：  <textarea name="text" cols="50" rows="7" id="text"  wrap="virtual">请输
        入</textarea><br><br>
        </form>
</body>
</html>
```

代码显示效果如图 1-21 所示。

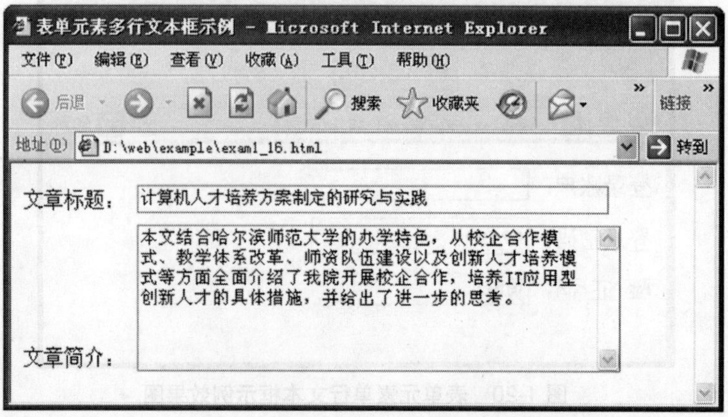

图 1-21　表单元素单行文本框示例效果图

4. 单选按钮 <radio>

单选按钮是指只能选择其中一项的选项框，在许多情况中，选择只能是其中的一项，例如，人的“性别”选项一样，要么是男，要么是女。

<radio> 的主要参数设定:<input type="radio" name|value|checked|align>。

参数含义如下。

（1）name：该属性设定 radio 名称，参考 text 部分的说明。

（2）value：默认值。每一个 radio 必须且仅有一个 value，通常由同时采用两个或以，同 name 不同 radio 的输入方式，可让使用者任选其一。例如：

```
<input type="radio" name="sex" value="man">男
<input type="radio" name="sex" value="woman">女
```

代码显示结果为: 性别: O男 O女

在本代码中，如果选择了“男”单选按钮，在提交表单时，服务器接收到名为 sex 的表单值为“man”；如果选择了“女”单选按钮，在提交表单时，服务器接收到名为 sex 的表单值为“woman”；如果两个都未选，则接收一个空串。

（3）checked：该属性设定该 radio 为默认。同 name 的各个 radio 中只能有一个使用，或全不使用该参数。

（4）align：可选值为 top，middle，bottom，left，right，texttop，baseline，absmiddle。

【例 1.17】单选按钮示例。

源代码：

```
<html>
```

```
<head>
    <title>单选按钮示例</title>
</head>
<body>
    <form name="form1" method="post" action="">
    <p>学生类别：<br>
    <input type="radio" name="radio1" value="tuchang" checked>脱产<br>
    <input type="radio" name="radio2" value="yeyu" align="right">业余
    </form>
</body>
</html>
```

代码显示效果如图1-22所示。

5. 复选框 <checkbox>

复选框允许在待选项中选择一个以上的选项。每个复选框都是一个独立的元素，都必须有一个唯一的名称。

<checkbox> 的主要参数设定:<input type ="checkbox"name|value|checked>

参数含义：复选框 <checkbox> 的参数 name、value、checked 参考 text 部分的说明。

6. 提交按钮 <submit> 及清除按钮 <reset>

这是表单上重要的两个按键，两者所附带的参数相同。

提交按钮 <submit> 及清除按钮 <reset> 的主要参数设定如下。

图 1-22　单选按钮示例效果图

（1）设定输入方式为: submit 或 reset

submit 的功能随 name 的不同而不同，须和脚本程序配合。若只需要普通的提交按钮，则是其默认值，不必用此参数。

（2）值 value。这个值不是输给脚本程序的，而是显示在按钮上，可以不用，提交按钮的默认值为 submit，清除按钮的默认值为 reset。

例如：代码 <input type="submit" name="Submit" value="提交"><input type="reset" name="Submit2" value="重置"> 运行效果为: 提交 重置。

7. 图像域 <Image>

在网页上使用图像，能使美观网页，让网页充满生机和活力。使用图像域可以创建漂亮的图像按钮，这通常用以取代 submit 及 reset 两个按钮。

图像域 <Image> 主要参数设定如下。

（1）输入方式 type。输入方式为 image，表示属性为图像域。例如，<input type="image">。

（2）名称 name。所要代表的按键，可以是 submit，reset，或其他。

（3）对齐方式 align。该属性设置对齐方式。可选值为 top，middle，bottom，left，right，texttop，baseline，absmiddle。

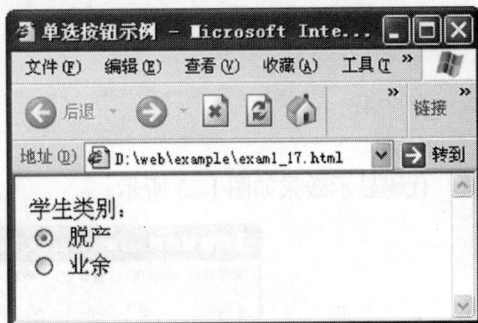

（4）图片来源 src。该属性设置按钮图片来源，若此图片文档与该 HTML 文档不在同一目录下，请加上相对或绝对路径。例如:src="../images/woman.jpg"。

【例 1.18】图像域示例。

源代码:

```
<html>
<head>
    <title>图像域示例</title>
</head>
<body>
    <form name="form1" method="post" action="">
    <p>性    别:
    <input name="sex" type="radio" value="man">
    <input name="man" type="image" id="man" src="../images/man.jpg">
    <input type="radio" name="sex" value="woman">
    <input name="woman" type="image" id="woman" src="../images/woman.jpg"
    align="middle">
    </form>
</body>
</html>
```

代码显示效果如图 1-23 所示。

图 1-23   图像域示例效果图

8. 文件域 <file>

主要参数设定如下。

（1）输入方式 type。输入方式为 file。通常用以传输磁盘中的文件。例如: type="file"。

（2）名称 name。该文件传输的名称，用以识别之用。

（3）对齐方式 align。可选值为 top, middle, bottom, left, right, texttop, baseline, absmiddle。

（4）字符宽度 size。设定所显示文件域的长度。例如: size="30"，单位是像素。

（5）最多字符数 maxlength。设定可输入字符的上限。例如: maxlength="30"，单位是像素。

（6）选择方式 accept。设定所接受的文件类别，有 26 种选择，但也可以不设定。例如：accept="text/html"。

例如，代码:<input name="file" type="file" size="30" maxlength="30" align="absbottom" accept="text/html">

运行效果为: 作品 □□□□□□□□□□□ 浏览…

9. 一般按钮 <button>

例如：<input type="button"name="useless"value="back">。

type= "button"：设定输入方式为一般按钮。常配合 JavaScript 作为其启动按钮。

name="useless"：设定该按钮的名称。

value="back"：设定按钮显示名称。

例如：<input type="button" name="c" value="close" onclick=window.self.close()>该代码在页面中添加了一个显示为 close 的按钮，用鼠标左键单击该按钮，可以关闭页面。

10. 下拉列表标记 <select> 和 <option>

（1）<select>。<select> 是下拉列表 / 菜单标记，每一选项皆由 <option> 所标识，把它当做围堵标记或空标记使用都可以。

<select> 的常用参数设定：<select name|size|multiple>。

name: 设定滚动列表的名称，作识别之用，将会传给脚本程序。例如:name="select"。

size：设定滚动列表的列数，即其高度，可自行修改。若使用此参数，则不会有 popup（下拉菜单）效果。例如:size="6"。

multiple：令该滚动列表允许多重选择。

（2）<option> 是选项标识符。例如:<option selected="selected" value="heb">哈尔滨 </option>。

value：设定选项的值，将会传给脚本程序。可自行修改，但不同选项必须有不同的值。

selected：设该选项为默认值。一个单选滚动列表只能有一项或零个默认值。

【例 1.19】下拉列表示例。

源代码:

```
<html>
<head>
    <title> 图像域示例 </title>
</head>
<body>
    <form action=" city.php " method="post" enctype="multipart/form-data"
    name="form1">
    <p> 你喜欢的城市:
    <select name="select"  size="6"  multiple="MULTIPLE" >
    <option selected="selected" value="heb">哈尔滨 </option>
    <option  value="bj">北京 </option>
    <option value="sh">上海 </option>
    <option value="nj">南京 </option>
    <option value="tj"> 天津 </option>
```

```
    </select>
    </form>
</body>
</html>
```

代码显示效果如图 1-24 所示。

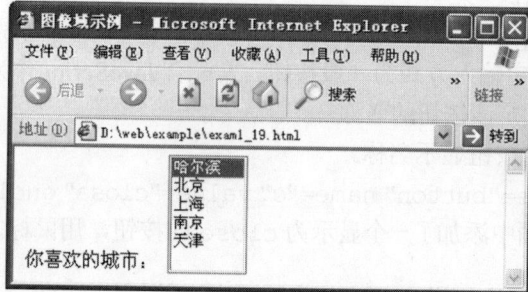

图 1-24　下拉菜单示例效果图

1.2.8　图片标记

在一个漂亮的网页上面，永远不可能缺少图片，图片对美化网页有着非常大的作用。图片能使重点更突出、形式更活泼、内容更丰富、浏览更便捷。

<IMG /> 称为图片标记，主要用以在网页中插入图片。

<IMG /> 的主要参数如下。

（1）图片来源 src。图片来源，接受 gif、jpg 及 png 格式，前两者通行已久，后者由 1996 年开始发展，未来将取代前两者。若图片与页面 HTML 文档同处一目录，则只需写上档案名称，否则必须加上正确的途径，相对及绝对皆可。

（2）宽度 width 及高度 height。设定图片大小，此宽度、高度一般采用 pixel 作单位。通常只设为图片的真实大小以免失真，若需要改变图片大小，最好事先使用图像编辑工具。

（3）左右边沿空白宽度 hspace 及上下边沿空白宽度 vspace。设定图片边沿空白，以免文字或其他图片过于贴近。hspace 是设定图片左右的空间，vspace 则是设定图片上下的空间，高度采用 pixel 作单位。

（4）边框粗细 border。设定图片边框厚度。例如：border="1"。值越大黑框越大。

（5）对齐方式 align。调整图片旁边文字的位置，可以控制文字出现在图片的偏上方、中间、底端、左右等，可选值为 top, middle, bottom, left, right, 默认值为 bottom。还支持 texttop, baseline, absmiddle, adsbottom。

texttop：图片和文字依顶线对齐。

baseline：图片对齐到目前文字行底线值。

absmiddle：图片对齐到目前文字行绝对中央。

adsbottom：图片对齐到目前文字行绝对底部（绝对底部是指如 y、g、q 等字的下缘）。

（6）图片描述 alt。这是用以描述该图形的文字，若浏览者使用文字浏览器，由于不支持图片，这些文字便会代替图片而被显示。若在支持图片显示的浏览器中，当鼠标移至图片上时，这些文字亦会显示。

（7）低解析度源图片 lowsrc。设定先显示低解析度源图片，若加入的是一张很大的图片，下载需要很长时间，则这张低解度图片会被先显示，以免浏览者失去兴趣，通常是原图片灰阶版本。

【例 1.20】图片示例。

源代码：

```
<html>
<head>
    <title>图片示例</title>
</head>
 <body>
    <img src="../images/image.jpg" alt="图片" width="150" height="211" hspace="4"
    vspace="2" border="1" align="left">
    心理学家推荐的能让你开心的事：每天拍几张照片；看快乐的电影；在周末的清晨做白日梦；给朋友寄卡片；在水边散步；偶尔吃一顿大餐；每星期坚持做一次锻炼，一边开车，一边大声歌唱；一边喝咖啡，一边读小说；一边打电话，一边信手涂鸦；一边洗澡，一边唱歌。<br>
</body>
</html>
```

代码显示效果如图 1-25 所示。

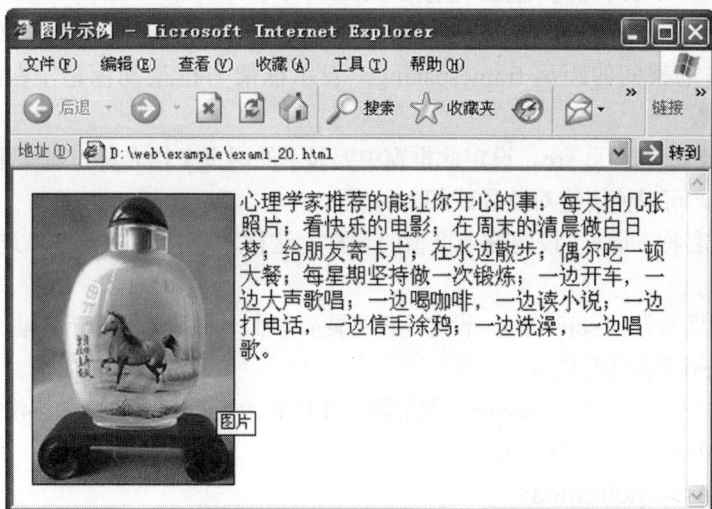

图 1-25　图片示例效果

1.2.9　框架标记

所谓框架，便是网页画面分成几个框窗，同时取得多个 url。只需要 `<frameset>` `<frame/>` 即可，而所有框架标记需要放在一个总起的 HTML 文档（称为框架页或框架集），该文档只记录了该框架如何划分，不会显示任何资料，不能放入 `<body>` 标记，浏览该框架必须读取框架页而不是其他框窗的文档。`<frameset>` 用以划分框窗，每一框窗由一个 `<frame/>` 标记所标识，`<frame/>` 必须在 `<frameset>` 范围中使用。如下例：

```
<frameset cols="50%, *">
```

```
<frame name="left" src="left.html" />
<frame name="right" src="right.html"/>
</frameset>
```

此例中 <frameset> 把页面面分成左右两等宽部分，左边显示 left.html，右边则会显示 right.html 页面，<frame/> 标记所标识的框窗永远是按由上到下、由左到右的次序。

1. <frameset><frame />

<frameset> 称框架标记，用以宣告 HTML 文件为框架模式，并设定视窗如何分隔。 <frame/> 则设定某一个框窗的参数属性。

<frameset> 主要参数如下。

（1）设置垂直框架 cols。垂直切割画面（如分左右两个画面），接受整数值、百分数，* 则代表占用余下的空间。数值的个数代表分成的视窗数目且以逗号分隔。例如，cols="30,*,50%" 可以切成三个视窗，第一个视窗是 30 的宽度，为一绝对分割，第二个视窗是当分配完第一及第三个视窗后剩下的空间，第三个视窗则占整个画面的 50% 宽度为相对分割。

（2）设置水平框架 rows。就是横向切割，将画面上下分开，数值设定同上。注意 cols 与 rows 两参数尽量不要同在一个 <frameset> 标记中，因 netacape 不能显示这种类型的框架，而应尽量采用多重分割。

（3）框架的边框 frameborder。设定框架的边框厚度，以 pixel 为单位，其值只有 0 和 1，0 表示不显示边框，1 表示显示边框。例如：border="1"。

（4）边框颜色 bordercolor。设定框架的边框颜色。例如：bordercolor="#003300"。

（5）框架与框架间的距离 framespacing。表示框架与框架间保留空白的距离。例如：framespacing="5"。

（6）设定要显示的网页 src。设定此框窗中要显示的网页文档名称，每个框窗一定要对应着一个网页文档。可以使用绝对路径或相对路径。

（7）框窗的名称 name。设定这个框窗的名称，这样才能指定框架来作连接，必须对框架命名。

（8）是否要显示卷轴 scrolling。设定是否要显示卷轴，yes 表示要显示卷轴，no 表示无论如何都不要显示，auto 是视情况显示。

（9）禁止改变框架大小 noresize。设定禁止使用者改变框架大小，如果没有设定此参数，使用者可以随意拉动框架，改变其大小。

2. <noframes></noframes>

当用户使用的浏览器版本太低，不支持框架功能时，将会看到一片空白。为了避免这种情况出现，可使用 <noframes> 这个标记，当你的浏览器看不到框架时，你就会看到 <noframes> 与 </noframes> 之间的内容，而不是一片空白。这些内容可以是提醒你换用新的浏览器的语句，也可以是一个没有框架的网页。

应用方法如下。

在 <frameset> 标记范围加入 </noframes> 标记，以下是一个代码所示：

```
<frameset rows="80,* ">
<noframes>
<body> 很抱歉，阁下使用的浏览器不支持框架功能，请转用新的浏览器。</body>
```

```
</noframes>
<frameset name="top" src="a.html">
<frameset name="bottom"src="b.html">
</frameset>
```

若浏览器支持框架，那么它不会理会 <noframes> 中的内容；若浏览器不支持框架，由于不认识所有框架标记，不明的标记会被略过，标记包围的内容被解读出来，所以放在 <noframes> 范围内的文字会被显示。

【例1.21】框架示例。

源代码：

```
<html>
<head>
    <title>框架示例</title>
</head>
    <frameset rows="*" cols="10%,*" framespacing="0" frameborder="yes" border="1"
    bordercolor="#003300">
    <frame  src="left.html" name="leftFrame" scrolling="No" noresize="noresize"
    id="leftFrame" title="leftFrame" />
      <frame  src="right.html" name="mainFrame" id="mainFrame" title="mainFrame"/>
        </frameset><noframes></noframes>
<body>
</body>
</html>
```

代码显示效果如图1-26所示。

图 1-26 框架示例效果图

1.2.10　链接标记

超级链接是网站网页中必不可少的组成部分，文字、图片通过超级链接可以从一个网页跳转到另一个网页，多个网页因为有了这种联系、链接才会形成了一个网站。超级链接不仅能链接一个网页，还可以链接文档、图片、视频、音频等任何文件。

1. 链接标记 <a>

在 HTML 中，可以使用 <a> 元素来创建超级链接，由 <a> 与 </a> 所围的文字、图片等可以成为一个链接。它的一般参数设定：<a href="index.html" name="hello" target="_top">。

（1）设置目标地址 href。该参数不能与另一参数 name 同时使用，使用该参数才能造成可以单击的链接。

当作为一外部链接时，href 所设定的是该链接所要连到的文件名称，若目标文件与此HTML 文档不在同一目录中，则需要加上适当的路径，相对绝对皆可。

当作为一内部链接时，href 所设定的是该链接所要连到的同文件内锚点或指定文件的锚点，例如 <a href="#there"> 连到一个锚点 </a>，<a href="index. html#there"> 连到其他页面的一个锚点 </a>。其中 there 便是锚点，并需要在其前加上符号 # 以标明锚点身份，锚点由下一个参数 name 事先在文件中埋下。

（2）<a name="hello"></a>。该代码为文件埋下锚点，作为被链接，不会被显示。所以说造成一个内部链接需要使用两次 <a> 链接标记，一个使用参数 name 事先在文件中埋下一个锚点，另一个使用参数 href 连到这个锚点。

（3）target="_top"。设定链接被单击后浏览器窗口显示的形式。可选值为 _blank、_parent、_self、_top 或框窗名称。

target="_blank"

在新的浏览器窗口中打开链接（不能在浏览器中返回）。

target="_parent"

将链接的页面内容为当前文件的下一个页面（可在浏览器中返回）。

target="_self"

将链接的页面内容显示在当前视窗中（默认值）。

target="_top"

将框架中链接的页面内容显示在没有框架的视窗中（即清除了框架）。

target="框窗名称"

该种情况只运用在框架中，若被设定，则链接结果将显示在该"框窗名称"标识的框窗，框窗名称已事先由框架标记命名。

2. <base>

<base> 是一个链接基准标记，用以改变文件中所有链接标记的参数默认值。它只能应用在文件的开头部分，即标记 <head> 与 </head> 之间。

　　<base> 的 一 般 参 数 设 定:<base href =http://www.microsoft.com/ target=" _ top">。

　　href="http://www.microsoft.com/"：设定该网页中所有 HTTP 文件及图形（包括相对路径连接及 <IMG/> 图形标记等）的默认路径，其他如 ftp:// 及 gopher:// 等则不受影响。该参数只可填入一个相对或绝对路径。一般相对路径链接及 <IMG/> 图形标记等是默认的，以该网页所在的目录作为起点，若依该例，该文件中所有链接将会以 http://www.microsoft.com/ 作为起点，若其中有链接如 <a href="index.html">Back to Main Page</a>，那么它不会连到自己目录下的 index.html，它将会连到 Microsoft 的首页，这是因为相对路径已给 <base> 转成绝对的了。

　　="-top"：设定该网页中所有链接被单击后的结果所要显示的视窗，免得分别为所有链接加上 target 参数，常应用在框架中。其设定与 <a> 连接标记中的 target 参数相同。

1.2.11　多媒体

1. <BGSOUND>
<BGSOUND> 用以插入背景音乐，但只适用于 IE，其参数设定不多。如下：

`<BGSOUND src="your.mid" loop=infinite>`

`src="your.mid"`

设定 mid 文件及路径，可以是相对路径或绝对路径。

`autostart=true`

设定是否在音乐文件传完之后，就自动播放音乐。true 为是，false 为否（默认值）。

`loop=infinite`

设定是否自动反复播放。loop=2 表示重复两次，Infinite 表示重复多次，也可以用 loop=-1 表示重复无限次。

2. <EMBED>
<EMBED> 用以插入各种多媒体，格式可以是 Mid、Wav、AIFF、AU 等，Netscape 及新版的都支持。其参数设定颇多：

`<EMBED src="your.mid" autostart="true" loop="true" hidden="true">`

`src="your.mid"`

设定 mid 文件及路径，可以是相对路径或绝对路径。

`autostart=true`

设定是否在音乐文件传完之后，就自动播放音乐。true 为是，false 为否（默认值）。

`loop=true`

设定是否自动反复播放，loop=2 表示重复两次，true 为是，false 为否。

`HIDDEN="true"`

设定是否完全隐藏控制画面，true 为是，no 为否（默认值）。

STARTTIME=" 分: 秒 "

设定歌曲开始播放的时间，如 STARTTIME="00:30" 表示从第 30 秒处开始播放。

VOLUME="0-100"

设定音量的大小，数值是 0 到 100 之间。默认则为使用者系统本省的设定。

WIDTH=" 整数 " 和 HIGH=" 整数 "

设定控制画面的宽度和高度。（若 HIDDEN="no"）

ALIGN="center"

设定控制画面和旁边文字的对齐方式，其值可以是 top、bottom、center、baseline、left、right、texttop、middle、absmiddle、absbottom。

CONTROLS="smallconsole"

设定控制画面的外貌。默认值是 console。
console :一般正常的面板；
smallconsole :较小的面板；
playbutton :只显示播放按钮；
pausecutton :只显示暂停按钮；
stopbutton :只显示停止按钮；
volumelever :只显示音量调整钮。

1.2.12 其他标记

1. <marquee>
<marquee> 只适用于 IE，功能是设定滚动文字，其参数设定颇多：

```
<marquee behavior="SCROLL" direction="LEFT" bgcolor="#0000FF" height="30"
    width="150" hspace="0" vspace="0" loop="INFINITE" scroollamount="30"
    scrolldelay="500">Hello</marquee>
```

behavior="SCROLL"

决定文字的卷动方式，可选值为 SCROLL，一般卷动，是默认值；SLIDE 是幻灯片，一格格的，效果是文字一接触左边便全部消失；ALTERNATE 文字向左右两边撞来撞去。

direction="LEFT"

设定文字的卷动方向，LEFT 表示向左，是默认值；RIGHT 表示向右；UP 表示向上，DOWN 表示向下。

bgcolor="#0000FF"

设定文字卷动范围的背景颜色。

```
height="30" width="150"
```

设定文字卷动范围，可采用相对或绝对，如 30% 或 30 等，单位为像素。

```
hspace="0" vspace="0"
```

设定文字的水平及垂直空白位置。

```
loop="INFINITE"
```

设定文字卷动次数，其值可以是正整数或 INFINITE，INFINITE 是默认值，表示无限次。

```
scroollamount="30"
```

每格文字之间的间隔，单位是像素。

```
scrolldelay="500"
```

文字卷动的停顿时间，单位是毫秒。

2. <blink>

<blink> 是令文字闪烁，只适用于 NC，用法直接，没有参数。

3. <isindex>

<isindex> 可让某些 Web Server 找寻网页内的关键字，假如你的 Web Server 提供这样的找寻功能，访问者的浏览器也支持这些找寻功能，那么，载入网页时就会看到一个简单的找寻方块。其用法直接，没有参数。

4. <link>

<link> 用来将目前文件与其他 URL 作链接，比如引入外部 CSS 文件或 JavaScript 文件，但不会有链接按钮，用在 <HEAD> 标记内，格式如下：

```
<link href="css/css _ 1.css" rel="stylesheet" type="text/css">
```

1.2.13 特殊字符

为了在浏览器中显示一些特殊字符，HTML 语言特意设定了一些特殊的原始码用来显示它们，如表 1-2 所示。

表1-2　特殊字符列表

原始码	显示结果	描述
&lt	<	小于号或显示标记
&gt	>	大于号或显示标记
&amp	&	可用于显示其他特殊字符
&quot	"	引号
&reg	(r)	已注册
&copy	(c)	版权

原始码	显示结果	描述
&trade	(tm)	商标
		半方大的空白
		全方大的空白
		不断行的空白

1.3　Dreamweaver CS4 的使用

因为 PHP 是一种开放性的语言，这也导致了 PHP 没有公认的强而权威的 PHP 代码编写环境。可以直接采用 Dreamweaver CS4，也可以使用诸如 EditPlus、UltraEdit、ZendStudio 等专门的代码编写软件，这些软件各有千秋，或体积微小、效率极高，或提供可视化编辑环境、使用便利，或对 PHP 语法提供语法加亮，函数补全，读者可以结合学习环境和自我学习阶段，采用适合的 PHP 开发环境。

关于 PHP 的开发环境，本书在第 3 章中会详细介绍。但是无论采用哪种开发环境，对 HTML 以及 CSS 的熟练掌握都是必需的，第 2 章将要详细介绍 CSS（层叠样式表）的使用，而本章的最后一部分，将要向读者介绍如何使用 Dreamweaver CS4 制作 HTML 页面。

1.3.1　Dreamweaver CS4简介

Adobe Dreamweaver CS4 是一种专业的 HTML 编辑器，用于对 Web 站点、Web 页和 Web 应用程序进行设计、编码和开发。无论读者喜欢直接编写 HTML 代码的驾驭感还是偏爱在可视化编辑环境中工作，Dreamweaver 都会为你提供帮助良多的工具，丰富用户的 Web 创作体验。

利用 Dreamweaver CS4 中的可视化编辑功能，你可以快速地创建页面而无须编写任何代码。不过，如果你更喜欢用手工直接编码，Dreamweaver CS4 还包括许多与编码相关的工具和功能。并且，借助 Dreamweaver CS4，你还可以使用服务器语言（例如 PHP、ASP.NET、ColdFusion 标记语言 (CFML)、JSP 和 ASP）生成支持动态数据库的 Web 应用程序。

1.3.2　Dreamweaver CS4使用

1. 站点定义

限于篇幅，本书假定你已经拥有一定的 Dreamweaver CS4 使用基础，关于 Dreamweaver CS4 的界面及工具使用，本书不再一一赘述。

本节将讲述如何使用 Dreamweaver CS4 定义站点，并且制作一个简单的 Web 页面。定义站点之前，简要介绍一下什么是站点。众所周知，通过 IE 浏览器访问的网站由诸多页面构成，这些页面称为 Web 页面，而 Web 的定义是这样的：采用客户 - 服务器机制，面向全球所有用户，提供统一界面的多媒体信息浏览系统。可以看到，你所访问的网站，或者说 Web 站点，是一个多媒体的站点，并且有着数量可观的页面，这样的话，诸多的多媒体信息（图片、动画、音乐、视频等）和页面在网络上势必有一个相对固定的存放位置（空间），而这个存放位置（空间），就是现在讨论的"站点"。可以简单地认为，把一个网站的所有页面文件和多媒体文件，包括提供给用户下载的所有文档，经过科学分类，合理地放置在一个文件夹内，就构成了站点。

站点的定义，没有固定的格式，主要取决于用户制作的网站内容和用户的写作风格，大致要求是条理性强、易于理解、规模适中、便于修改维护。下面以 Dreamweaver CS4 为例，讨论如何创建站点。

选择菜单命令"站点"|"新建站点"，如图 1-27 所示。

图 1-27　站点菜单

打开站点定义对话框。如图 1-28 所示。

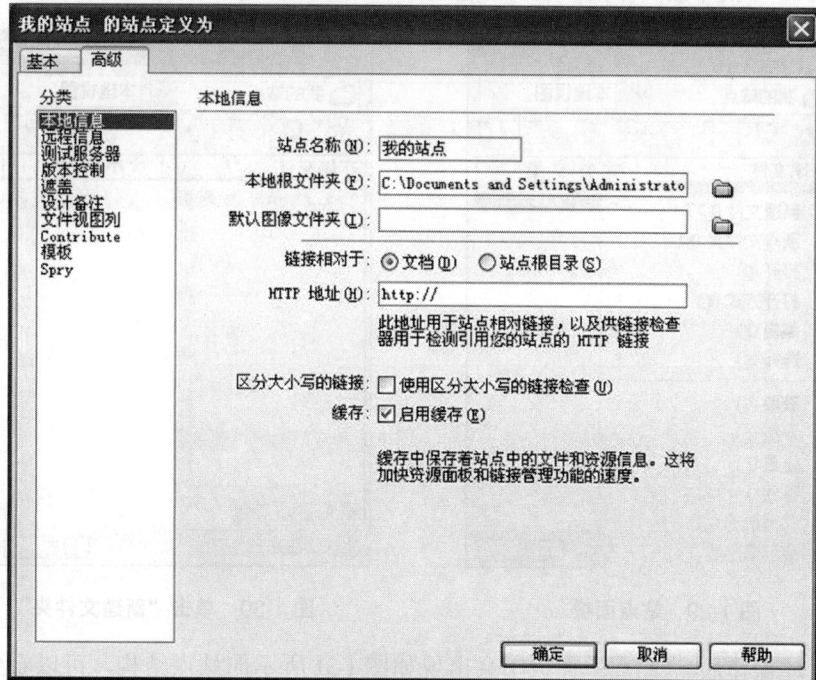

图 1-28　站点定义

在"高级"选项卡中，有本地信息、远程信息等共 7 个分类，这里关心的是本地信息，其他分类可以暂时不去管它。设置本地信息的下列属性。

（1）"站点名称"：输入你要定义的站点的名称，可以是中文、英文或数字，比如输入"我的站点"。

（2）"本地根文件夹"：指定放置站点文件的本地文件夹：

单击按钮☐选择本地根文件夹，比如 c:\myweb。或在文本框中输入本地文件夹的路径，比如 c:\myweb。

（3）"默认图像文件夹"：指定放置站点图像文件的目录，可以忽略。

（4）"HTTP 地址"：指定站点的 URL 地址，可以忽略。

（5）"缓存"：选择"启用缓存"复选框，创建本地缓存，有利于提高站点的链接和站点管理任务的速度，而且可以有效地使用"资源"面板管理站点资源。

完成本地信息的填写后，单击"确认"按钮，在 Dreamweaver CS4 文档编辑窗口右侧的"文件"|"站点"面板中，会显示出已经定义好的站点"我的站点"，如图 1-29 所示。在该面板中，可以对"新飞的家"站点做进一步定义，并且在后续的网站设计中，会频繁使用到该面板。

现在给站点定义几个专门用于存放音频、动画、下载文件等的文件夹，便于统一管理网站资源。

在站点面板中对"站点 – 我的站点"一行字右击鼠标，出现一个站点快捷菜单，从中单击"新建文件夹"，如图 1-30 所示。然后将文件夹命名为 images，专门用于存放图片文件。按上述步骤，依次建立 swf、download、sound、web 文件夹，分别用于存放 Flash 动画文件、供用户下载文件、音频文件和子 HTML 页面。在建立的过程中，要注意上述几个文件是在同一目录（即 C:\myweb）下的平级文件夹，故在创建过程中均应右击"我的站点"。

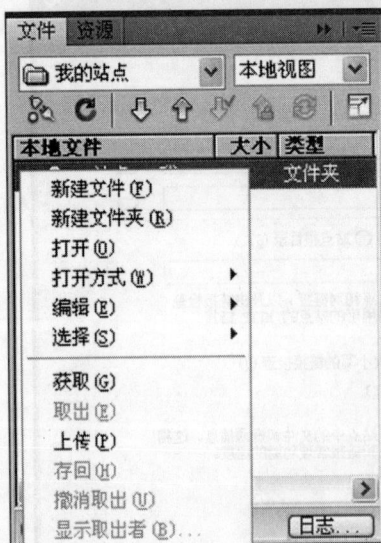

图 1-29　站点面板

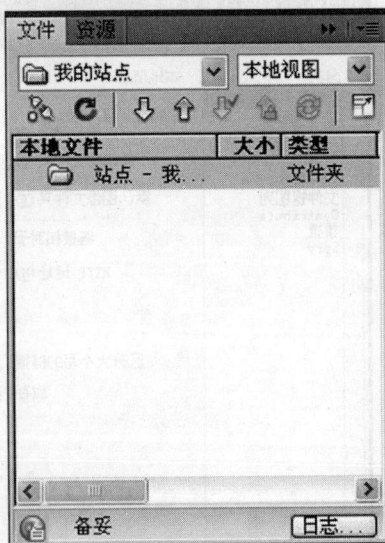

图 1-30　单击"新建文件夹"

完成上述操作后，"站点"面板中会出现如图 1-31 所示的站点结构，可以看到，"我的站点"网站位于计算机 C 盘的 myweb 文件夹，该文件夹中分别包括 images、swf、style、script 和 Web 共 5 个文件夹。

为了完整定义站点，还必须在 C:\myweb 下添加 index.html 文件，该文件将默认为本网站的主页文件。方法类似于文件夹的建立，如图 1-32 所示。

图 1-31　添加文件夹的站点面板　　　　图 1-32　添加 index.html 文件的站点面板

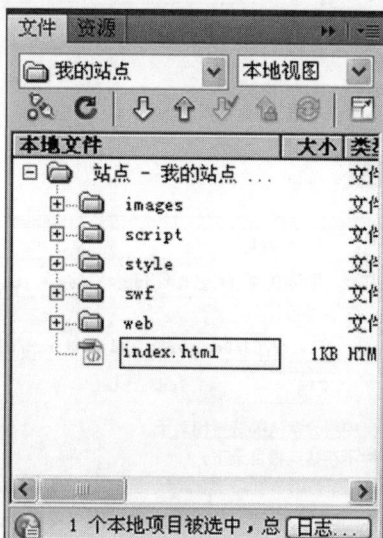

在实际应用中，文件夹的数量和名称完全是由网站的设计者来自行定义的，并没有标准，本书仅是根据作者习惯和约定俗成定义名称。但作者强烈建议：

所有文件夹，包括网站文件夹和子文件夹，全部以英文字母和阿拉伯数字命名（可以包含下画线），切忌使用汉字命名，因为 Dreamweaver CS4 对中文的支持并不好，如果文件夹以汉字命名，在寻找文件时可能会找不到文件而造成链接错误。

所有文件名，包括图片、HTML 页面、动画、音乐等，全部以英文字母和阿拉伯数字命名（可以包含下画线），切忌使用汉字，原因同上。

2. Web 页面制作

在"我的站点"站点定义的基础上，可以开始 Web 页面的制作了。现在将网站主页 index.html 制作为包括一个图片、一条水平线、一段文字和背景音乐的页面。

图 1-33　插入面板

（1）插入图片。鼠标单击"插入"面板中的"常用"|"图像"命令，选择要插入的图片，如图 1-33 所示。

出现"选择图像源文件"对话框，在桌面上找到了要插入的图片 logo.gif，选中该文件，单击"确认"按钮，如图 1-34 所示。

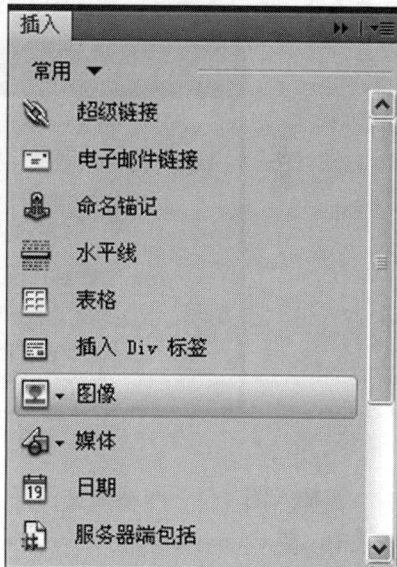

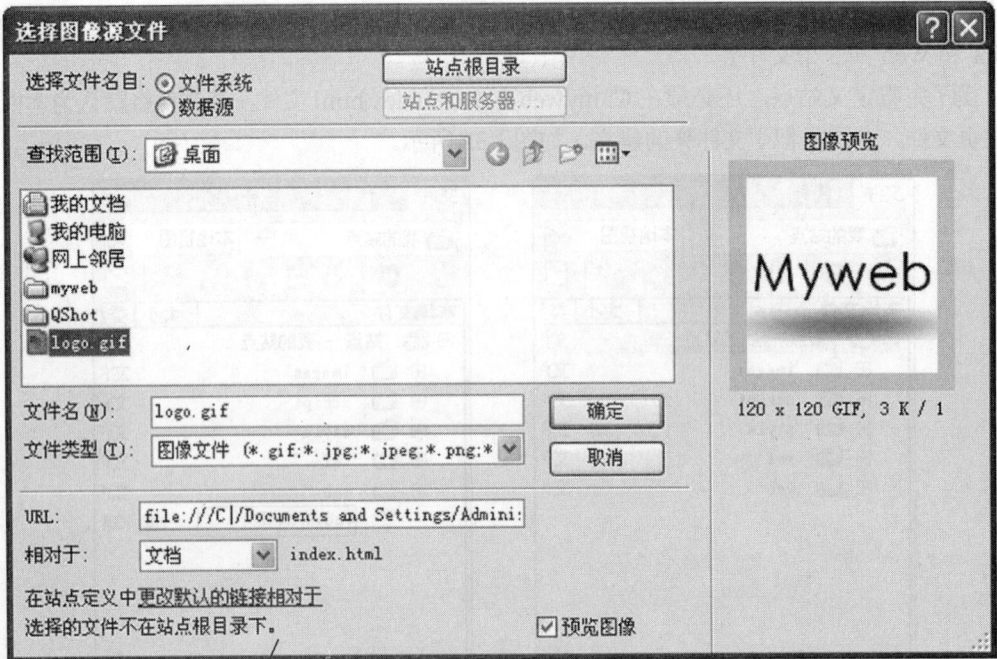

图 1-34　选择图像源文件

　　由于定义的站点"我的站点"位于 C 盘的 myweb 目录，而要插入的图片 logo.gif 位于该目录之外，所以系统会提示如图 1-35 所示信息。

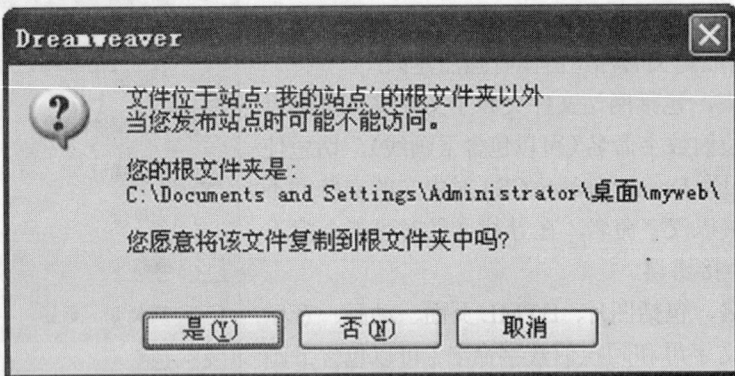

图 1-35　站点根文件夹确认信息

　　在插入图片位于网站根文件夹以外的情况下，必须选择"是（Y）"，将该文件复制到根文件夹中，即 C:\myweb 中，这样才能保证当网站上传至互联网后，你能够看到插入的图片，试想如果图片不在网站文件夹中，上传网站文件夹至互联网后，你怎能看到位于你本机桌面的 logo.gif 图片呢？

　　（2）插入水平线。用 HTML 代码书写水平线时，可以使用 <hr/>，在 Dreamweaver CS4 中，可以使用鼠标直接选择水平线图标，快捷方便地插入水平线，并且可以在属性窗口中，定义水平线的宽度和高度。

　　（3）插入文字。Dreamweaver CS4 是所见即所得的编辑工具，可以像 Word 那样，把文字输入到页面中去。

（4）插入背景音乐。Dreamweaver CS4 插入背景音乐的方法是使用"行为"，过于繁杂，所以推荐使用 Dreamweaver CS4 的代码视图，在代码视图中输入背景音乐标记 <bgsound>。Dreamweaver CS4 的代码视图提供良好的代码提示功能，当输入 bgsound 并按空格后，会出现如图 1-36 所示的代码提示，用键盘上、下键或鼠标左键选择 src，不用写等号，代码视图马上会出现如图 1-37 所示的提示，根据提示，用键盘上、下键或鼠标左键选择浏览，将进入"选择文件"对话框，如图 1-38 所示，在这时，将如同插入图片一样，选择要插入的音乐，如果在网站文件夹外，将其复制到根文件夹 c:\myweb 内，如果在网站文件夹内，可以直接选择。sound 目录是专门用于存放音频文件的文件夹，推荐将所有音频文件放入该文件夹。

```
<body>
<center>
<img src="images/logo.gif"
<hr />
<bgsound /
</center>
</body>
</html>
```

图 1-36 代码提示

```
<body>
<center>
<img src="images/logo.gif"
<hr />
<bgsound src="/>   浏览...
</center>
</body>
</html>
```

图 1-37 参数插入

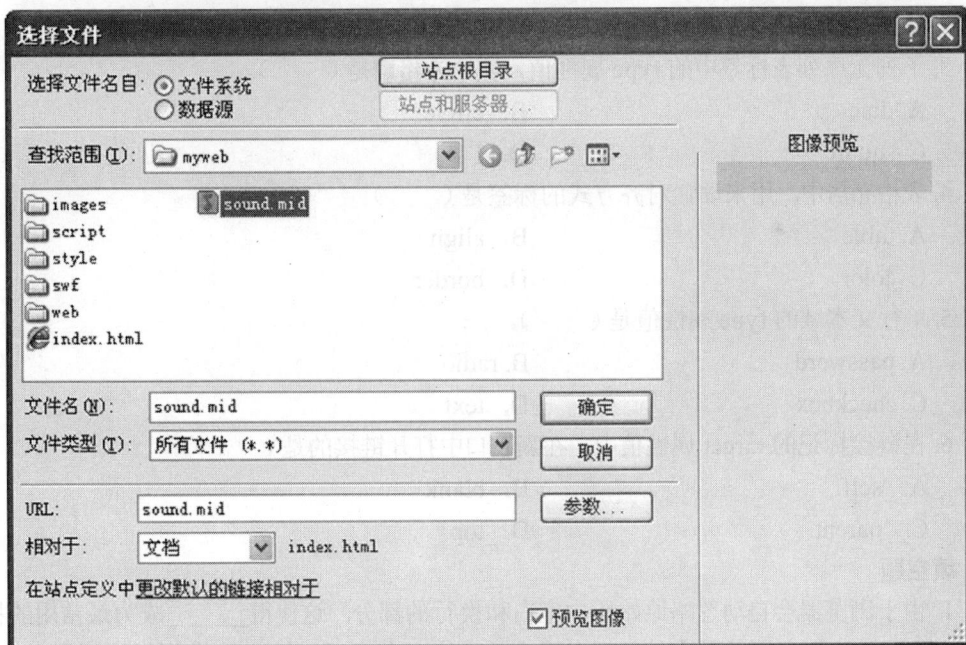

图 1-38 选择文件

选中 sound 文件夹中的 midi 音频文件后，继续按空格键，会出现"loop"提示，选择 loop 后，会出现"-1"提示，选择"-1"，表明音乐将一直放下去，直至关闭该页面为止。完成的代码如下：

```
<bgsound src="sound.mid" loop="-1" />
```

经过了一个简单页面的制作过程后，读者也许会发现，利用 Dreamweaver CS4 制作 HTML

页面远比手工书写 HTML 效率要高，的确是这样，但是 Dreamweaver CS4 毕竟是 HTML 页面编写工具，将要讨论的 PHP 毕竟是纯脚本，即纯代码，并且要和 HTML 无缝地结合在一起，所以这就要求不仅要熟悉利用 Dreamweaver CS4 制作网页，更要熟悉 HTML 代码书写。

在后续的章节中，你会发现，在单纯写页面的时候，会更多地选择 Dreamweaver CS4，而在写 PHP 代码的时候，会利用 Edit Plus 或 Ultra Edit 等文本编辑软件来书写。合理地选择工具，在合适的时候使用最合适的软件，将会大大提高开发效率。

习题 1

一、选择题

1. HTML 的全称是（　　）。

   A. Hyper Text Markup Language　　B. Standard Generalized Markup Language

   C. Cascading Style Sheet　　D. Hypertext Preprocessor

2. 预设格式的标签是（　　）。

   A. <center>　　B. <pre>

   C. <table>　　D. <b>

3. 下列无序列表标签中的 type 属性值，实心方格■是（　　）。

   A. disc　　B. circle

   C. square　　D. I

4. 表格布居中，用来设置对齐方式的标签是（　　）。

   A. table　　B. align

   C. color　　D. border

5. 单行文本域的 type 属性值是（　　）。

   A. password　　B. radio

   C. checkbox　　D. text

6. 在链接标记的 target 属性值中，在新窗口中打开链接的是（　　）。

   A. _self　　B. _blank

   C. _parent　　D. _top

二、填空题

1. 由于浏览器会自动忽略原始码中空白和换行的部分，这使得_____成为最常用的标记之一，因为无论你在原始码中编好了多漂亮的文章，若不适当地加上换行标记或段落标记，浏览器只会将它显示成一大段。

2. 因为 PHP 是一种开放性的语言，这也导致了 PHP 没有公认的强而权威的 PHP 代码编写环境。可以直接采用_____，也可以使用诸如_____、_____、_____等专门的代码编写软件。

三、练习与实践

1. 尝试开发一个页面，使用 echo 语句输出字符串"美不美，乡中水；亲不亲，故乡人。"

2. 尝试开发一个页面，用表格标记建立如图 1-39 所示的一个 4×3 大小的表格。

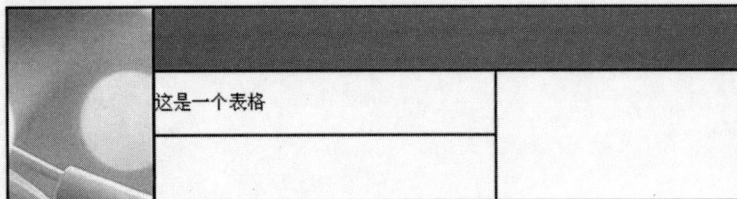

图 1-39　用 HTML 建立的表格

3. 求 100 以内能被 3 整除的数之和。

4. 使用循环控制语句，输出以下的杨辉三角形（要求打印出 10 行）。

```
1
1 1
1 2 1
1 3 3 1
1 4 6 4 1
...
```

5. 创建一个一维数组和一个二维数组，并对数组元素进行输出。

6. 创建一个如图 1-40 所示的表单，在表单中添加各种常用的表单元素，并为表单元素命名。

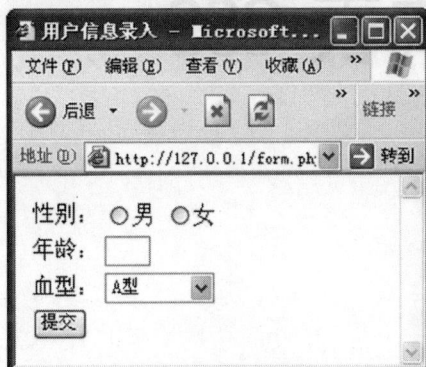

图 1-40　表单

第 2 章
层叠样式表 CSS

任务单二

项目 名称	对网址导航类网站进行DIV+CSS布局
能力 目标	1. 会利用 DIV+CSS 布局进行网页排版； 2. 会使用 CSS 代码中的多种选择器； 3. 会使用 CSS 语法中的基本属性； 4. 会利用 DIV 进行基本的布局排版； 5. 会使用嵌套的布局思想。
任务 描述	根据先前的网页设计，对网站进行 DIV+CSS 布局的制作： 1. 对将要制作的页面有一个基本的结构思路； 2. 使用团队规划好的 DIV 命名习惯； 3. 使用记事本新建网页文件并利用 DIV+CSS 布局进行网页排版； 4. 对制作的网页进行测试； 5. 使制作好的网站兼容多种主流浏览器。

2.1 CSS 简介

层叠样式表即 Cascading Style Sheet，简称 CSS，样式为控制文本或文本区域外观的一组属性，样式表则包括文档中的所有格式，而外部样式表则可以同时控制若干文档的格式。

举个例子，假如在一个页面或整个网站中，要求凡是标题都为 H1、黑体及蓝色，正文则为 4 号字、宋体及棕色，这是一种风格，也即"样式"，通过样式表来实现统一的网页风格。

样式表有什么好处，非要用它不可吗? 答案是肯定的。

一个优秀的网站不仅只是具备一套完整的结构内容、巧妙出奇的页面布局，还需要一个统一的风格，好的风格代表了一种高级的品味，优秀的网页制作也不再是漂亮的图形、优美的布局和完整的结构就能满足了，使网站整体保持一致的风格，例如，字体字形的显示，页面边距等，也是使网站作品有美感、有品味的关键一步。层叠样式表为你完成这一任务。

上述例子，通过大量的 HTML 语言也可使之实现，即每次遇上标题，你就用 HTML 标签进行设置：

```
<h1><font face=" 宋体 " color="red"> 这里是标题 </font></h1>
```

显然，你很容易就会为之头大如斗的，即使你有很好的耐心，却难保挂一漏万，设置一多就会有所疏忽，样式表就为你的这项工作带来方便，用了它之后，就再也不需要这么麻烦了。

最后，对于公司建设的大型站点来说，往往分成几个组各自开发，这时候就更需要一个统一的样式表来规划网站的整体面貌，各个组都在遵循这统一的样式表的基础上进行各自的开发建设。

所以说，样式表是网站设计必不可少的一个重要组成部分。要想开发一个风格一致、清新自然的网站，就必须使用样式表。

2.2 CSS 基本语法

CSS 可以使用 HTML 标签或命名的方式定义，除可控制一些传统的文本属性（例如字体、字号、字形）以外，还可以控制一些复杂的 HTML 属性（例如对象位置、超链接样式、鼠标指针等）。应用过 CSS 样式的文本，会随着 CSS 样式的改变而自动更新文本的样式。

1. 样式表结构

选择符 { 标记属性: 属性值; 标记属性: 属性值; 标记属性: 属性值; …}

例如：H1 { font-size:12pt;color:blue;font-family: 隶书}

以上代码定义了一个 CSS 样式，令标题 1 的字号为 12 号，颜色为蓝色，字体为隶书。

提示: CSS 同样不区分大小写。

2. CSS 的放置

样式表放在不同的地方，产生作用的范围也不同。大致来说，样式表分为内联样式表和外联样式表，分别将样式表放在页面内部和页面外部，而外部放置又有外部链接和外部导入两种方法。

（1）内联样式表。

①内联样式表有一种直接插入方式——行内直接引用。即单独指定 HMTL 页面中某一个标记，规定其风格样式，基本语法：

< 标签名称 style=" 属性 1：属性值 1；属性 2：属性值 2；…">

例如:<p style="background:yellow;color:black;font-size=25px;font-family: 宋体 "> 定义该网页内的背景颜色为黄色，字体颜色为黑色，字号为 25px，字体为宋体。

【**例 2.1**】创建行内直接引用 CSS 示例。

源代码：

```
<html>
<head>
        <title>CSS 样式第一例 </title>
</head>
<body>
        <p style="background:yellow;color:black;font-size=25px;font-family: 宋体 ">
        本行应用了 CSS 的样式！
        </p>
        本行没有应用 CSS 的样式！
</body>
</html>
```

代码显示效果如图 2-1 所示。

图 2-1 CSS 初步应用效果

程序说明：行内直接引用，适用于指定网页内的某一对象的显示规则，效果仅可控制该标签。本例中 CSS 作用于 <p>…</p> 之间的文字。对以外的标签不作控制。

②把样式表规则放在 <head> 和 </head> 的中间，从而使样式表对整个当前 HTML 页面产生作用。

【**例 2.2**】将样式表嵌入到 HTML 文件的 <head> 区间。

源代码:

```
<html>
<head>
        <title> 将样式表嵌入到 HTML 文件的 <head> 区间。</title>
        <style type="text/css">
        <!--
        p{background:yellow;color:black;font-size=25px;font-family: 宋体 }
        -->
        </style>
</head>
<body>
        <p> 本行应用了CSS 的样式! </p>
        <p> 本行应用了CSS 的样式! </p>
</body>
</html>
```

代码显示效果如图 2-2 所示。

图 2-2　嵌入到 HTML 文件的 <head> 区间应用效果

程序说明:p{background:yellow;color:black;font-size=25px;font-family: 代码体 } 为定义的 CSS 样式, 其中 p 为选择符, 选择符可为 HTML 标签名, 所有的 HTML 标签均可作为 CSS 选择符, 同样, 你也可以自己定义选择符的名称。在 HTML 文件头嵌入 CSS, 浏览器在整个 HTML 网页中都应用该规则。

在 HTML 文件中用 <style> 标签说明所要定义的样式, 具体是 <style> 标签的 type 属性为 CSS 语法定义。注意, <style> 标记中包括了type="text/css", 这是让浏览器知道你是在使用 CSS 样式规则。为了防止不支持 CSS 浏览器将 <style> 和 </style> 之间的 CSS 规则当成普通字符显示在网页上, 可用 <!-- 和 --> 符号将 CSS 的规则代码括起来。可以将该段代码忽略不计。

在使用样式表的过程中, 经常会有几个标记用到同一个属性, 比如, 规定 HTML 页面中凡是粗体字、斜体字、1 号标题字均显示为蓝色, 按照上面介绍的方法应书写为:

```
B{color:blue}
I{color:blue}
H1{color:blue}
```

显然这样书写比较麻烦，引进分组的概念会使其变得简洁明了，可以写成：

```
B,I,H1{color:blue}
```

用逗号分隔各个 HTML 标记，把三行代码合并成一行。

此外，同一个 HTML 标记，可能定义到多种属性，例如，规定把从 H1 到 H6 各级标题定义为蓝色黑体字，带下画线，则应写为：

```
H1,H2,H3,H4,H5,H6{
color:blue;
text-decoration: underline;
font-family:" 黑体 "
}
```

注意，各个标记属性之间用分号隔开，最后一个属性的结束可以省略分号，也可书写分号。

说明：

上面的两种引用 CSS 样式表的方法都属于引用内联样式表，即样式表规则的有效范围只限于该 HTML 文件，在该文件以外不能使用。

（2）外联样式表。

编制一个网站的分类页面，其风格往往是相同的或者是类似的，每次都在 <head> 和 </head> 中插入相同的烦琐复杂的样式表规则，显然不是你的愿望。

写一个样式表，以期实现与各风格相同的不同页面，这一点即可借助于引入外联样式表来实现。并且当外联样式表被更改时，各引用该样式表的 HTML 页面风格也随之发生变化，而不需要手工一个个去更改。

外联样式表是指建立一个完全独立的文本文件，其扩展名为 .css，文件内容则输入样式表信息，除去任何相关的 HTML 语言。

例如，利用文本编辑工具编写 CSS 文件"2.css"，存入当前目录下，文件内容如下列代码所示：

```
H1,H2,H3,H4{
color:blue;
text-decoration:underline;
font-family:" 黑体 ";
  }
p{line-height:50px;color:#FF00FF}
b{
font-style:italic;
color:yellow;
text-decoration:underline; background-color:black}
```

可以看到，只是少了 <style> 和注释标记，其余书写外部样式表没有任何改变。建立的代码文件如图 2-3 所示。

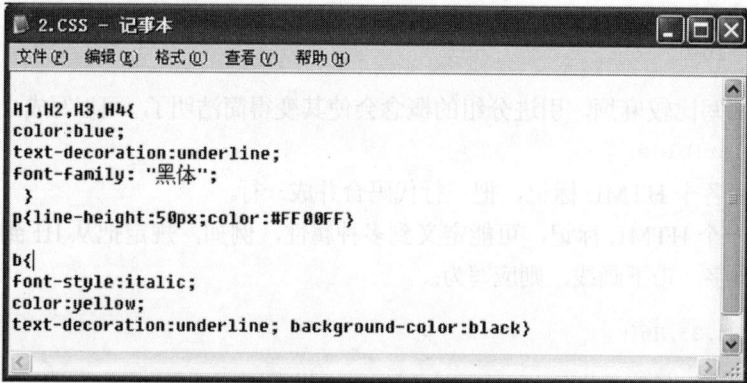

图 2-3　文件 2.css 内容

有两种办法可以实现引用外联样式表。

①使用 `<link>` 标记链接外联样式表。

基本语法：

```
<link rel="stylesheet" href="*.css">
```

语法解释：href 用于设置链接的 CSS 文件的位置，可以为绝对地址或相对地址。*.css 为已编辑好的 CSS 文件，CSS 文件中能由样式规则或声明组成。可以将多个 HTML 文件链接到一个样式表上，一个 HTML 文档中也可以引用多个外部样式表，例如：

```
<link rel=stylesheet href="example.css">
<link rel=stylesheet href="style/other.css">
```

首先链接的 example.css 作为该文档默认样式表，当样式定义产生冲突时，应当首先满足前者。

如果改变样式表文件中的一个设置，所有的网页都会随之改变。

【例 2.3】使用 `<link>` 标记链接外部样式表。

源代码：

```
<html>
<head>
        <title> 使用 <link> 标记链接外部样式表 </title>
        <link rel="stylesheet" href="2.css">
</head>
<body>
        <H1> 各位同学: </H1>
        <p> 大家好。</p>
        <b> 欢迎学习 PHP 程序设计 !</b>
</body>
</html>
```

50

代码显示效果如图 2-4 所示。

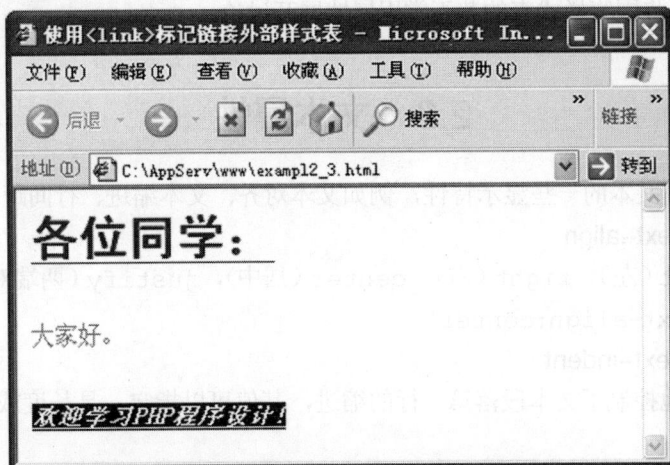

图 2-4 使用 <link> 标记链接外部样式表应用效果

②使用 @IMPORT 导入样式表信息。这种方法有点像外部链接与内部嵌入样式表的结合，它与外部链接样式表的区别是外部样式输入是在浏览器解释 HTML 代码时，将外部 CSS 文件中的内容全部调入页面中，而外部链接样式表不将外部 CSS 文件中的内容调入页面中，而只是在用到该样式时才在外部 CSS 文件中调用该样式的定义。

基本语法：

```
<style type="text/css">
<!--
    @ import url( 外部样式文件名 );
-->
</style>
```

🖎说明：

使用 @import 命令把外联样式表信息导入页面中，它是存在于在 <style> 和 </style> 标记中的。例如：

```
<style type="text/css">
@import "2.css";
@import "style/other.css";
</style>
```

显然，这个方法也可以同时引用多个外部样式表信息，样式表产生作用的优先级按照导入的先后顺序来设定。

以上 4 种方法可以混合使用，即能够在一个页面中，同时使用这三种方法。不过，当样式表信息规则过多时，就比较容易产生冲突。比如，在引用的数个样式表信息中都有关于对 H1 标题的设定，那么以哪一个为主呢？这时就看哪一个样式表被引用在前，它就是具有第一优先权的。因此在处理复杂的样式表信息时，要充分考虑到样式表冲突这一可能性，较好地解决矛盾，使之相互协调匹配。

后续的几节，将围绕样式表的若干常用属性展开讨论。

2.3 文本属性

文本属性设置文本的一些显示特性，例如文本对齐、文本缩进、行间距、字间距等。

1. 文本对齐 text-align

属性值：left（左），right（右），center（居中），justify（两端对齐）。

例如：h1{text-align:center}

2. 文本缩进 text-indent

该属性有效地控制了文本段落第一行的缩进，其值可以指定，是长度或段落宽度的百分比。例如：

```
p{text-indent:1.0in}
```

3. 行高 line-height

该属性设置行与行之间的间距，其值可以为数值、长度或百分比，百分比以行高为基础。例如：

```
body{line-height:120%}
```

4. 字间距 letter-spacing

该属性设置字与字之间的距离，同样可以用数值、长度或百分比来指定，百分比以字符大小为基础。例如：

```
body{letter-spacing:0.5em}
```

顺便提一下，文本属性中还有一个单词间距（word-spacing），设置每个单词之间的距离，对于中文页面来讲，可能很少用到。

5. 文本装饰 text-decoration

属性值：underline（下画线），overline（底线），line-through（线穿过），blink（闪烁）。例如：

```
h3{text-decoration:underline}
```

6. 垂直对齐 vertical-align

属性值：baseline（基准线），super（上标），sub（下标），top（顶部），text-top（文本顶部），middle（中），bottom（底部），text-bottom（文本底部）和百分比。

通过不同的值设置某对象相对其他文本的位置，特别有用的是，上标、下标成为可能。例如：

```
<p> 平方值：3<font style="vertical-align:super">2</font></p>
```

7. 文本变换 text-transform

属性值：capitalize（首字母大写），uppercase（大写），lowercase（小写）和 none（无）。

默认值为 none。例如，

```
p{text-transform:capitalize}
```

2.4 颜色与背景属性

在很多时候，要用到颜色属性，指定文本段落、标题、背景等的颜色，背景属性则用于设定背景图像在浏览器中的显示方式。

1. 颜色属性 : color

属性值：可以使用 16 种标准的颜色名（如表 2-1 所示）；也可以使用三原色：红、绿、蓝的十进制数值（取值范围从 0 到 255，如 rgb(255, 0, 0) 是红色）来指定；也可以使用十六进制颜色值来设置，其格式为以 # 开头的 6 位十六进制数（比较常用）。

\<font\>、\<p\>、\<body\>、\<table\> 及其单元元素、标题等对象都可以用到 color 属性。下例指定超链接的初始颜色和被激活时的颜色：

```
<style type="text/css">
a{color:green}
a:hover{color:red}
</style>
```

表2-1 标准颜色名和颜色值

颜色名	汉译	RGB 值	颜色名	汉译	RGB 值
aqua	海蓝	#00FFFF	navy	海军蓝	#000080
black	黑	#000000	olive	橄榄绿	#808000
blue	蓝	#0000FF	purple	紫	#800080
fuchsia	紫红	#FF00FF	red	红	#FF0000
gray	灰	#808080	silver	银白	#C0C0C0
green	绿	#008000	teal	凫蓝	#008080
lime	石灰色	#00FF00	white	白	#FFFFFF
maroon	茶色	#800000	yellow	黄	#FFFF00

2. 背景属性

（1）background-color。定义页面或指定对象的背景颜色，属性值和颜色属性相同。

（2）background-image。属性值：none,url（address），包括相对路径和绝对路径，指定对象的背景图像。

（3）background-repeat。属性值：no-repeat（无重复），repeat（重复），repeat-x（x 方向重复），repeat-y（y 方向重复），默认值为 repeat，指定背景图像的显示方式。该属性需要与 background-image 和 background-position 组合使用。

（4）background-attachment。属性值：scroll（随对象一起滚动），fixed（固定），默认值为 scroll。该属性指定对象的背景图像是否与对象一起滚动，或是固定在页面上的某一个位置。

该属性与 background-image 组合使用。

（5）background-position。属性值：垂直位置 vertical，指定 top，center，bottom 和具体数值、百分比；水平位置 horizontal，指定 left，center，right 和具体数值、百分比。定义背景图像的绝对或相对位置显示。

（6）background。这是一个简写属性，可以把上述所有背景属性归纳到一行代码中定义。下面是一个比较完整的例子：

```
body{
background-image:url(images/a _ 1.jpg);
background-repeat:no-repeat;
background-position:20px 50px;
background-attachment:fixed
}
```

用 background 属性简写为：

```
body{background:url(images/001.jpg) no-repeat 20px 50px fixed}
```

2.5 创建 CLASS

基于以上所介绍的样式表规则，可以发现在一个 HTML 页中，每种 HTML 标记只能为其定义一种风格，然而有时候也会碰到其他一些情况，比如，同一个 HTML 标记需要呈现不同的风格；有若干个不同的 HTML 标记采用相同的样式规则。

采用上面提到的内联样式表的直接插入方式可以一一地对之进行定义，但这样做有个问题，一旦这类定义多了起来，又会使事情变得相当复杂，与我们采用样式表以求风格的统一和形式简单的初衷大相违背。

样式表提供了解决方法，创建类（CLASS）可以创建同一个 HTML 标记的多种风格。其语法为：

标记 . 类名 { 标记属性：属性值；标记属性：属性值；……，标记属性：属性值 }

在该语法中，一定要注意标记与类名之间是英文句点，不能写成中文句点。

引用方法是：

< 标记 CLASS=" 类名 ">

例如，如果打算让某一些段落缩进 0.5in，另一些段落缩进 1.0in，段落采用 <p> 这个标记。

代码书写如下：

```
<html><head><title>This is a sample</title>
<style type="text/css">
<!--
p.first{text-indent:0.5in}
p.second {text-indent:1.0in}
-->
```

```
</style></head>
<body bgcolor="#FFFFFF">
...
<p class="first">这个段落将缩进 0.5in</p>
<p class="second">这个段落将比上面缩进一倍距离 </p>
...
</body>
</html>
```

显示该页面时，第二个段落将比第一个段落多缩进一倍距离。

此外，可以直接定义 CLASS，应用于 HTML 页面中的各种标记。其语法只是比上面的少了一个标记：

. 类名 { 标记属性：属性值；标记属性：属性值；…，标记属性：属性值 }

在该语法中，注意类名前面的英文句点必不可少，并且不能是中文句点。

例如：

```
<style type="text/css">
<!--
.main01{font-size:10pt;color:blue}
-->
</style>
```

该 CLASS 规定了字符的大小和颜色，当 HTML 文档中任何地方，无论是段落 <p>、表格 <table>，只要是需要其字体大小为 10pt、颜色为红色时，就可以引用这个 CLASS。引用的方法和上面一样：

```
<HTML 标记 CLASS=" 类名 ">
```

例如，要设置某单元格中的字符大小为 main01 所定义的风格，则可写为：

```
<td class="main01">
```

而设置某一段落字符风格为 main01，则可写为：

```
<p class="main01">
```

如上所举，可以在同一 HTML 文档中多次引用这个类，引用该类的地方都将呈现同一种风格。

创建 CLASS 并不是建立多种风格的唯一手段，ID 也可以用来实现同一规则被应用到页面中不同的地方。

它的语法是：

#id 名 { 标记属性：属性值；标记属性：属性值；…，标记属性：属性值 }

如上面的例子，可以改写为：

```
<style type="text/css">
<!--
```

```
#01{font-size:10pt;color:red}
#02{font-size:12pt;color:blue}
-->
</style>
```

引用的方法也相同：< 标记 ID = "ID 名 ">。例如：

```
<body>
<font id="01">Hello World</font><br>
<font id="02">Keep going on</font>
</body>
```

注意，在引用 ID 名时，要将 # 去掉，不能写成 ID="#01"。

2.6　超链接

读者也许会发现，在你访问的网页中，超链接的样式五花八门，有彩色的，有不带下画线的，有指向或单击后变色的，这都是利用 CSS 样式表完成的，本节将详细讲述利用 CSS 定义超链接样式。

1. 常规样式表

之所以称之为常规样式表，是相对于 Class 而言的，该样式表一旦定义，将作用于采用该样式表的整个页面，而不特制某个或某些链接。

比如，现在要定义，页面中的超链接全部采用 12px 大小的字体，链接颜色为蓝色，访问后返回该页面时，被访问过的链接为灰色，鼠标指向链接时字体变为红色。代码如下所示：

```
<style type="text/css">
<!--
a:link{font-size:12px;color:blue}
a:visited{font-size:12px;color:gray}
a:hover{font-size:12px;color:red}
-->
</style>
```

<a> 是超链接的标记，而后面的 link 指超链接本身，visited 指链接被访问后，hover 指鼠标指向链接的时候，超链接的样式表是 CSS 语法中独特的一部分。

将此样式表放入 <head> 中后，页面中所有的链接都将采用刚才所定义的样式。在这里要注意，超链接样式表中还有一项 a:active，表示超链接被激活过程中的样式，由于当前网络速度明显提高，该过程非常短暂，故大多数网页并没有定义该样式。

另外，需要注意的是，link、visited 和 hover 的顺序是有一定讲究的，不是随意放置的。按照上述样式表所示，最高级在 hover，就是说，如果有一个超链接，已经被访问过了，这时，鼠标指向该链接的时候，它是遵循 a:visited{font-size:12px;color:gray}，显示灰色，还是遵循 a:hover{font-size:12px;color:red}，显示红色呢？聪明的读者一定想到了，由于 a:hover 在最后，优先级高，所以显示的是红色。那么，如果 visited 在最后，又该是什么样的情况呢？请读者在原代码的基础上修改一下，自己动手试一试。

　　上述样式表主要定义超链接字体的大小和颜色，还有一个比较常用的样式，就是下画线的使用。默认情况下，超链接在未选中、指向、激活和已选中的情况下，都是有下画线的，而实际情况下，更倾向于让下画线时而显示，时而隐藏，这就用到了另一个属性：text-decoration。

　　text-decoration 可选的属性值：none（无下画线）、underline（下画线）、overline（上画线）、line-through（删除线）和 blink（文字闪烁，仅用于 NC）。

　　比如，还是刚才的样式表，现在要求超链接本身无下画线，访问过的链接无下画线，指向超链接有下画线，样式表可以这样修改：

```
a:link{font-size:12px;color:blue;text-decoration:none}

a:visited{font-size:12px;color:gray;text-decoration:underline}

a:hover{font-size:12px;color:red;text-decoration:none}
```

需要指出的是，下画线、上画线和删除线可以同时使用（虽说很难看），比如：

```
a:hover{font-size:12px;color:red;text-decoration:underline overline line-
through}
```

说明：

在 underline、overline 和 line-through 之间是空格，不能用逗号或顿号。

2. 基于 Class 的样式表

　　很多用户可能并不满足一种超链接样式，希望在页面中，对不同的链接定义不同的样式，这就用到了基于 Class 的样式表。

　　第 2 章 2.6 节，讲到了 Class，注意到了应用英文句点"．"定义 Class 的妙处，在超链接样式的定义中，同样用到了英文句点。

　　比如在将一个页面中的两个超链接分别定义两个不同样式，第一个链接本身黑色、访问过黑色、指向红色，第二个本身绿色、访问过蓝色、指向紫色，可以这样书写代码：

```
<html><head><title>Css Testing Page</title>

<style type="text/css"

a.01:link{font-size:9pt;color:black}

a.01:visited{font-size:9pt;color:black}

a.01:hover{font-size:9pt;color:red}

a.02:link{font-size:9pt;color:green}

a.02:visited{font-size:9pt;color:blue}

a.02:hover{font-size:9pt;color:purple}

</style></head>

<body>

<a href="http://www.163.net" class="01">The First Link</a><br>

<a href="http://www.baidu.com" class="02">The Second Link</a>
```

```
</body></html>
```

在 a 和 link/hover/visited/active 之间，加入句点和 Class 名称，然后在超链接标记 <a> 中，使用 Class="class" 名就完成了基于 class 的样式表的制作。利用这样的样式表，可以充分发挥作者的想象力和创造性，极大地丰富超链接样式，使页面生动活泼起来。

2.7　Dreamweaver CS4 定义 CSS

在第 1 章结束部分，介绍了利用 Dreamweaver CS4 定义站点及制作简单页面，本节在读者熟悉 HTML 及 CSS 语法的基础上，讨论如何利用 Dreamweaver CS4 定义 CSS 及如何引用 CSS。

2.7.1　定义CSS样式表

1. CSS 样式分类
在 Dreamweaver CS4 中所能定义的 CSS 样式有 3 种。

（1）自定义 CSS 样式：将自定义的 CSS 样式应用到任何范围或任何文本段中。

（2）HTML 标签样式：重新定义标签的格式，当创建或修改标签的 CSS 样式时，所有以该标签格式化的文本都将更新样式。

（3）CSS 选择器样式：重新定义标签的特定格式或包含某指定属性的所有标签的格式。

2. 使用 CSS 样式的方式
按照定义 CSS 样式的方法，CSS 样式在页面中的使用方式主要有 3 种。

（1）局部套用 CSS 样式：将 CSS 语法定义在 HTML 标记旁边，这时定义的 CSS 样式只能影响该 HTML 标记，对于其他的 HTML 标记则无影响。

（2）在页面开头定义：这种方式是将 CSS 样式表写在 <style></style> 标签之间，内置到 HTML 的头部，CSS 样式将影响整个页面，这种方式适用于单个页面的情况。

（3）链接外部样式表：将编辑好的 CSS 样式保存为 CSS 文件，其扩展名为 .css。在设计网页的过程中可以采用链接的方式将编辑好的 CSS 样式表套用在页面中，而无须在 HTML 中出现 CSS 语法。

说明：

采用这种方法有个很大的优点，就是可以一次让多个页面同时使用一个样式表，当更新或修改 CSS 样式表的源文件 .css 时，所有使用该 CSS 样式表的页面将自动更新。

2.7.2　CSS样式面板

CSS 样式面板提供了编辑和应用 CSS 样式的工作环境。选择菜单命令"窗口"|"CSS 样式"，或单击"设计"面板上的小三角形，将"设计"面板打开，该面板上的第一项就是 CSS 样式面板。

CSS 样式面板顶部有两个按钮，"全部"和"正在"，分别选择这两个单选按钮，则显示不同的样式面板视图。

　　选择"全部"按钮，如图 2-5 所示，在出现的面板中可以选择样式表并将其应用到文档中，在该视图下只显示自定义 CSS 样式（默认情况下没有样式，待用户生成或导入 CSS 样式表），用鼠标选择待格式化区域后，单击样式名称即可套用自定义样式。

　　选择"正在"按钮，如图 2-6 所示，在出现的面板中可以查看与当前文档相关的 CSS 样式的定义。在该视图下可以显示自定义 CSS 样式、HTML 标签样式、CSS 选择器样式，单击待修改样式名称即可进入样式表定义窗口。

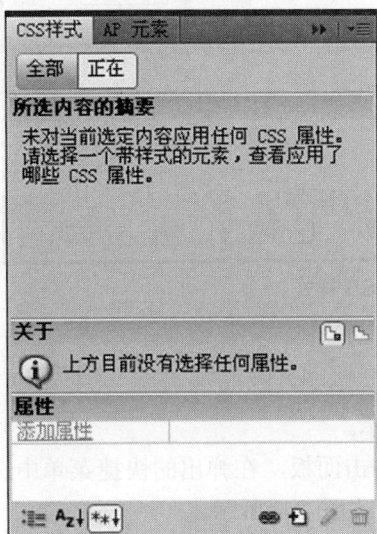

图 2-5　"全部"视图　　　　　　　图 2-6　"正在"视图

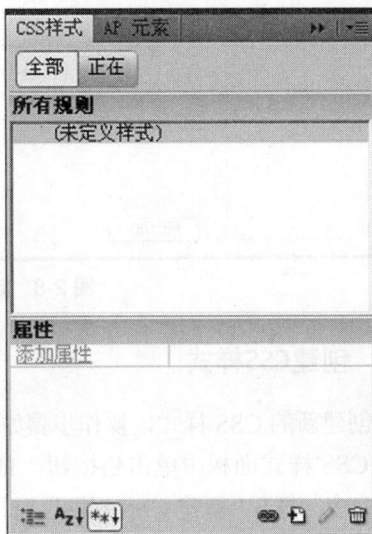

CSS 样式面板的底部有四个功能按钮，如图 2-7 所示。

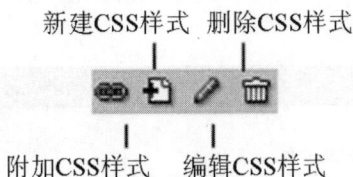

新建CSS样式　删除CSS样式

附加CSS样式　　编辑CSS样式

图 2-7　功能按钮

这些功能按钮的含义和功能如下。

　　附加样式表：单击按钮，打开"链接外联样式表"对话框，在该对话框中选择外部 CSS 样式表，将外部 CSS 样式表链接或导入文档。

　　新建 CSS 样式表：单击按钮，打开"新建 CSS 样式"对话框，使用该对话框创建新的 CSS 样式表。

　　编辑样式表：单击按钮，打开"样式定义"对话框，对当前文档中的 CSS 样式表或链接的外部样式表进行编辑，如图 2-8 所示。

　　删除 CSS 样式表：单击按钮，将删除选定的样式，也将删除所有使用该样式的文档格式。

图 2-8　定义 CSS 样式

2.7.3　创建CSS样式

如果要创建新的 CSS 样式，操作步骤如下所示。

（1）在 CSS 样式面板中单击🞄按钮，或者右击面板，在弹出的快捷菜单中选择"新建 CSS 规则"命令，打开"新建 CSS 规则"对话框，如图 2-9 所示。

（2）在"新建 CSS 规则"对话框中进行如下设置之一。

在"类型"域中选择"创建自定义样式"，在名称文本框中输入样式名称。

在"类型"域中选择"重定义 HTML 标签"，然后在"标签"域中输入 HTML 标签，或者从下拉菜单中选择 HTML 标签。

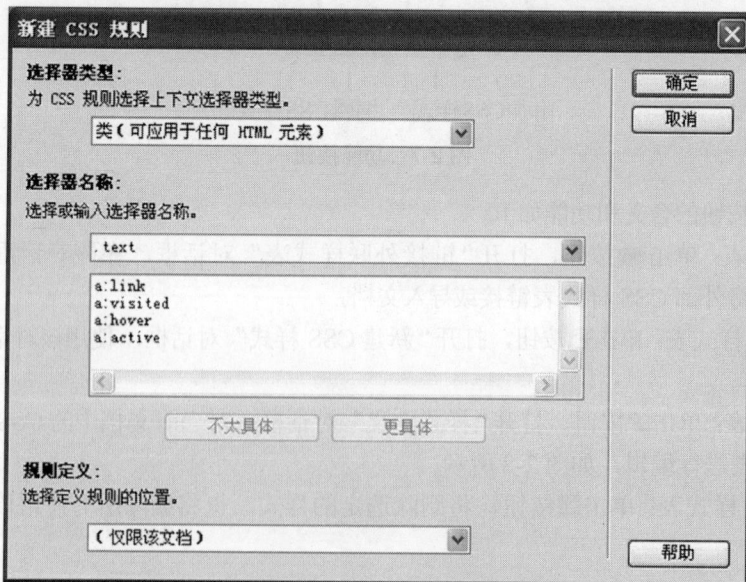

图 2-9　新建 CSS 规则

在"类型"域中选择"使用 CSS 选择器",然后在"选择器"域中输入一个或多个 HTML 标签,或者从下拉菜单中选择 a:link,a:visited,a:hover,a:active。

a:link:超链接的正常显示状态,没有任何动作。

a:visited:超链接已访问的状态。

a:hover:鼠标停留在超链接上时的状态。

a:active:超链接被激活的状态。

(3)在"定义在"域中选择定义 CSS 样式的位置。

新建样式表文件:选择该项,创建外联样式表,将要对外联样式表进行保存,如图 2-10 所示。

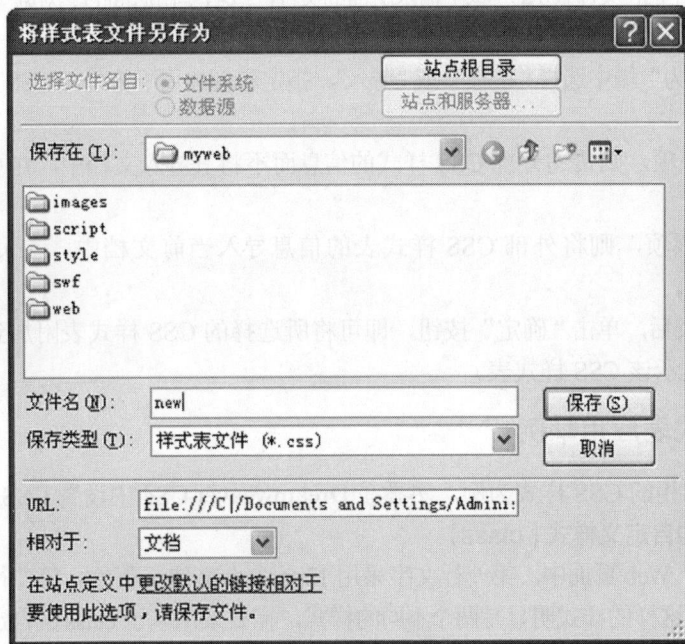

图 2-10 保存样式表

仅对该文档:选择该项,在当前文档中嵌入样式。

(4)打开样式定义对话框,设置相关参数,生成 CSS 样式文件。

2.7.4 附加外部CSS样式表

可以将页面中的 CSS 样式导出并创建新的 CSS 样式表,然后再链接 CSS 样式,使用该 CSS 样式表中的属性格式化页面。

下面是附加外部 CSS 样式表的方法。

(1)打开 CSS 样式面板。

(2)单击 CSS 样式面板上的■按钮,或者右击 CSS 样式面板,在弹出的快捷菜单中选择"附加样式表"命令,打开"链接外部样式表"对话框,如图 2-11 所示。

图 2-11　链接外部样式表

（3）在对话框中的"文件 /URL"域中输入所需的文件，或者单击后面的"浏览"按钮，在弹出的对话框中查找并选择所要附加的文件。

（4）在"添加为"域中选择"链接"或"导入"，指定和创建用于将外部 CSS 样式附加到文档的标签。

链接：选择该项，则传递外部 CSS 样式的信息而不将其导入文档中，在页面代码中生成 <Link> 标签。

导入：选择该项，则将外部 CSS 样式表的信息导入当前文档中，在页面代码中生成 <@Import> 标签。

（5）设置完成后，单击"确定"按钮，即可将所选择的 CSS 样式表附加到当前文档，在 CSS 样式面板中显示该 CSS 样式表。

2.7.5　样式表应用举例

现在以几个常用的 CSS 样式为例，熟悉在 Dreamweaver CS4 中设置 CSS 样式参数。

1. 创建文本的自定义样式（class）

比如，在一个 Web 页面中，第一行文字采用 12px 大小字体，蓝色，第二行文字采用 14px 大小字体，黑色。这样的样式明显是两个不同的样式，需要采用基于 class 的自定义样式。

（1）新建 CSS 样式。打开"新建 CSS 规则"对话框中，在"类型"域中选择"创建自定义样式（class）"，在"名称"文本框中输入样式名称 text。

（2）设置 CSS 规则参数。打开"CSS 规则定义"对话框，在左侧"分类"列表中选择"类型"选项，如图 2-12 所示，设置"大小"和"颜色"参数，完成后单击"确定"按钮。

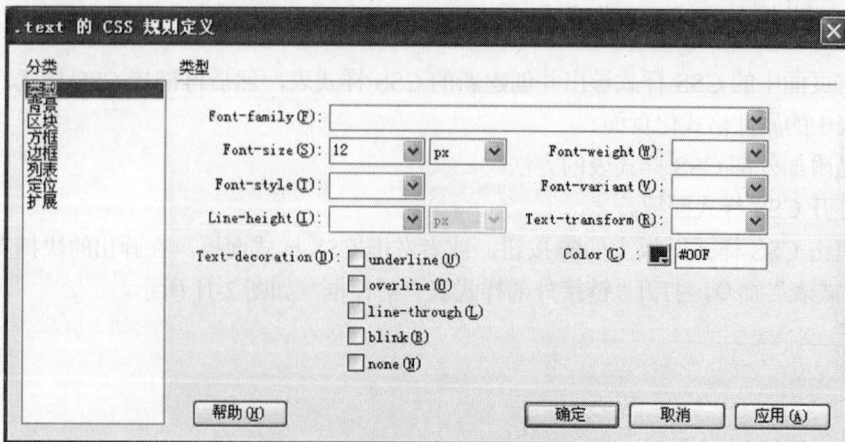

图 2-12　自定义样式 text 参数设置

（3）应用 CSS 样式。用鼠标选中页面第一行文字，在 CSS 样式面板的"应用样式"视图中，单击已生成的"text"样式，即可应用样式。

重复以上步骤，对第二行文字的样式进行定义与应用。

2. 重定义 \<body\> 标签

在某些时候，页面比较简单，不必定义不同的样式，而是采用一个样式，这时可以在 CSS 中直接对 \<body\> 标签进行重定义，此类对标签的定义无须实施，自动作用于标签所围堵的页面内容。

（1）新建 CSS 样式。打开"新建 CSS 规则"对话框，在"类型"域中选择"重定义 HTML 标签"，对话框第一项变为"标签"域，在该域中选择"body"。

（2）设置 CSS 样式参数。打开"CSS 规则定义"对话框，在左侧"分类"列表中选择"类型"选项，如图 2-13 所示，设置"大小"和"颜色"参数，完成后单击"确定"按钮。

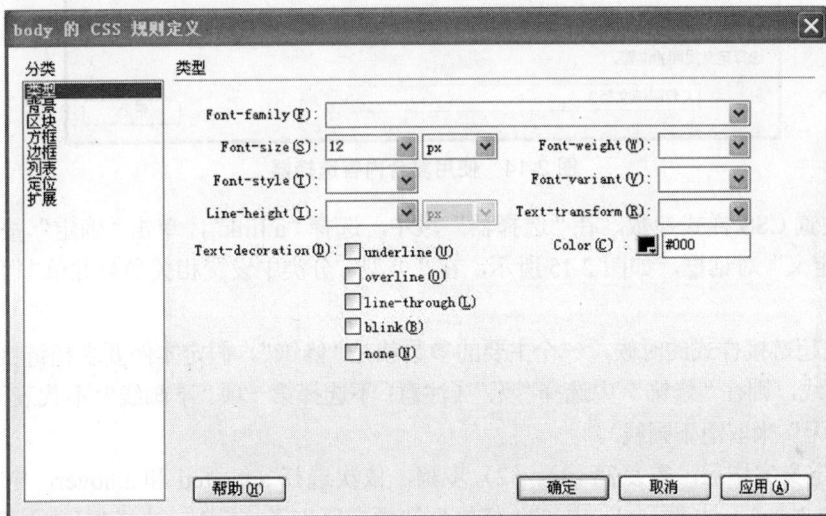

图 2-13　body 标签的样式定义

此时，样式表的定义正式完成，读者会发现，页面中的文字已经实施了刚才定义的样式，并且在 CSS 样式面板的"应用样式"视图中看不到该样式，可以在"编辑样式"视图中修改刚才定义的样式。

说明：

如果页面中存在表格，则表格中的文字不受 \<body\> 的样式约束。如果需要在表格中实施样式，可以继续重定义 \<table\> 标签，也可以自定义 class，然后选中整个表格套用 class。

3. 定义超链接样式

超链接样式的定义由于涉及链接的不同状态，稍微麻烦一点，但是只要把握其中的规律，自然会轻而易举地掌握。

（1）新建 CSS 样式。打开"新建 CSS 规则"对话框中，在"类型"域中选择"复合内容选择器"，如图 2-14 所示。

在"选择器"域中，超链接的四种状态被从上到下依次列出，用户需要依次选出各项进行定义，也可以跳过某些项目不设定，依照作者习惯，推荐读者对 a:link、a:visited 和 a:hover

依次进行设定，而忽略对 a:active 的设定。

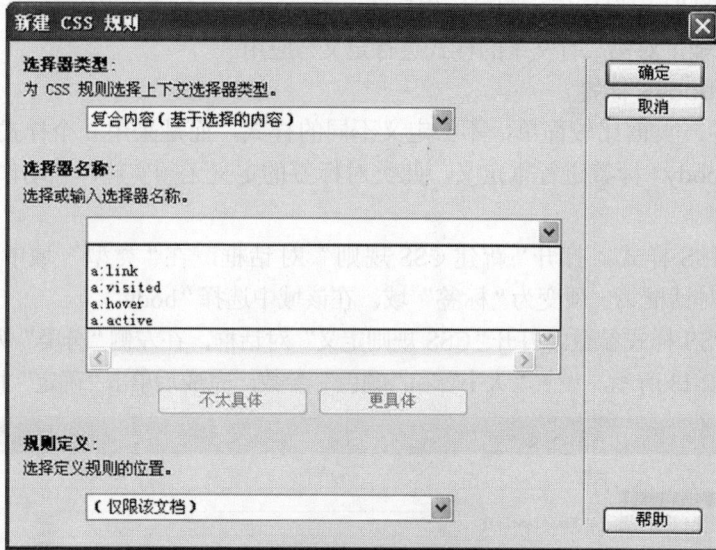

图 2-14　使用复合内容选择器

（2）设置 CSS 样式参数。在"选择器"域中，选择"a:link"，单击"确定"按钮，弹出"CSS 规则定义"对话框，如图 2-15 所示，在"类型"分类中设置相关参数并单击"确定"按钮。

在定义超链接样式的时候，一个主要的参数就是"修饰"。假定本例要求超链接在正常显示时无下画线，则在"修饰"中选择"无"（注意：不选择第一项"下画线"不代表无下画线，必须选择"无"来取消下画线）。

a:link 定义完毕后，重复第（1）、（2）步骤，依次选择 a:visited 和 a:hover，定义剩余的 a:visited 和 a:hover。注意，a:hover 的"修饰"选项应区别于 a:link，选择"下画线"，并且选择不同的颜色，以增强视觉效果。如果有必要，还可以对 a:hover 定义背景颜色，在"分类"列表中选择"背景"项，设定"背景颜色"。

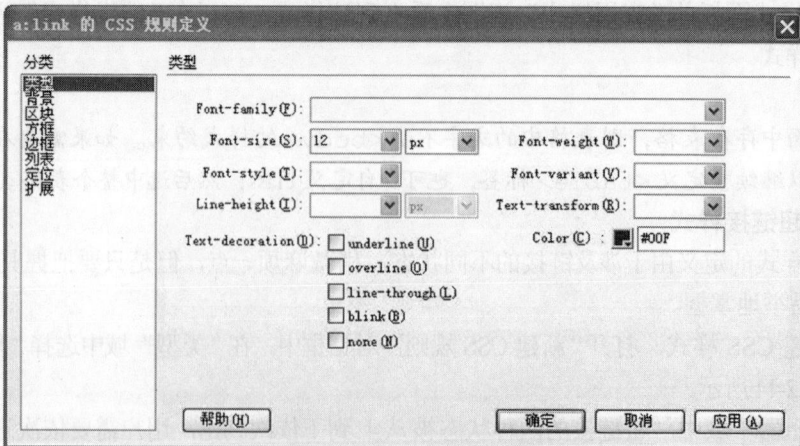

图 2-15　a:link 的参数设置

完成三个状态的样式定义后，读者会发现在 CSS 样式面板的"应用样式"视图中同样看不到刚定义的样式，但是可以在"编辑样式"视图中修改样式。因为该样式是自动作用于超链接的，所以无须进行选择和应用操作。

至于基于 class 的超链接样式，Dreamweaver CS4 没有提供视图工具，可以在代码视图中自行定义，也可以通过其他文本编辑工具进行编辑。编辑完毕之后，在 CSS 样式面板的"应用样式"视图中会出现用户定义的 class 样式，如同其他 class 样式一样，选择要实施该样式的超链接，然后单击该样式名称，即可实施样式。

4. 定义背景样式

在一般情况下，如果利用页面属性定义 Web 页面的背景图片，该图片会平铺在页面上，并且会随着页面内容的滚动而滚动，如图 2-16 所示，可能一些用户并不喜欢这样。用户想让图片作为背景出现在页面中央，并且不随页面内容滚动，这时就用到了CSS。

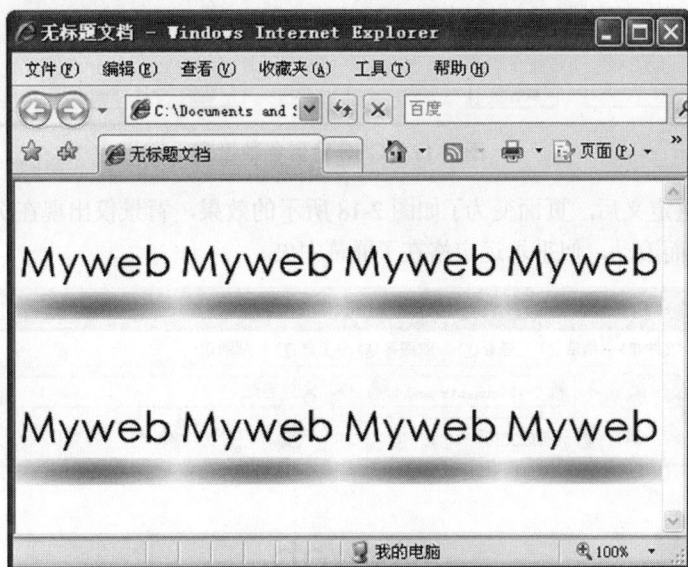

图 2-16　图片平铺效果

（1）在 CSS 样式面板中单击 按钮，或者右击面板，在弹出的快捷菜单中选择"新建 CSS 规则"命令，打开"新建 CSS 样式"对话框。

（2）打开"新建 CSS 样式"对话框，在"类型"域中选择"重定义 HTML 标签"，然后在"标签"域中选择 body 标签，单击"确定"按钮。由于该背景样式不是作用在某一行或某几行上，而是作用在整个页面上，所以要重定义 body 标签。

（3）打开"body 的 CSS 规则定义"对话框，在左侧分类列表中选择背景，修改以下参数，如图 2-17 所示。

背景图像：选择背景图像，注意路径处理，在站点外的要复制入本网站文件夹的图片文件夹中。

重复：选择"不重复"，保证图像在页面中仅出现一此。

附件：选择"固定"，保证图像不随页面内容的滚动而滚动。

水平位置：选择"居中"。

垂直位置：选择"居中"。

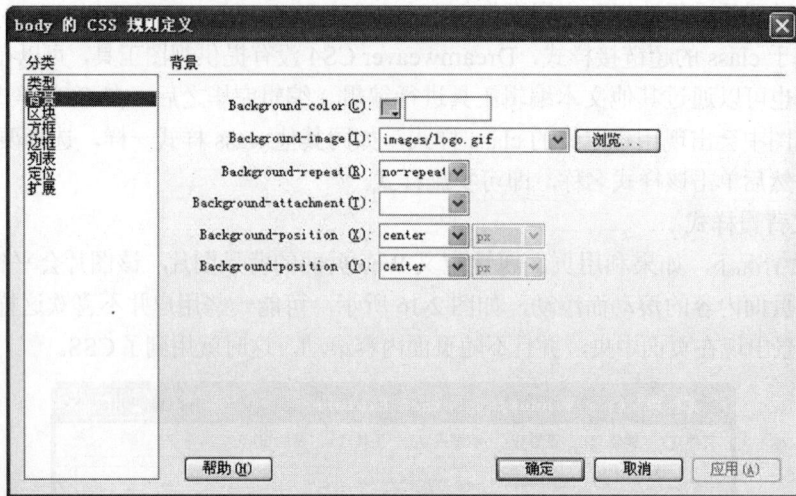

图 2-17　CSS 背景参数设定

body 标签重定义后，页面变为了如图 2-18 所示的效果，背景仅出现在页面中央，并且不随着文字的滚动而滚动，似乎永远定格在了屏幕中央。

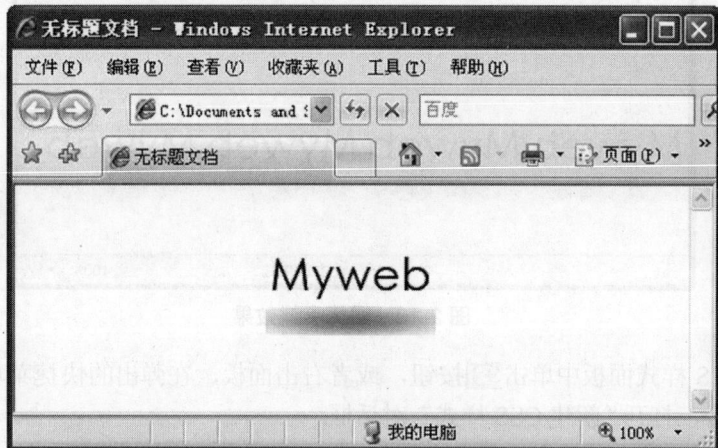

图 2-18　背景不动页面效果

在制作表单时，常常会发现自己的表单看起来非常普通，不友好，而在网络上，却发现一些很好看的表单，这是因为那些表单应用了 CSS。

下面做一个具体的比较。图 2-19 和图 2-20 分别是使用 CSS 前后的表单效果，可以看到图 2-19 是表单的原始样式，而图 2-20 的表单就令人感到清新，并且能够看出，图 2-20 中的表单使用了两种样式，一种是直线样式，一种是矩形样式。事实上表单还可以作出更多的样式，本节仅以图 2-20 为例。

请填写以下信息

昵　　称：	_____
性　　别：	○帅哥　○美女
密　　码：	_____
重复密码：	_____

[提交] [重写] [返回]

图 2-19　表单原始样式

请填写以下信息

昵　　称：	_____
性　　别：	○帅哥　○美女
密　　码：	_____
重复密码：	_____

[提交] [重写] [返回]

图 2-20　自定义表单样式

5. 定义表单样式

（1）在 CSS 样式面板中单击 ⊞ 按钮，或者右击面板，在弹出的快捷菜单中选择"新建 CSS 规则"命令，打开"新建 CSS 规则"对话框。

（2）打开"新建 CSS 规则"对话框，在"类型"域中选择"创建自定义样式（class）"，在"名称"域中输入".input1"，单击"确定"按钮，如图 2-21 所示。

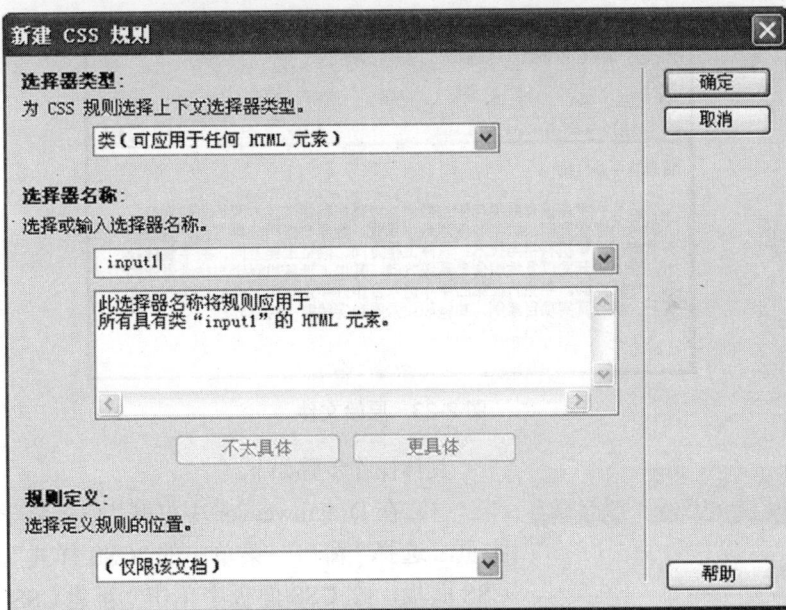

图 2-21　新建表单 input1 样式

（3）弹出"input1 的 CSS 规则定义"对话框，填写以下参数，如图 2-22 所示。

样式：对"Top"选择"solid"，选中"全部相同"。

宽度：在"Top"中填写 1，选中"全部相同"。

颜色：任选一颜色，本例中选择黑色，选中"全部相同"。

因为以上参数定义上下左右边框为黑色的 1 像素宽的直线，所以能够出来矩形效果。

定义完以上样式参数后，单击"确定"按钮，返回页面设计视图。

图 2-22   input1 样式参数

2.7.6   利用CSS样式设置行距

通过本例制作，要学会如何创建、修改、应用及删除样式，设置"信息科学系"网站中网页为例，利用 CSS 样式设置网页中文字的行距设置为 1.5 倍行距。原始文件如图 2-23 所示。

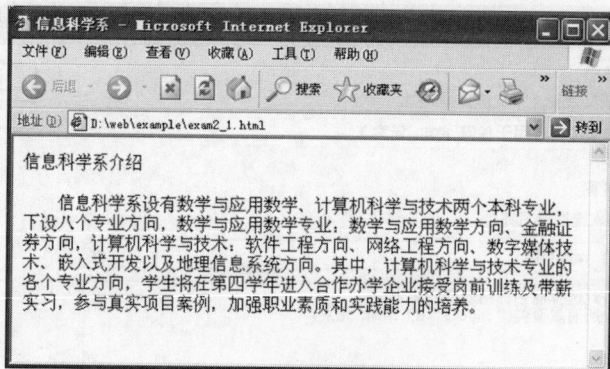

图 2-23   原始文件

图 2-24   CSS 面板

具体操作步骤如下。

（1）在 Dreamweaver 中打开"信息科学系"网站的主页，选择"窗口"菜单中的"CSS 样式"命令，打开 CSS 面板，在 CSS 面板中单击"新建 CSS 规则"按钮，如图 2-24 所示。

（2）在弹出的对话框中设置 CSS 的名称，在对话框中要为样式起名字，做如图 2-25 所示的设置，命名为 .font，注意名称前面有一个小数点，目的是避免与其他 HTML 标记混淆。

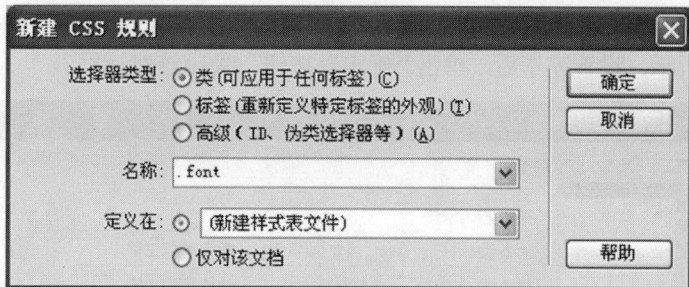

图 2-25 命名 CSS 样式

（3）单击"确定"按钮，在弹出的"保存样式表文件为"对话框中，把 CSS 样式保存在 site 文件夹内，命名为 style.css，如图 2-26 所示。

图 2-26 "保存样式表文件为"对话框

（4）接着在弹出的对话框中，设置"类型"分类选项的内容，首先，要改变文本的行间距，所以在这个对话框中，单击"行高"栏右侧的下拉按钮，在下拉列表框中单击"（值）"，此时其右侧的选项变为可用状态。单击"像素（px）"右侧的下拉按钮，在下拉列表框中单击选择"倍行高"，如图 2-27 所示。

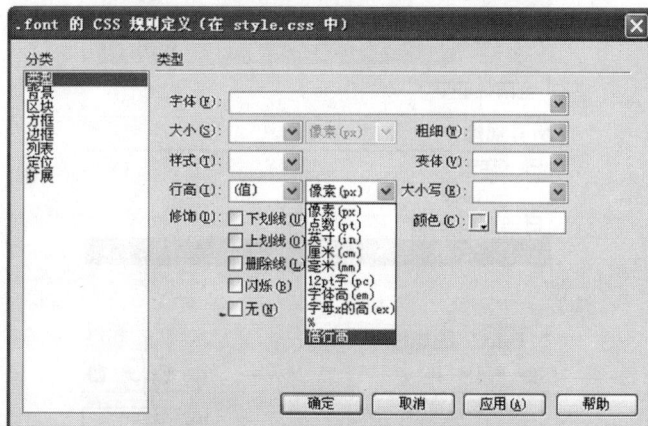

图 2-27 类型选项卡

将"行高"框中的"（值）"删除，输入"1.5"，即设置行高为 1.5 倍，然后设置其他的属性，如图 2-28 所示，设置完毕后，单击"确定"按钮，关闭该对话框。

图 2-28　CSS 规则定义对话框

（5）此时在 CSS 样式列表中多了一个名为 font 的样式定义在 style.css 中。

（6）在网页中选中要设置 CSS 的文字，然后在属性面板中选择"样式"下拉列表中新建的"font"样式，如图 2-29 所示。

图 2-29　设置 CSS 样式

（7）如果觉得所建的 CSS 样式不理想，也可以修改 CSS 样式，方法很简单，在 CSS 面板中选中要修改的 CSS 样式，然后单击面板下方的"编辑样式"　按钮，重新编辑 CSS 样式，如图 2-30 所示。

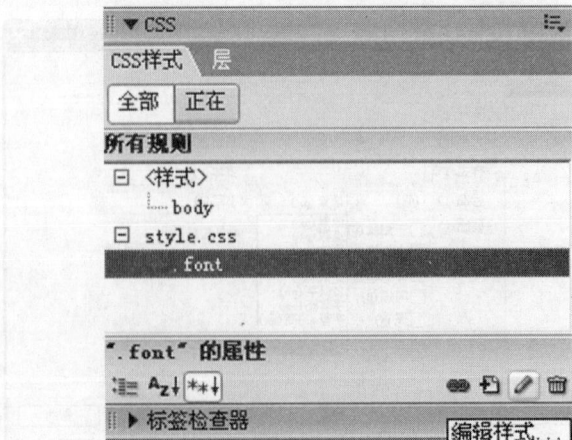

图 2-30　编辑样式

70

（8）在弹出的对话框中重新设置就可以了，例如把原来的颜色设置成如图 2-31 所示的颜色，最后单击"确定"按钮，则所有使用这种样式的文本的属性全都自动变成新设置的属性。

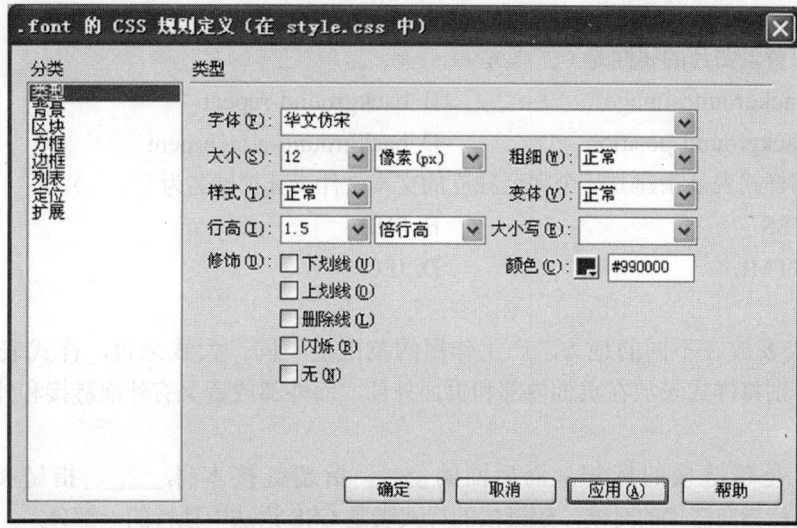

图 2-31　重新设置 font.css 的属性

（9）保存网页，按 F12 键预览效果，如图 2-32 所示。

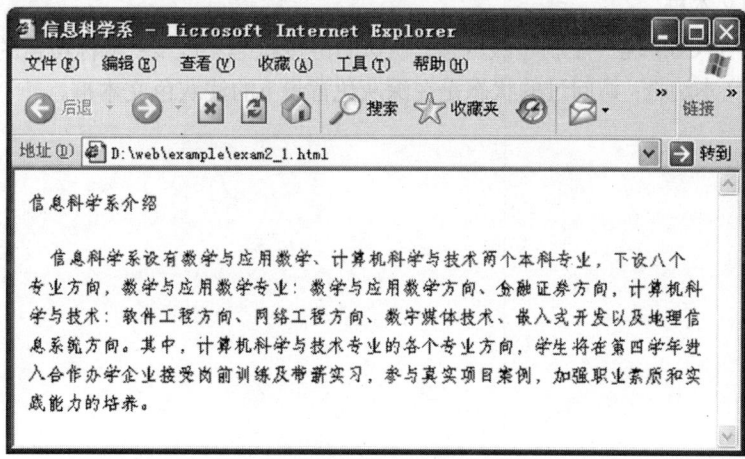

图 2-32　最终效果

至此本例制作完毕，看一下，添加了 CSS 样式的页面是不是比原来更好看了呢？

习题 2

一、选择题

1. CSS 的全称是（　　）。

  A. Hyper Text Markup Language B. Standard Generalized Markup Language

  C. Cascading Style Sheet D. Hypertext Preprocessor

2. 设置文本对齐方式的属性是（　　　）。

    A. font-align   B. font-family

    C. font-size   D. color

3. 设置背景图片的属性是（　　　）。

    A. background-image   B. background-repeat

    C. background-position   D. background-attachment

4. 外部样式表是指建立一个完全独立的文本文件，其扩展名为（　　　）。

    A. CSS   B. PHP

    C. HTML   D. JPG

二、填空题

1. 样式表放在不同的地方，产生作用的范围也不同。大致来说，样式表分_____和_____，分别将样式表放在页面内部和页面外部，而外部放置又有外部链接和外部导入两种方法。

2. <a> 是超链接的标记，而后面的_____指超链接本身，_____指链接被访问后，_____指鼠标指向链接的时候，超链接的样式表是 CSS 语法中独特的一部分。

三、练习与实践

1. 创建一个 CSS 风格表单的例子。创建 .button 类为 80 像素宽，背景是黑色的，白色的边框，白色的文本框。

2. 创建一个 CSS 统一控制超级链接：默认的链接状态不改变；鼠标覆盖的状态是蓝色背景下的白色的文本边框；访问过的状态是在深灰色背景下的浅灰色文本框。

第 3 章
PHP 概述

任务单三

项目 名称	PHP开发环境的搭建
能力 目标	1. 会安装 AppServ-win32-2.5.9； 2. 会配置和管理相关的服务器操作； 3. 会使用 AppServ 的目录结构； 4. 会在浏览器中打开开发环境中的具体网页； 5. 会使用其他的 PHP 开发工具。
任务 描述	为自己的计算机搭建 PHP 开发环境，并符合团队的开发习惯： 1. 对将要配置的开发环境进行基本规划； 2. 使用 AppServ-win32-2.5.9 进行开发环境的配置安装； 3. 使用 AppServ 目录中的 www 文件夹进行管理； 4. 对刚刚搭建好的 PHP 环境进行测试； 5. 使搭建好的环境符合具体开发项目的要求。

3.1　PHP 的历史

PHP 是一种现在较为流行的与 ASP 类似的技术，它是一种服务器端的脚本语言，可以通过在 HTML 网页中嵌入 PHP 的脚本语言，来完成与用户的交互及访问数据库等功能。

PHP 的全名是一个递归的缩写名称，"PHP：Hypertext Preprocessor"，打开缩写还是缩写。PHP 是一种 HTML 内嵌式的语言（类似 IIS 上的 ASP）。而 PHP 独特的语法混合了C、Java、Perl 及 PHP 式的新语法。它可以比 CGI 或者 Perl 更快速地执行动态网页。

PHP 最初是在 1994 年由 Rasmus Lerdorf 创建，在 1995 年以 Personal Home Page Tools（PHP Tools）开始对外发表第一个版本。在这早期的版本中，提供了访客留言本、访客计数器等简单的功能。随后在新的成员加入开发行列之后，在 1995 年中，第 2 版的 PHP 问市。第 2 版定名为 PHP/FI（Form Interpreter），并加入了 mSQL 的支持，自此奠定了 PHP 在动态网页开发上的影响力。在 1996 年底，有 15000 个 Web 网站使用 PHP/FI；在 1997 年中，使用 PHP/FI 的 Web 网站成长到超过五万个。而在 1997 年中，开始了第 3 版的开发计划，开发小组加入了 Zeev Suraski 及 Andi Gutmans，而第 3 版就定名为 PHP3。

PHP3 跟 Apache 服务器紧密结合的特性，加上它不断地更新及加入新的功能，它几乎支持所有主流与非主流数据库，执行效率高，使得在 1999 年中的使用 PHP 的网站超过了十五万！它的源代码完全公开，在 Open Source 意识抬头的今天，它更是这方面的中流砥柱。不断地有新的函数库加入，以及不停地更新的活力，使得 PHP 无论在 UNIX 或是 Win32 的平台上都可以有更多新的功能。它提供丰富的函数，使得在程序设计方面有着更好的支持。

PHP 的第四代 Zend 核心引擎在 Web 市场大获全胜。整个脚本程序的核心大幅改动，让程序的执行速度，满足更快的要求。在最佳化之后的效率，已较传统 CGI 或者 ASP 等程序有更好的表现。而且还有更强的新功能、更丰富的函数库。

期待已久的最新版本 PHP5 终于在 2004 年 7 月 13 日正式发布。无论对于 PHP 语言本身还是 PHP 的用户来讲，PHP5 发布都算得上是一个里程碑式的版本。在 PHP5 发布之前的各个 PHP 版本就以简单的语法、丰富的库函数及极快的脚本解释执行速度，赢得了许多开发者的青睐，几乎成了 UNIX 平台上首选的 Web 开发语言。然而，站在语言本身角度，PHP 的语法，特别是 OO 方面的语法设计并不完善，当然这和 PHP 语言的作者一开始的设计目的有关。众所周知，PHP 最开始只是一个用 Perl 写成的一个模板系统，其后的发展思路也是尽可能为快速开发 Web 程序提供方便。大量的库函数加入其中，而语言模型的发展则相对缓慢。虽然在 PHP4 中加入了面向对象的设计，但其语言模型并不完善，缺乏诸如构造函数、析构函数、抽象类（接口）、异常处理等基本元素。这极大地限制了利用 PHP 来完成大规模应用程序的能力。

而 PHP5 的诞生，则从根本上改变了 PHP 的上述弊端。Zend II 引擎的采用，完备对象模型、改进的语法设计，终使得 PHP 成为一个设计完备、真正具有面向对象能力的脚本语言。

无论你接不接受，PHP 都将在 Web CGI 的领域上，掀起颠覆性的革命。对于一位专职 Web Master 而言，它将也是必修课程之一。

3.2　PHP 的工作原理

PHP 的所有应用程序都是通过 Web 服务器（如 Apache 或 IIS）和 PHP 引擎程序解释执行完成的，工作过程如下。

（1）当用户在浏览器地址中输入要访问的 PHP 页面文件名，按 Enter 键就会触发这个 PHP 请求，并将请求传送给支持 PHP 的 Web 服务器，如图 3-1 所示的 Step 1。

（2）Web 服务器接受这个请求，并根据其后缀进行判断。如果是一个 PHP 请求，Web 服务器从硬盘或内存中取出用户要访问的 PHP 应用程序，并将其发送给 PHP 引擎程序，如图 3-1 所示的 Step 2。

（3）PHP 引擎程序将会对 Web 服务器传送过来的文件从头到尾进行扫描并根据命令从后台读取，处理数据，并动态地生成相应的 HTML 页面，如图 3-1 所示的 Step 3。

（4）PHP 引擎将生成的 HTML 页面返回给 Web 服务器，如图 3-1 所示的 Step 4。

（5）Web 服务器再将 HTML 页面返回给客户端浏览器，如图 3-1 所示的 Step 5。

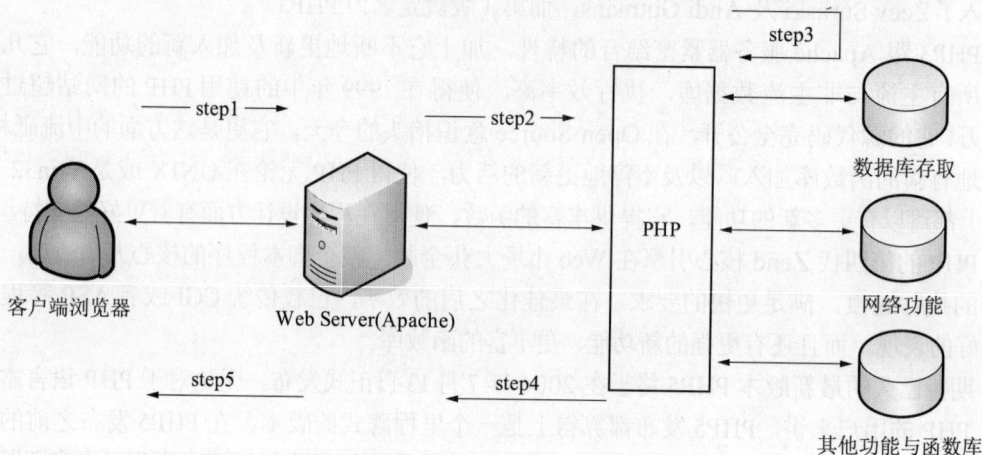

图 3-1　PHP 的工作示意图

3.3　PHP 的功能概述

PHP 之所以能得到这么多用户的喜爱，是因为它包括以下主要特点。

（1）强大的数据库操作功能。PHP 可以直接连接多种数据库，并完全支持 ODBC。PHP 目前所支持的数据库有 Adabas D、DBA、dBase、DBM、filePro、Informix、InterBase、mSQL、Microsoft SQL Server、MySQL、Solid、Sybase、ODBC、Oracle8、PostgreSQL 等。

（2）开放源代码。开放源代码指的不仅仅是 PHP 应用程序的源代码，比如留言板、聊天室等，而且还包括 PHP 本身的源代码。也就是说，如果有兴趣，可以从网上找到 PHP 源代码进行编译和运行，来得到最后的执行程序。当然，如果有必要，也可以根据要求修改它。

（3）无运行费用。PHP 是免费的。从性能上，它丝毫不比 ASP 等商业工具差，但它却无须任何运行的费用。而且，可以配置其他的免费工具，如个人主页发布工具 Apache、大型数据库 MySQL，它们也是免费的。这样不需要任何的支出就拥有了一个专业的网页服务器。

（4）基于服务器端。PHP 运行在 Web 服务器端，PHP 程序可以很大、很复杂，但它的运行速度只和服务器的速度有关，它发送到客户端的只是程序执行的结果，对客户端的运行速度不会产生直接的影响。

（5）良好的可移植性。PHP 语言所编写的应用程序的可移植性非常好，可以几乎不加修改的运行在多种操作系统上，如 Windows 98/NT/2000/XP、UNIX、Linux、Solaris 等。

（6）简单的语言。PHP 语言以 Java、C 和 Perl 为基础，虽然只用到了它们的基本功能，但却综合了它们的长处，使得 PHP 语言很容易学习，并且功能也强大到足以支持任何 Web 站点。

（7）执行效率高。和其他的 CGI 语言相比，PHP 语言所消耗的系统资源是比较少的，而执行的速度是比较快的，因此，它的执行效率很高。

3.4　PHP 的安装、配置及管理

由于 PHP 可以支持多种操作系统，而且在各种操作系统下它们的安装方式也不尽相同，为了简单起见，这里主要介绍在个人计算机上使用最多的操作系统——Windows XP 上的安装。

3.4.1　安装前的准备

安装前需要搞清楚以下两个问题。

1. PHP 的运行需要一个什么样的环境

（1）PHP 是基于服务器端的脚本语言，所以 PHP 脚本的执行必须在服务器端进行，客户端只能够得到执行的结果。所以，要想正确执行 PHP 脚本，首先需要一台服务器，这台服务器可以是网络上的一台服务器，也可以由你将自己的计算机配置成为一台服务器。IIS 这个概念可能大家都熟悉，IIS 是 Microsoft Windows 2000 的服务器组件之一，全称 Internet Information Service，即互联网信息服务，是专门用于在局域网和因特网上完成 WWW 发布和 FTP 服务的服务器组件。这里需要的，就是类似 IIS 的 Web 服务器。

（2）PHP 是特殊的脚本语言，不是纯 HTML 代码，仅由类似 IIS 的 Web 服务器是不能解释的，这就要求将 PHP 的核心解释模块安装到 Web 服务器中去。

（3）PHP 离不开数据库的支持，单纯使用 PHP 而不使用数据库，PHP 的功能将大大受限，所以，还要考虑是否安装一个数据库。

所以，需要这样的一个环境：一个配置好了 PHP 的 Web 服务器，该服务器上安装了一种数据库。

2. 将要安装的软件包包括什么工具？都有什么用？如何获取该软件包？

在本书中将要安装的软件包是 AppServ-win32-2.5.9，AppServ 是 PHP 网页架站工具组合包，泰国的作者将一些网络上免费的架站资源重新包装成单一的安装程序，以方便初学者快速完成架站。该软件包将大大简化 PHP 的安装工作，用户无须分别安装 Apache、PHP 和 MySQL，只须一次安装 AppServ 即可完成 PHP 环境的构建。考虑到本书适宜初学的特点，本书不再逐个详细介绍 Apache、PHP 和 MySQL 的具体配置。

AppServ-win32-2.5.9 软件包安装成功后，将包含以下软件。

Apache Web Server Version 2.2.4：优秀的个人及商业 Web 服务器。

PHP Script Language Version 5.2.3：PHP 的核心模块。

MySQL Database Version 5.0.45：优秀的个人及商业数据库。

phpMyAdmin Database Manager Version 2.10.2：便利的 MySQL 数据库图形管理界面。

AppServ-win32-2.5.9 软件包是免费软件，用户可以方便地通过网络搜索引擎，或者访问 AppServ 的官方网站 http://www.appservnetwork.com，获取其最新版本。该软件包适用于当前流行的所有 Windows 操作系统，包括各种版本的 Windows 98/Me 和 Windows NT/2000/XP/2003/Vista。

3.4.2 安装过程

正确获取 AppServ-win32-2.5.9 软件包后，双击文件图标，弹出欢迎窗口，如图 3-2 所示。

该欢迎界面强烈提示在安装 AppServ 过程中，退出一切其他正在运行的程序，可以直接单击 Next 按钮，进入下一步，如图 3-3 所示。

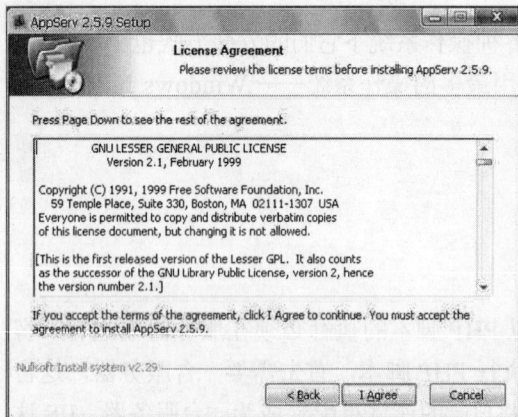

图 3-2　AppServ-win32-2.5.9 安装欢迎界面　　　图 3-3　AppServ-win32-2.5.9 安装路径选择界面

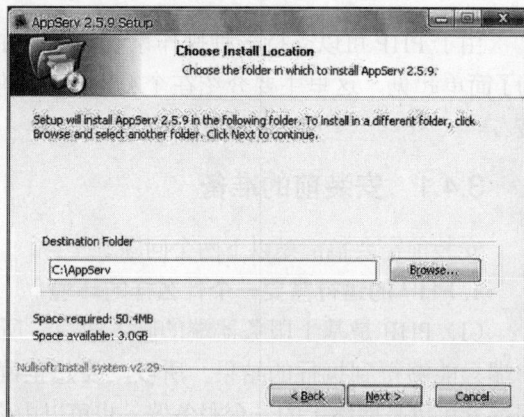

在该界面中，提示用户选择 AppServ 的安装路径，推荐使用系统默认路径，即 C:\AppServ，单击 Next 按钮，进入下一步，如图 3-4 所示。

在该界面中，提示用户选择 AppServ 的安装方式，可选的方式有 Typical（典型）、Compact（完全）和 Custom（自定义）三种，推荐使用 Typical（典型）方式。单击 Next 按钮，进入下一步，如图 3-5 所示。

在图 3-5 所示的服务器信息配置界面中，有三个域需要用户指定，其中关键的是"Server Name"域。在本书中，用户的个人计算机既充当客户端，同时又充当服务器端，所以可以采用本机默认 IP 地址"127.0.0.1"作为服务器名称，也可以采用本机 DNS 名称"Localhost"作为服务器名称，推荐使用"127.0.0.1"。"Administrator's Email Address"域可以使用默认值，也可以填入用户的 E-mail 地址，"HTTP Port"使用默认值"80"，表示 HTTP 协议端口地址为"80"，不要更改。配置完毕的界面如图 3-5 所示。

服务器信息配置完毕后，单击"Next"按钮，进入 MySQL 服务器信息配置界面，如图 3-6 所示。在该界面中，需要用户输入 MySQL 服务器的密码以及字体，为方便用户调试程序起见，在密码域"Password"输入"123456"，在字体域"Charset"中选择"gb2312 Simplified

Chinese"，即简体中文字符集（全称信息交换用汉字编码字符集基本集，1980年发布，是中文信息处理的国家标准，在大陆及海外使用简体中文的地区如新加坡等是强制使用的唯一中文编码）。配置完毕的界面如图3-6所示。

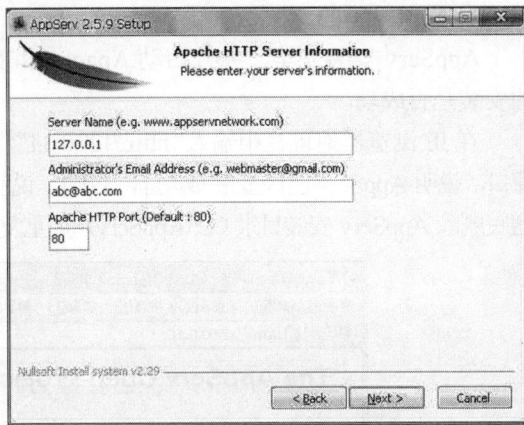

图3-4　AppServ-win32-2.5.9 安装组件选择界面

图3-5　AppServ-win32-2.5.9 服务器信息配置界面

以上信息配置完毕后，安装 AppServ 所需的所有信息即配置完毕，可以看到，只有服务器信息和 MySQL 信息需要用户干预，配置过程是非常简单的。在图3-6中单击 Next 按钮后，弹出安装进度提示对话框，如图3-7所示。

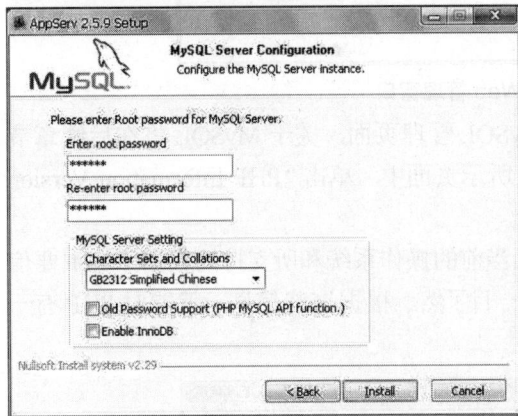

图3-6　AppServ-win32-2.5.9MySQL 信息配置界面

图3-7　AppServ-win32-2.5.9MySQL 安装进度提示

该进度完成之后，进入安装的最后一个界面，如图3-8所示。单击 Close 按钮，操作系统会自动启动 Apache 服务器和 MySQL 服务器。

完成 AppServ 的安装，就在 Windows 操作系统中构建了一个完整的 Apache+PHP +MySQL 服务器架构，Apache 服务器用于 Web 发布，PHP 服务器用于解析 Web 页面中的 PHP 脚本程序，MySQL 服务器用作底层的数据库服务器。以上三个服务器的结合，将给用户打造一个极高效率、极低系统开销

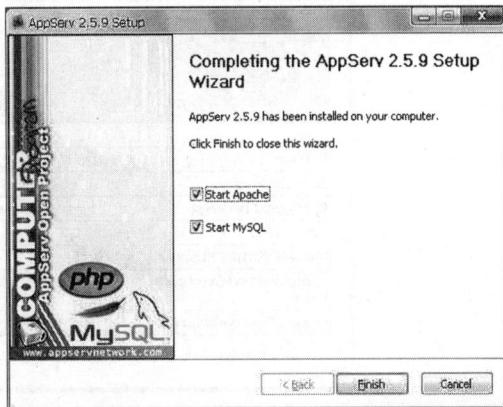

图3-8　AppServ-win32-2.5.9MySQL 安装结束界面

的 PHP 服务系统。

3.4.3 AppServ的使用

1. AppServ 的测试

AppServ 安装完毕，并且启动 Apache 和 MySQL 后，可以在 IE 浏览器中测试 AppServ 的安装是否成功。

在 IE 浏览器地址栏中输入"http://127.0.0.1"，访问本机 Web 服务，如果出现如图 3-9 所示的窗口，说明 AppServ 已经安装成功了，否则，说明 AppServ 未安装成功，需要卸载 AppServ 并且彻底删除 AppServ 安装目录（C:\AppServ）后重复以上安装配置过程，直至出现图 3-9 所示窗口。

图 3-9　AppServ Web 管理窗口

该页面可以方便地进入 PHP 信息页面和 MySQL 管理页面，关于 MySQL 将在后续章节中详细介绍，下面看看 PHP 信息页面。在图 3-9 所示页面中，单击"PHP Information Version 5.0.1"，弹出 PHP 信息页面，如图 3-10 所示。

在图 3-10 所示的页面中包含很多信息，包括当前的操作系统和所支持的数据库等重要信息，其中 PHP 的版本"PHP Version 5.0.1"更是一目了然。根据这些信息，就能对 PHP 有一个大概的了解，建议读者详细阅读该页面。

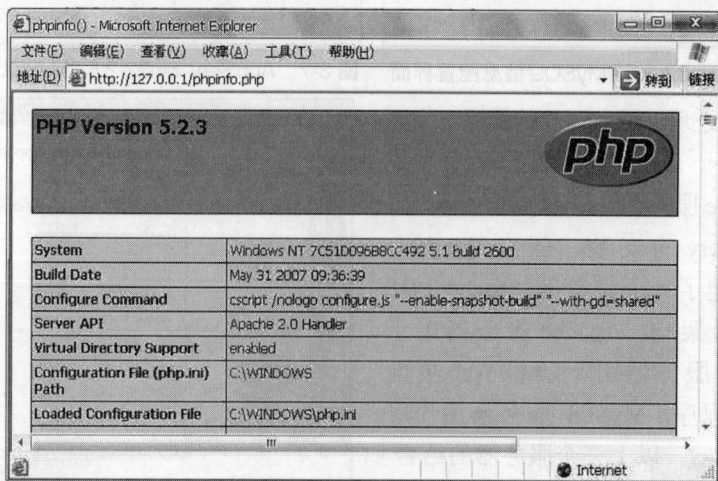

图 3-10　PHP 信息窗口

2. AppServ 的目录结构

由于今后用户将要频繁地和 AppServ 打交道，所以有必要熟悉 AppServ 的目录结构。

打开"我的电脑"，进入 C 盘，双击 AppServ 文件夹，会看到 AppServ 的目录结构，如图 3-11 所示。

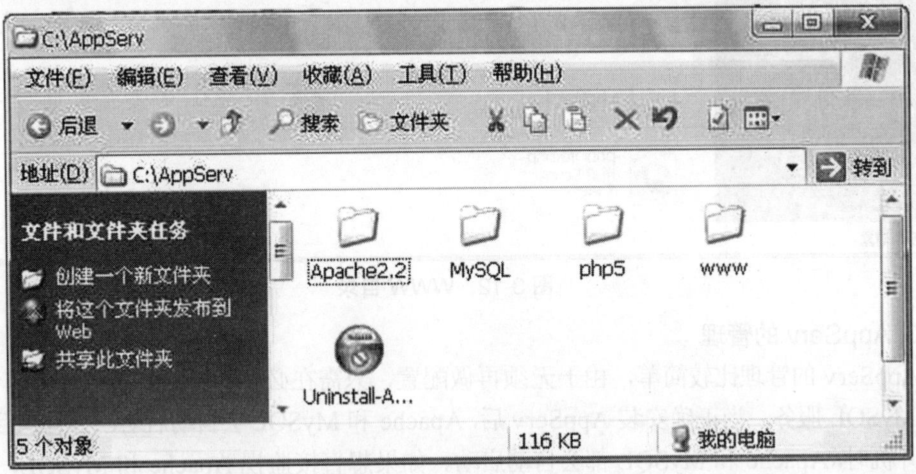

图 3-11 AppServ 目录

AppServ 文件夹内包含 4 个子文件夹和一个文本文件，它们分别是 Apache、MySQL、PHP、www 文件夹和 uninstal.log 文件。Apache 文件夹内放置的是 apache 程序文件，MySQL 文件夹内放置的是 MySQL 程序文件，而 php 文件夹内放置的自然是 PHP 程序文件，这几个文件夹很少会去修改，所以建议除非必要不要进行修改。www 文件夹是个很重要的文件夹，下面先打开它。

如图 3-12 所示，www 文件夹内包括 appserv、cgi-bin、phpMyAdmin 三个文件夹和一个 index.php 文件。Appserv 文件夹内包含的是 index.php 页面的附加文件，如图片等；cgi-bin 文件夹内放置的是二进制的 CGI 文件；phpMyAdmin 文件夹内放置的是 phpMyAdmin Database Manager，由于该图形界面管理工具事实上是通过 IE 浏览器访问的，所以 phpMyAdmin Database Manager 实质上就是一个网站，也就是说，phpMyAdmin 文件夹内放置的是一个网站。

整个 www 文件夹事实上是 Apache 的 Web 发布目录，所有准备发布的 HTML 页面和 PHP 页面都要放置到该目录中去，127.0.0.1 地址指向的就是该目录，这也是在 www 文件夹（即图 3-12）中看到了一个 index.php 文件的原因。index.php 文件事实上就是在 IE 浏览器中输入 127.0.0.1 后显示的页面，即前面图 3-9 所示界面。Apache 默认的 Web 主页为 index.htm、index.html 和 index.php，所以我们只需在地址栏中填写 127.0.0.1，而无须填写 127.0.0.1/index.php 即可访问该页面。

在后续的章节中，需要调试及发布的 PHP 页面需要预先复制到 C:\AppServ\www 目录中，然后通过 IE 浏览器，在地址栏输入正确的地址，进行调试。为方便管理起见，可以在 www 目录中建立子目录，将相关页面放入各自的文件夹内。

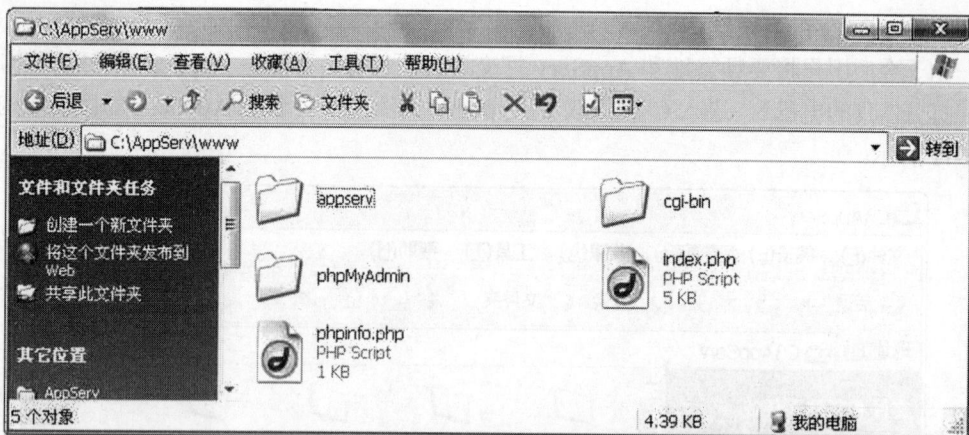

图 3-12　WWW 目录

3. AppServ 的管理

AppServ 的管理比较简单，由于无须再做配置，只需在必要的时候打开或者关闭 Apache 或者 MySQL 服务。当正确安装 AppServ 后，Apache 和 MySQL 会自动启动，并且以后每次计算机开机时，Apache 和 MySQL 都会自动启动。如果想直接监视 Apache 和 MySQL，可以单击屏幕左下角的菜单命令"开始"|"程序"|"AppServ"，看到如图 3-13 所示的菜单。

图 3-13　AppServ 程序菜单

在该菜单中，经常用到的是第四项"Control Server by Service"，该项中包括以下工具：

Apache Monitor：Apache 监视器，单击它后会在屏幕右侧任务栏显示 Apache 的状态 。显示为绿色箭头 时说明 Apache 在正常运行，显示为红色箭头 时说明 Apache 已经停止运行。

Apache Restart：重新启动 Apache 服务。

Apache Start：启动 Apache 服务。

Apache Stop：停止 Apache 服务。

当单击 Apache Monitor 后，屏幕右下角的任务栏中会出现 ，单击该图标，出现如图 3-14 所示菜单，该菜单提供了控制 Apache 服务器的快捷方式。由于 Apache 在计算机开机后即自动运行，也可以单击"Start"选项重新运行一次，默认时间是 30 秒，"Stop"代表停止 Apache 服务，"Restart"代表重新启动 Apache 服务。

如果右击 图标，会出现如图 3-15 所示的快捷方式菜单，单击第一项"Open Apache Monitor"，可以打开 Apache Service Monitor，即 Apache 服务监视，单击第二项"Open Services"，可以打开 Windows 管理工具中的服务管理器，单击第三项"Exit"，可以关闭 Apache Monitor 图标 ，但是 Apache 服务仍旧开放。

关于 MySQL 的管理及应用将在后续章节详细讲述，本章不再讲述。

图 3-14　Apache Monitor 图标选项　　　　图 3-15　Apache Monitor 右键快捷方式

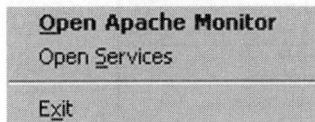

3.5　PHP 开发工具简介

因为 PHP 是一种开放性的语言，这也导致了 PHP 没有公认的强而权威的 PHP 代码编写环境。可以直接采用 Dreamweaver CS4，也可以使用诸如 EditPlus、UltraEdit、PHPed、PHP Expert Editor、ZendStudio 等专门的代码编写软件，这些软件各有千秋，或体积微小、效率极高，或提供可视化编辑环境、使用便利，或对 PHP 语法提供语法加亮，函数补全，读者可以结合学习环境和自我学习阶段，采用适合的 PHP 开发环境。

作为初学者，建议在写 HTML 页面时，采用 Dreamweaver CS4 完成，在写 PHP 代码时，用 EditPlus 打开已经编写好的 HTML 代码，然后进行代码的添加和修改。当然，能够这样做，就要求你能够熟练地掌握 HTML 代码的书写，如果不能熟练掌握 HTML，在现有的 HTML 代码中插入 PHP 代码将会是一场噩梦。

为方便读者自学，下面列出部分常用的 PHP 开发工具，供读者选择。

1. EditPlus

EditPlus 是 Internet 时代的 32 位文本编辑程序，它可以充分替换记事本，也提供给网页设计师及程序设计师许多强悍的功能。它拥有完全无限制的 Undo/Redo（还原）、英文拼字检查、自动换行、列数标记、查找替换，同时还可编辑多个文件、全屏幕浏览等功能。另外，它也是一个好用的 HTML 网页编辑软件，除了可以高亮显示 HTML 标记（同时支持 C/C++、Perl、Java）外，还内建完整的 HTML 和 CSS 指令功能，支持 HTML、CSS、PHP、ASP、Perl、C/C++、Java、JavaScript 和 VBScript，对于习惯用记事本编辑网页的读者，它可以节省一半以上的网页制作时间。如果安装 IE 3.0 以上版本，它还会结合 IE 浏览器于 EditPlus 的窗口中，让你可以直接预览编辑好的网页，是当前应用相当广泛的 PHP 编辑程序。

EditPlus 的程序设计界面如图 3-16 所示。

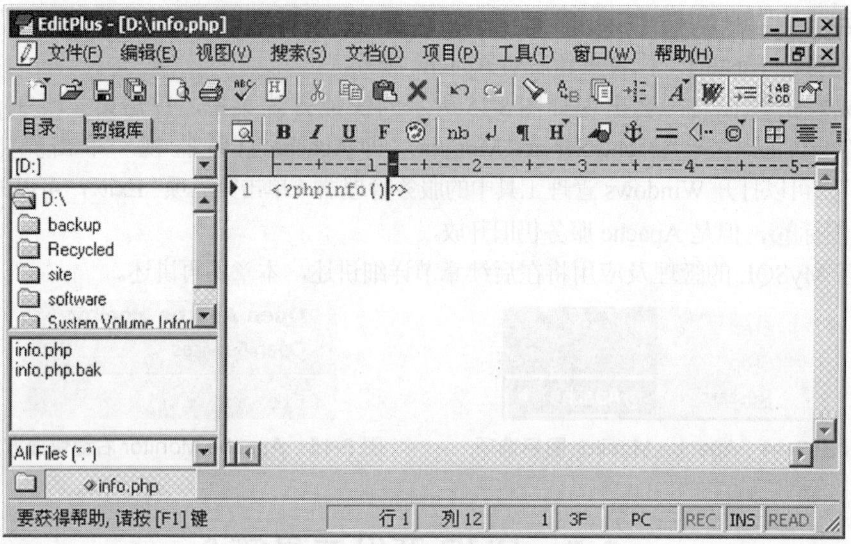

图 3-16　EditPlus 主界面

2. UltraEdit

UltraEdit 是一套功能强大的文本编辑器，可以编辑文字、Hex、ASCII 码，可以取代记事本，内建英文单字检查、C++、PHP、ASP 及 VB 指令突显，可同时编辑多个文件，而且即使开启很大的文件，速度也不会慢。软件附有 HTML Tag 颜色显示、搜寻替换及无限制的还原功能。UltraEdit 工作于 Windows 98/Me 和 Windows NT/2000/XP/2003 环境。

UltraEdit 的主要功能有十六进制编辑模式、多文件的查找和替换、同时编辑多个文件、拼写检查、支持多种文件格式、宏功能、支持多种字体、DOS 和 Windows 命令调用。

如图 3-17 所示为 UltraEdit 的主界面，上面是标题栏、菜单和工具栏，下部左侧为驱动器文件列表，方便文件的查看；右侧为文本编辑区，打开的文件就显示在这里。

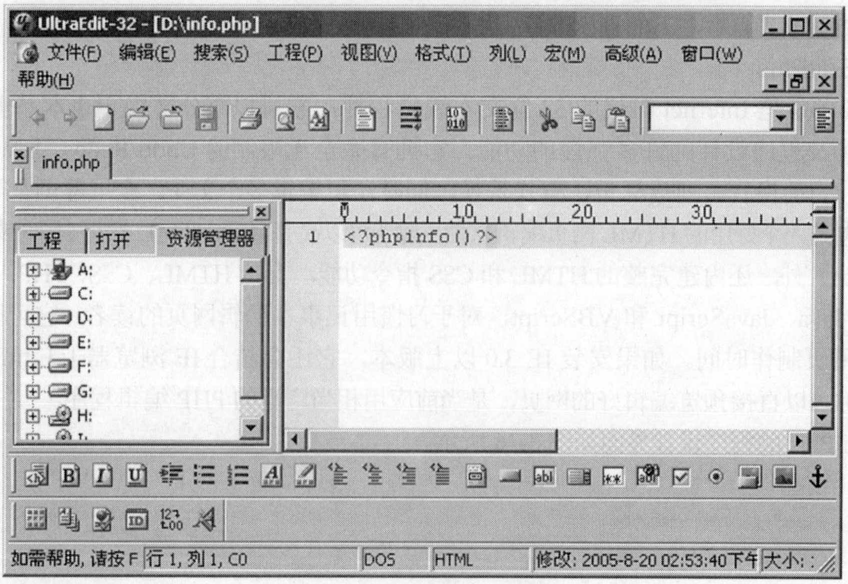

图 3-17　UltraEdit 主界面

3. PHP Expert Editor

PHP Expert Editor 是一个适用于 Windows 操作系统下的 PHP 集成开发环境平台（IDE），适合 PHP 初学者和高级开发人员，它包括一个内部 HTTP 服务器和脚本器，可以进行语法检查，测试 PHP 代码等。PHP Expert Editor 为 PHP 高手提供了许多方便、实用的特性，它还为初学者提供了诸如语法检查、代码浏览、内嵌 FTP、代码库管理、代码模板等易用的功能。PHP Expert Editor 最大的特点是调试功能很方便，本地只要配置了 PHP 的运行环境，单击"运行"按钮▶，就能够解释 PHP 页面，而无须在 IE 浏览器和编辑器间来回切换。

如图 3-18 所示为 PHP Expert Editor 4.3 的主界面。

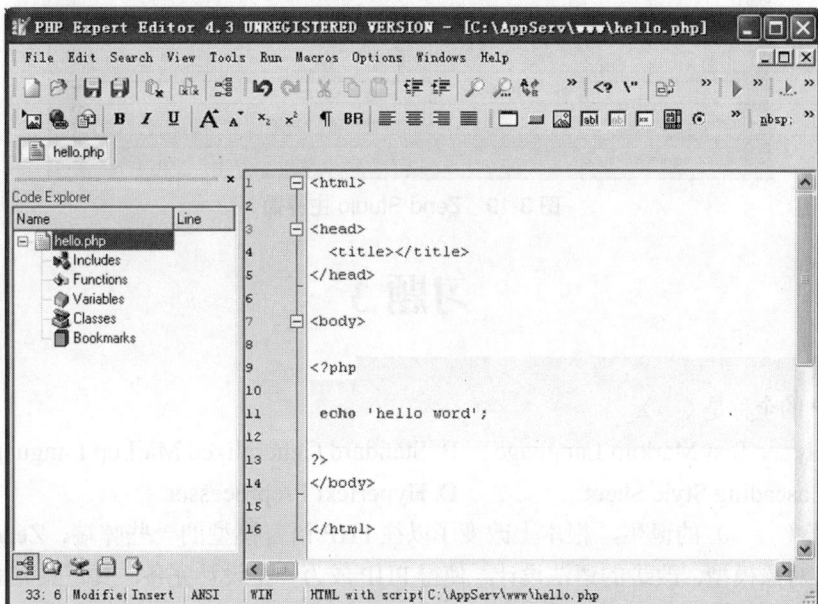

图 3-18　PHP Expert Editor 主界面

4. Zend Studio

Zend Studio 是专门为职业开发人员提供的独有的 PHP IDE（集成开发环境），它包含了整个 PHP 应用程序生命周期中所有必备的开发组件。Zend Studio 将加快 PHP 开发进程的速度并生成强大的几乎没有 bug 的源代码。

Zend Studio 是一个屡获大奖的专业 PHP 集成开发环境，具备功能强大的专业编辑工具和调试工具，支持 PHP 语法加亮显示，支持语法自动填充功能，支持书签功能，支持语法自动缩排和代码复制功能，内置一个强大的 PHP 代码调试工具，支持本地和远程两种调试模式，支持多种高级调试功能。

Zend Studio 可以在许多平台上执行，比如 Linux/Windows，甚至在苹果 Mac OS X 上也可以运行。Zend Studio 的最新版本 Zend Studio 4.0 支持各种主要的数据库，包括 IBM DB2、Cloudscape、MySQL、Oracle、MS SQL Server、PostgreSQL、Derby 及 SQLite 等。新的语法颜色识别功能支持 XML 及 CSS，当然也包括前一版（v3.5）就支持的 PHP、HTML、XHTML、JavaScript 等语法识别。

如图 3-19 所示为 Zend Studio 的主界面。在编辑窗口中非常吸引眼球的就是 Zend Studio 的语法自动填充功能，它将大大地方便 PHP 代码的书写。

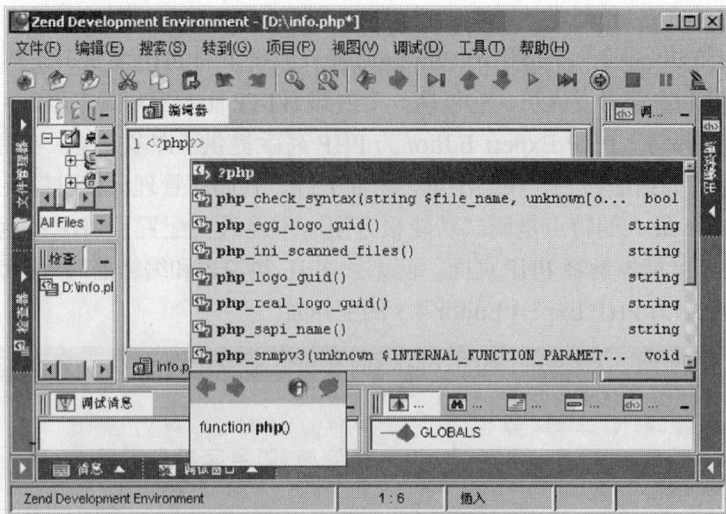

图 3-19　Zend Studio 主界面

习题 3

一、选择题

1. PHP 的全称是（　　）。

A. Hyper Text Markup Language　　B. Standard Generalized Markup Language

C. Cascading Style Sheet　　D. Hypertext Preprocessor

2. 由于（　　）的诞生，根本上改变了以往 PHP 语言模型的一些弊端。Zend Ⅱ 引擎的采用，完备对象模型、改进的语法设计，使得 PHP 成为一个设计完备，真正具有面向对象能力的脚本语言。

A. PHP3　　　　　　　　　B. PHP4

C. PHP5　　　　　　　　　D. PHP6

3.（　　）是专门为职业开发人员提供的独有的 PHP IDE（集成开发环境），它包含了整个 PHP 应用程序生命周期中所有必备的开发组件。

A. PHP Expert Editor　　　　　B. Zend Studio

C. EditPlus　　　　　　　　D. Dreamweaver MX

二、填空题

1. PHP 是一种现在较为流行的与 ＿＿＿＿＿ 类似的技术，它是一种服务器端的脚本语言，可以通过在 ＿＿＿＿＿ 网页中嵌入 PHP 的脚本语言，来完成与用户的交互及访问数据库等功能。

2. AppServ 文件夹内包含 4 个子文件夹和 1 个文本文件，它们分别是＿＿＿＿＿、＿＿＿＿＿、＿＿＿＿＿、＿＿＿＿＿文件夹和 uninstal.log 文件。

3. 因为 PHP 是一种开放性的语言，这也导致了 PHP 没有公认的强而权威的 PHP 代码编写环境。可以直接采用＿＿＿＿＿，也可以使用诸如＿＿＿＿＿、＿＿＿＿＿、＿＿＿＿＿、＿＿＿＿＿等专门的代码编写软件，这些软件各有千秋，或体积微小、效率极高，或提供可视化编辑环境、使用便利，或对 PHP 语法提供语法加亮，函数补全，读者可以结合学习环境和自我学习阶段，采用适合的 PHP 开发环境。

86

第 4 章
PHP 入门

任务单四

项目 名称	制作一个简单的PHP网页
能力 目标	1. 会制作 PHP 网页； 2. 会在 HTML 中插入 PHP 代码； 3. 会使用 echo 函数向网页中输出内容； 4. 会在浏览器中打开自己制作的 PHP 网页； 5. 会使用 ";" 分号，分隔 PHP 语句。
任务 描述	制作并浏览一个自己设计的简单的 PHP 网页： 1. 对将要制作的网页进行站点规划； 2. 使用 PHP 语法在 HTML 中嵌入内容； 3. 使用 echo 向网页中输出文字； 4. 对刚刚制作好的 PHP 网页进行测试； 5. 使制作的 PHP 网页尽可能地完善、美观，有设计感。

4.1　一个简单的 PHP 程序

在 Kernighan 和 Ritchie 两位教授的经典名著 *The C Programming Language* 一书中的 "Hello World" 几乎已经变成了所有程序语言的第一个范例。因此，在这里也用 PHP 来写一个最基本的 "Hello World" 程序。

【例 4.1】一个简单的 PHP 程序。

源代码：

```html
<html>
<head>
        <title>my first PHP programe</title>
</head>
<body>
        <?php
        echo"Hello,World";
        ?>
</body>
</html>
```

代码显示效果如图 4-1 所示。

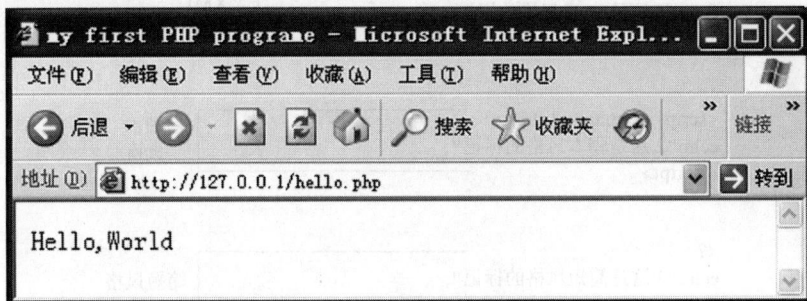

图 4-1　"Hello World" 程序结果

以上程序在 PHP 中不需要经过编译等复杂的过程，只要将它放在配置好的可执行 PHP 语法的服务器中（C:\AppServ\www），存成文件 hello.php 即可。在用户的浏览器端，只要在地址栏中输入 "http://127.0.0.1/hello.php"，就可以在浏览器中看到 "Hello,World" 字符串出现。

可以看到，源程序只有 3 行是 PHP 语句，它们是第 6 行到第 8 行。其他行都是标准的 HTML 代码。而它在返回浏览器时和 JavaScript 或 VBScript 完全不一样。JavaScript 或 VBScript 是在客户端执行的，而 PHP 的程序没有传到浏览器，在浏览器上看到的只是 PHP 程序的执行结果，即短短的 "Hello,World" 几个字。

第 6 行的 "<?php" 及第 8 行的 "?>"，分别是 PHP 的开始及结束的嵌入符号，第 7 行才是服务器端执行的程序代码。在这个例子中，echo 表示输出字符串。

说明：

在第3章中曾经介绍过 PHP 是混合多种语言而成的，而 C 语言正是其中含量最多的语言，如 PHP 使用 C 语言的做法，在一个表达式结束后，要加上分号代表结束。

4.2　PHP 代码在 HTML 中的嵌入形式

从上面的例子可以看到 PHP 代码和 HTML 代码经常混合在一起。这一点是前面反复说明过的。在混用过程中，需要把 PHP 代码和 HTML 代码加以区分，否则，PHP 解释器将无法判断要解释的代码。

在 HTML 中嵌入 PHP，有以下几种风格：

（1）XML 风格；

（2）脚本风格；

（3）简短风格；

（4）ASP 风格。

各种风格的标记样式如图 4-2 所示。

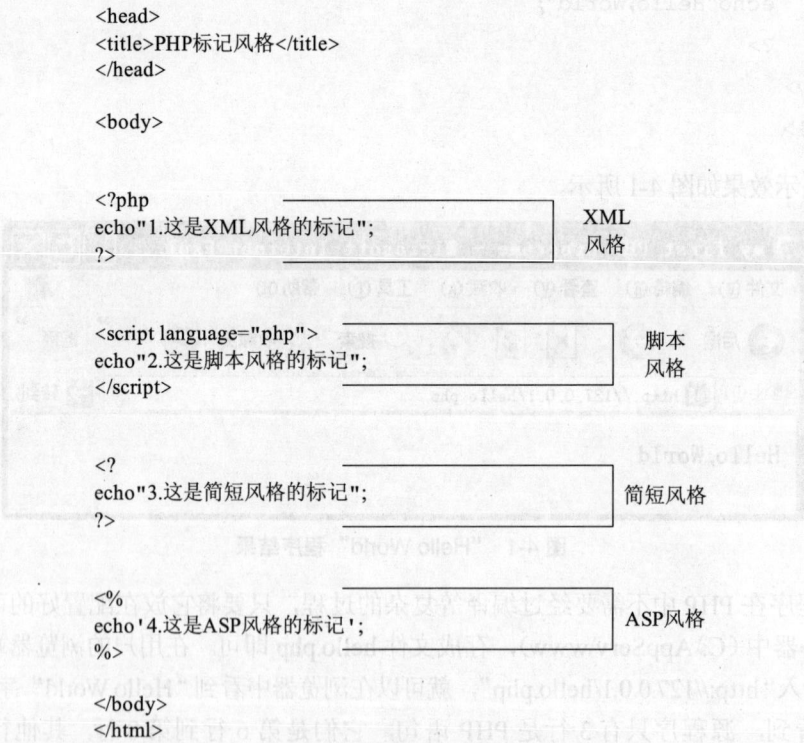

```
<head>
<title>PHP标记风格</title>
</head>

<body>

<?php
echo"1.这是XML风格的标记";          XML
?>                                风格

<script language="php">
echo"2.这是脚本风格的标记";          脚本
</script>                         风格

<?
echo"3.这是简短风格的标记";          简短风格
?>

<%
echo'4.这是ASP风格的标记';          ASP风格
%>

</body>
</html>
```

图 4-2　PHP 风格图

其中第1种及第2种是最常用的两个方法，即在小于号后加上问号，两者的区别是在前面的"<?"后，是否有 PHP 字符。在"<?php"之后的就是 PHP 的程序代码。在程序代码结束后，加入问号和大于号两个符号即可结束 PHP 的代码了。

第3种方法对熟悉 Netscape 服务器产品的网页管理人员而言，有相当的亲切感，它是类似 JavaScript 的写作方式。而对于从 Windows NT/2000 平台的 ASP 投向 PHP 的用户来说，第 4 种方法更熟悉，只要用 PHP 3.0.4 或更高版本的服务器都可以用"<%"开始，"%>"结束，但是建议不要使用这种方法，否则当 PHP 与 ASP 代码混用时将造成混乱。

PHP 允许使用如下的结构：

【例 4.2】一个复杂的 PHP 程序。

源代码：

```html
<html>
<head>
        <title> 一个复杂的 PHP 程序 </title>
</head>
<body>
        <?php
        $expression=2;
        if($expression)
        {
        ?>
<strong> 变量是非零值 .</strong>
<?php echo" 执行了 if 语句 ";
        }
        else
        {
        ?>
<strong> 变量是零值 .</strong>
<?php echo" 执行了 else 语句 ";
        }
        ?>
</body>
</html>
```

代码显示效果如图 4-3 所示。

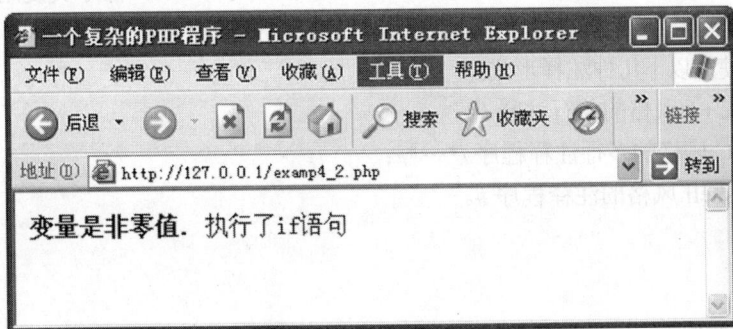

图 4-3　代码运行结果

91

可以看到，在该程序中，PHP 与 HTML 代码充分地融合到了一起，这种写法对方便 HTML 的书写具有非常重要的意义，用户无须将 HTML 代码用 echo 来输出，而只须将 HTML 代码原样写出。

4.3　PHP 语句分隔

与 C 语言相同，PHP 的语句声明之间是用分号分隔的，例如：

```php
<?php
echo "The first line<br>";
echo "The second line<br>";
?>
```

在以上两句中，每句结束都使用了分号。如果语句声明是 PHP 代码的最后一行，也就是说它后面是 PHP 代码结束标记，这时也可以不加分号，这是因为它后面再没有语句了，也就没有必要分隔了，例如：

```php
<?php
echo "This is a test";
?>
```

和

```php
<?php
echo "This is a test" ?>
```

是完全相同的。作者建议不要使用此种方法，因为在最后一行后面粘贴或加入新行时，如果忘记添加分号，会造成语法错误。

4.4　程序注释

在 PHP 程序中，加入注释的方法很灵活。可以使用 C 语言、C++ 语言或 UNIX 的 Shell 语言的注释方式，而且也可以混合使用。这可以让每个 PHP 程序员使用属于自己的写作风格的注释。

具体可以使用以下几种注释形式：

（1）使用 C++ 风格的单行注释 //；

（2）使用 C 风格的多行注释程序 /*…*/；

（3）使用 shell 风格的注释程序 #。

例如：

```php
<?php
echo" 第 1 种例子。<br>";          // 本例是 C++ 语法的注释  单行注释
echo" 第 2 种例子。<br>";          /* 本例采用多行注释
```

可以自由换行 */

echo" 第 3 种例子。
";   # 本例使用 Unix Shell 语法注释

?>

其中经常采用的注释方式是 // 的单行注释和 /*···*/ 的多行注释方式。在使用多行注释时，要避免使注释陷入递归循环中，否则会引起错误。下面的实例就使 /*···*/ 符号陷入了递归循环中。

```
<?php
echo"Hello World";
/*
```
后面的一句递归的注释引起了问题 /* 递归注释会引起问题 */

```
*/
?>
```

如果想让该代码正常运行，就需要删除递归的注释 "/* 递归注释会引起问题 */" 部分。

4.5　引用文件

PHP 最吸引人的特色之一大概就是它的引用文件功能了。用这个方法可以将常用的功能写成一个函数，放在文件之中，引用该文件之后就可以调用这个函数了。

引用文件的方法有两种：require 及 include。两种方式各有不同的使用特性。

require 的使用方法如 require("MyRequireFile.php") 所示。这个函数通常放在 PHP 程序的最前面，PHP 程序在执行前，会先读入 require 所指定引入的文件，使它变成 PHP 程序的一部分。常用的函数也可以用这个方法将它引入程序中。

include 使用方法如 include("MyIncludeFile.php") 所示。这个函数一般是放在流程控制的处理部分。PHP 程序在读到 include 的文件时，才将它读进来。这种方式，可以使程序执行时的流程简明易懂。

习题 4

一、选择题

1. 与 C 语言相同，PHP 的语句声明之间是用（　　）分隔的。

A. 分号　　　　　　B. 冒号　　　　　　C. 逗号　　　　　　D. 句号

2. 引用文件的方法有两种：（　　）。

A. require 及 include　　　　　　B. request 及 include

C. iframe 及 import　　　　　　D. include 及 link

3. 程序在 PHP 中不需要经过编译等复杂的过程，只要将它放在配置好的可执行 PHP 语法的服务器中（　　），存成 .php 文件即可。

A．c:\AppServ\apache   B．c:\AppServ\mysql

C．c:\AppServ\www   D．c:\AppServ\php

二、填空题

1．PHP 与 HTML 代码充分地融合到了一起，这种写法对方便 HTML 的书写具有非常重要的意义，用户无须将 HTML 代码用 _____ 来输出，而只须将 HTML 代码原样写出。

2．在 PHP 程序中，加入注释的方法很灵活。可以使用 _____ 语言、_____ 语言或 _____ 语言的注释方式，也可以混合使用。

第 5 章
PHP 的数值类型和运算符

任务单五

项目 名称	PHP基本语法练习
能力 目标	1. 会在 PHP 网页中声明不同类型的变量； 2. 会给声明的变量赋值； 3. 会使用转义字符； 4. 会使用定界符给字符定界； 5. 会声明数组，并给数组初始化。
任务 描述	新建一个 PHP 网页，并对本章学过的内容进行练习： 1. 使用 $ 美元符声明几个不同类型的变量； 2. 使用直接赋值的方法对刚刚声明的变量进行赋值； 3. 使用 array 定义数组； 4. 对数组与二维数组进行练习； 5. 使用 define() 函数来定义一个常量。

5.1　数值类型

在任何一种编程语言中，无论是常量还是变量，都属于某一种数值类型。不同类型的数值的操作是不一样的，如让两个字符串相乘是不可能的。这里将介绍 PHP 语言中的数值类型。数值常表示为"等于"或实际代码的形式。例如，在源代码程序中看到像 25.5 这样的数值时，它指的是二十五点五，而不是指"2"、"5"、"."、"5"这 4 个字符。可以用同样方式来表示文本，比如"Will Smith"（注意双引号）表示由 10 个字符组成的字符串。因为这 10 个字符用双引号括了起来，所以它们只能是一个字符串数值。

PHP 支持八种原始类型。

（1）四种标量类型：布尔型（boolean）、整型（integer）、浮点型（float/double）和字符串（string）。

（2）两种复合类型：数组（array）和对象（object）。

（3）两种特殊类型：资源（resource）和 NULL。

在浮点型中，double 和 float 是相同的，由于一些历史的原因，这两个名称同时存在。

说明：

变量的类型通常不是由程序员设定的，确切地说，是由 PHP 根据该变量使用的上下文在运行时决定的，使用之前无须声明。例如下面程序。

```php
<?php
$bool=true;      // 一个布尔型数值
$str="foo";      // 一个字符串型数值
$int=12;         // 一个整型数值
?>
```

可以看到 3 个变量均未定义类型，直接赋值，根据赋值的情况，就可以得出变量的类型。

5.1.1　布尔类型（boolean）

布尔型是最简单的类型。该类型通常会用在选择结构和循环结构表达式中。boolean 表达了真值，可以为 true 或 false。要指定一个布尔值，使用关键字 true 或 false，不区分大小写。

```php
<?php
$foo=true;       // 将 true 值赋给 $foo
?>
```

说明：

在 PHP 中不是只有 flase 值才为假的，以下值被认为是 false。

整型值 0（零）、浮点型值 0.0（零）、空白字符串和字符串"0"、没有成员变量的数组、没有单元的对象、特殊类型 NULL（包括尚未设定的变量）。

所有其他值都被认为是 true（包括任何资源）。

5.1.2　整数类型（integer）

一个 integer 是集合 Z={…,-2,-1,0,1,2,…} 中的一个数。整型值可以用十进制、十六进制或八进制符号指定，前面可以加上可选的符号（- 或者 +）。

如果用八进制符号，数字前必须加上 0（零），用十六进制符号数字前必须加上 0x。例如：

```php
<?php
$a=1234;        // 十进制数
$a=-123;        // 一个负数
$a=0123;        // 八进制数（等于十进制的 83）
$a=0x1A;        // 十六进制数（等于十进制的 26）
?>
```

5.1.3　浮点数类型（float/double）

浮点数（也叫 "floats"，"doubles" 或 "real numbers"），实型常量有两种表示形式：

（1）十进制小数形式：由数字、小数点和正负号组成，如 0.123、.123、-23.5、0.0 等都是十进制小数形式。

（2）指数形式：也称为科学计数法，用 e 或 E 表示指数，其一般形式为：

十进制数 E± 整数

例如：$123×10^3$ 可以表示成 123e3 或 123E3。

浮点数可以用以下任何语法定义：

```php
<?php
$a=1.234;
$a=1.2e3;
$a=7E-10;
?>
```

5.1.4　字符串

在 PHP 中，有 3 种定义字符串的方式，分别是单引号、双引号和界定符。

1. 单引号

指定一个简单字符串的最简单的方法是用单引号（字符 '）括起来。

要表示一个单引号，需要用反斜线（\）转义，和其他许多语言一样。如果在单引号之前或字符串结尾需要出现一个反斜线，需要用两个反斜线表示。注意，如果你试图转义任何其他字符，反斜线本身也会被显示出来! 所以通常不需要转义反斜线本身。

【例 5.1】单引号示例。

源代码：

```html
<html>
<head>
        <title>例子</title>
</head>
<body>
```

```php
<?php
echo' 观今宜鉴古，无古不成今。';
echo' 知己知彼，将心比心。';
?>
```

```
</body>
</html>
```

代码显示效果如图 5-1 所示。

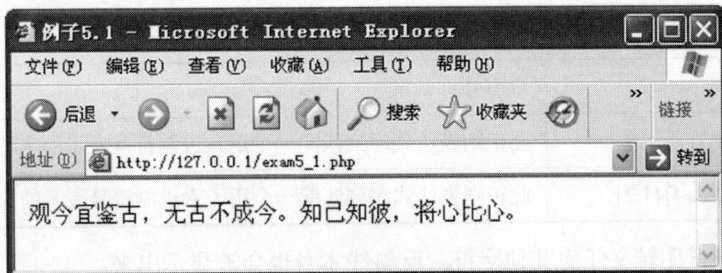

图 5-1 单引号示例效果图

2. 双引号

使用双引号指定的字符串，如果字符串中含有变量，那么这个变量将会被其实际内容（即变量的值）替换。

【例 5.2】单引号与双引号区别示例。

源代码：

```php
<?php
$a=20;
$b=30;
echo  "$b";
echo  '>';
echo  "$a";
?>
```

代码显示效果如图 5-2 所示。

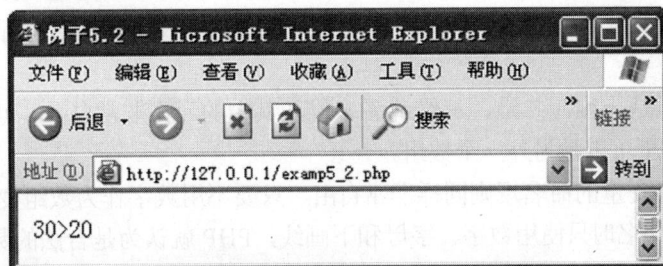

图 5-2 单引号与双引号区别示例效果图

PHP 懂得更多特殊字符的转义序列，如表 5-1 所示。

表5-1　转义字符

序　列	含　义
\n	换行（LF 或 ASCII 字符 0x0A（10））
\r	回车（CR 或 ASCII 字符 0x0D（13））
\t	水平制表符（HT 或 ASCII 字符 0x09（9））
\\	反斜线
\$	美元符号
\"	双引号
\[0-7]{1,3}	此正则表达式序列匹配一个用八进制符号表示的字符
\x[0-9A-Fa-f]{1,2}	此正则表达式序列匹配一个用十六进制符号表示的字符

此外，如果试图转义任何其他字符，反斜线本身也会被显示出来。

3. 定界符

另一种给字符串定界的方法使用定界符语法（"<<<"）。应该在 "<<<" 之后提供一个标识符，然后是字符串，然后是同样的标识符结束字符串。

结束标识符必须从行的第一列开始。同样，标识符也必须遵循 PHP 中其他任何标签的命名规则：只能包含字母数字下画线，而且必须以下画线或非数字字符开始。

很重要的一点必须指出，结束标识符所在的行不能包含任何其他字符，可能除了一个分号（;）之外。这尤其意味着该标识符不能被缩进，而且在分号之前和之后都不能有任何空格或制表符。同样重要的是要意识到在结束标识符之前的第一个字符必须是你的操作系统中定义的换行符。例如在 Macintosh 系统中是 \r。

如果破坏了这条规则使得结束标识符不"干净"，则它不会被视为结束标识符，PHP 将继续寻找下去。如果在这种情况下找不到合适的结束标识符，将会导致一个在脚本最后一行出现的语法错误。

5.1.5　数组

一个数组（array）就是把一系列数字或字符串作为一个单元来处理。数组中的每一个信息都被认为是数组的一个元素。例如，可以用数组存储一个文件中的所有行或者存储一个地址列表。

数组变量可以是一维、二维、三维或者多维，其中的元素非常自由，可以是字符型、整型或者浮点型，甚至可以是另外一个数组。

PHP 中，数组变量的命名规则同样非常自由，只要不用数字作为数组变量名的第一个字符，并且在创建数组名时只使用数字、字母和下画线，PHP 就认为是合法的数组变量名。

数据中的每个数据称为一个元素，元素包括索引（键名）和值两个部分。元素的索引可以由数字或字符串组成。元素的值可以是多种数据类型。

1. 创建数组

在 PHP 中声明数组的方式主要有两种：一种是直接通过为数组元素赋值的方式声明数

组。另一种是应用 array( ) 函数创建数组。

1）值初始化法

值初始化法非常简单，与变量赋初值一样。一般格式如下：

数组名 [键值]= 值；

这里键值是可选的，如果缺省键值，PHP 会给每个数组元素自动赋予整数键也称作索引。PHP 会默认第一个位置的元素下标为 0，第二个位置是 1，依次类推。例如，下面的代码给 $ array 数组增加了三个元素，这三个元素的下标分别为 0、1 和 2（假设这个数组没有其他元素存在）。

例如：

```php
<?php
$array[]=48;
$array[]=85.5;
$array[]=20.8;
print _ r($array);
echo'<br/>';
$string[key0]="AJAX";
$string[key1]="PHP";
$string[key2]="HTML";
print _ r($string);
?>
```

以上代码运行效果如图 5-3 所示。

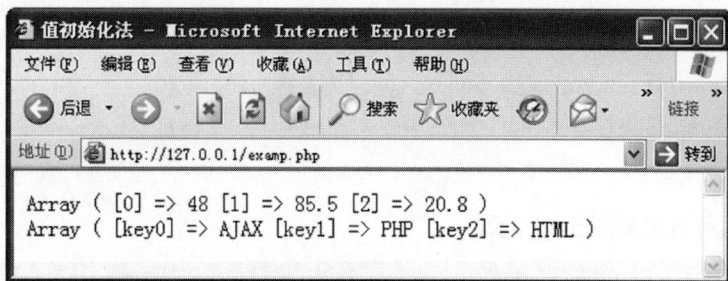

图 5-3 值初始化数组运行效果图

2）用 array 语句创建数组

用 array() 语句进行定义的方法可以同时对多个元素赋值，格式如下：

数组名 =array(键值 1=> 值 1，键值 2=> 值 2，键值 3=> 值 3，…键值 n=> 值 n);

例如：

```php
<?php
$student=array(0=>80,1=>70,2=>90,3=>90,4=>100);
print _ r($student);
echo'<br/>';
$student=array(stu0=>80,stu1=>70,stu2=>90,stu3=>90,stu4=>100);
print _ r($student);
```

```
?>
```

以上代码运行效果如图 5-4 所示。

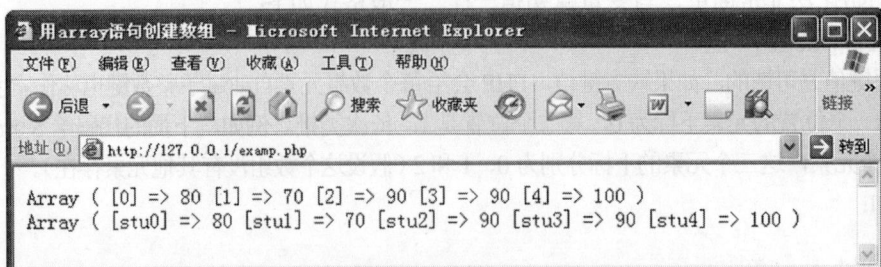

图 5-4 值初始化数组运行效果图

也可以使用如下的方法快速地该数组变量赋值：

```
$student=array(80,70,90,90,100);
```

可以指定键值是从任意其他数字开始。例如，如果希望数组元素的下标从"2"开始，则需要使用如下方法：

```
$student=array(2=>80,70,90,90,100);
```

代码运行的结果为：Array ([2] => 80 [3] => 70 [4] => 90 [5] => 90 [6] => 100)

则这三个元素的下标分别为 2、3、4、5 和 6。

实际上，可以利用符号"=>"来更加灵活的指定数组元素的下标，下面的例子就混合使用了几种赋值方法：

```
<?php
$student=array( 80,70,mary=>90,lily=>'不及格 ',100);
print _ r($student);
?>
```

以上代码运行效果如图 5-5 所示。

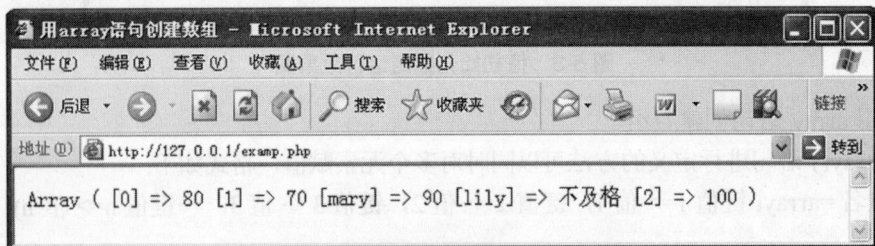

图 5-5 值初始化数组运行效果图

array 数组的数组下标分别是 0、1、mary、lily 和 2。如果数组下标没有给定，PHP 就自动提供一个。默认的数组下标是从 0 开始的，以后当数组下标没有赋值时默认值每次加 1。

5.1.6 对象

类和对象是 PHP 中相对比较难理解的概念，对于初学者，尤其是没有面向对象编程经验的读者来说，具有一定难度，故本书将类和对象部分单独列为一章，详见本书第15章。

5.1.7 资源

资源是一种特殊变量，保存了到外部资源的一个引用，从 PHP4 开始资源类型被正式引入。资源是通过专门的函数来建立和使用的，可以用 is_resource() 函数测定一个变量是否是资源，函数 get_resource_type() 则返回该资源的类型。相关内容请参考《PHP 手册》官方版本。

5.1.8 NULL

特殊的 NULL 值表示一个变量没有值，从 PHP4 开始 NULL 类型被正式引入。NULL 类型只有一个值，就是大小写敏感的关键字 NULL，例子如下：

```php
<?php
$var=NULL;
?>
```

说明：

在下列情况下一个变量被认为是 NULL：被赋值为 NULL、尚未被赋值、被 unset()。

5.2 常量

常量就是从声明开始，值一直不变的量。PHP 定义了一些常量，而且提供函数让用户自己定义常量，比如可以使用 define() 函数来定义一个常量。需要注意的是，常量一旦定义之后，它的值就不能改变了。常量包括 PHP 预定义常量和用户定义常量两种。

5.2.1 PHP预定义常量

PHP 预定义常量是 PHP 自己预先已经定义的常量。它可以直接在程序中使用而不用事先声明。表 5-2 列出了常用的 PHP 预定义常量。注意区分大小写。

表5-2　常用的PHP预定义常量

名　称	含　义
--FILE--	PHP 文件名，若引用文件（使用 include() 或 require() 函数），则在引用文件内的该常量为引用文件名，而不是引用它的文件名
--LINE--	PHP 脚本行数，若引用文件（使用 include() 或 require() 函数），则在引用文件内的该常量为引用文件的行数，而不是引用它的文件行数
PHP_VERSION	PHP 程序的版本，如"5.0.1"
PHP_OS	执行 PHP 解释器的操作系统名称，如"WINNT"
TRUE	真值（true）
FALSE	伪值（false）

名　称	含　义
E_ERROR	指向最近的错误处
E_WARNING	指向最近的警告处
E_PARSE	剖析语法有潜在问题的地方
E_NOTICE	发生不正常现象但不一定是错误的地方，如存取一个不存在的变量

关于更多的 PHP 预定义常量名称及含义，请参考《PHP 手册》官方版本。

下面的实例中使用了__FILE__ 和 __LINE__ 两个常量，注意每个下画线占两个英文字符，是"__"而不是"_"。

【例 5.3】使用 PHP 预定义常量。

源代码：

```
<html>
<head>
    <title>hello</title>
</head>
<body>
    <?php
function report_error($file,$line,$message){echo"An error occurred in
$file on line $line:$message.";
    }
    //下一句使用 _FILE_ 获取文件名称，_LINE_ 获取错误所在的行数
    report_error(_ _FILE_ _,_ _LINE_ _,"Something went wrong!");
    ?>
</body>
</html>
```

这个程序将输出错误所在的行数及错误信息，如图 5-6 所示。

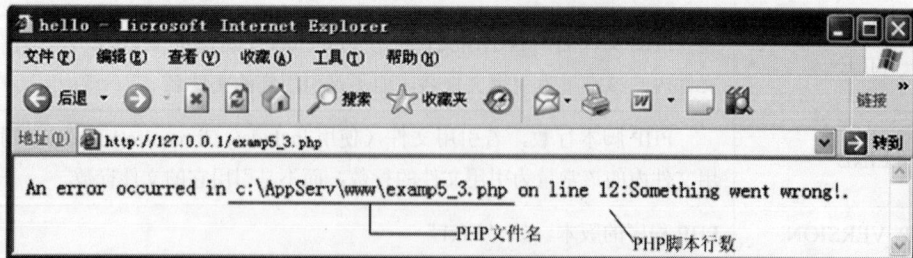

图 5-6　使用 PHP 预定义常量

5.2.2　用户定义常量

在写程序时，以上的 PHP 预定义常量是不够用的。define() 的功能可以自行定义所需要

的常量。见下例

【例 5.4】使用用户自定义常量。

源代码：

```html
<html>
<head>
        <title>用户定义的常量</title>
</head>
<body>
        <?php
        define("COPYRIGHT"," 版权 &copy;2011,先尧文化有限公司 ");
        echo COPYRIGHT;
        ?>
</body>
</html>
```

这个程序代码输出用户定义的常量，如图 5-7 所示。

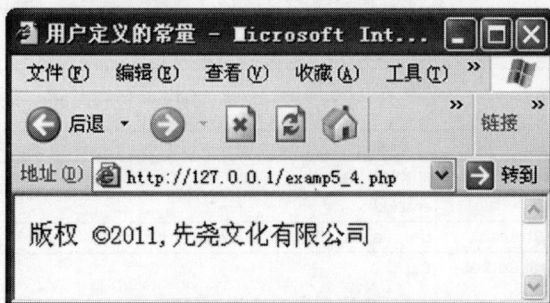

图 5-7　用户定义常量

5.3　变量

在前面章节的学习中在不时地接触着变量，本节将详细讨论变量的概念及应用。

变量与常量相比而言，它的值可以变化。变量的作用就是存储数值，一个变量具有一个地址，这个地址中存储变量数值信息。在 PHP 中可以改变变量的类型，也就是说 PHP 变量的数值类型可以根据环境的不同做调整。PHP 中的变量同样分为预定义变量和自定义变量。

5.3.1　预定义变量

预定义变量是指 PHP 内部定义的变量。PHP 提供了大量的预定义变量。这些预定义变量可以在 PHP 脚本中被调用，而不需要进行初始化。但是有一点需要注意，这些预定义变量并不是不变的，它们随着所使用的 Web 服务器及系统的不同而不同，包括不同版本的服务器。

预定义变量分为 3 个基本类型：与 Web 服务器相关的变量、与系统相关的环境变量及

PHP 自身预定义变量。这里不再列出具体的预定义变量，你可以利用 phpinfo() 函数来查看自己系统下的预定义变量，具体使用的时候必须考虑服务器对变量支持与否。下面是查看的脚本：info.php

```php
<?php phpinfo()?>
```

通过 phpinfo() 函数，可以对自己可用的预定义变量有一个详细的了解。如图 5-8 所示，列出了 Apache 服务器所支持的预定义变量。

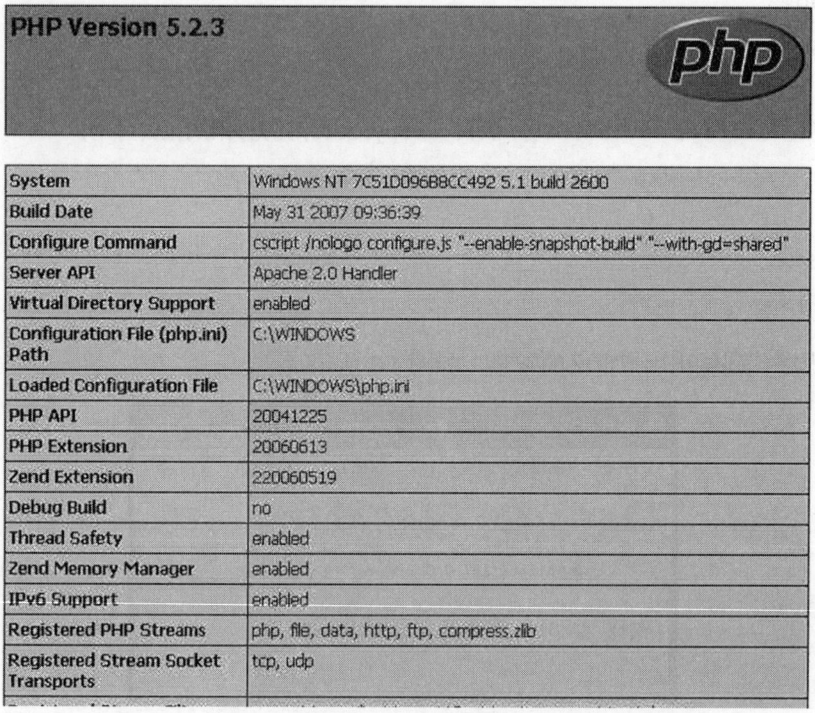

PHP Version 5.2.3	
System	Windows NT 7C51D096B8CC492 5.1 build 2600
Build Date	May 31 2007 09:36:39
Configure Command	cscript /nologo configure.js "--enable-snapshot-build" "--with-gd=shared"
Server API	Apache 2.0 Handler
Virtual Directory Support	enabled
Configuration File (php.ini) Path	C:\WINDOWS
Loaded Configuration File	C:\WINDOWS\php.ini
PHP API	20041225
PHP Extension	20060613
Zend Extension	220060519
Debug Build	no
Thread Safety	enabled
Zend Memory Manager	enabled
IPv6 Support	enabled
Registered PHP Streams	php, file, data, http, ftp, compress.zlib
Registered Stream Socket Transports	tcp, udp

图 5-8　phpinfo 页面中对 Apache 预定义变量的描述表格

5.3.2　自定义变量的初始化

PHP 中的变量由一个美圆符号"$"和其后面的字符组成，字符是区分大小写的，例如 $Var 和 $var 是两个不同的变量。变量的命名遵循 PHP 的命名规则。可以用正则表达式表示为：

```
'[a-zA-Z_\x7f-\xff][a-zA-Z0-9_\x7f-\xff]*'
```

这个正则表达式表示：变量的第 1 个字符必须是下画线或者字母，后面可以跟数字、字母或者下画线。变量中字符的长度没有特别的限制，一般不会太长。其中 [] 内部的字符表示取其中之一，a-z 表示从 a 到 z 的所有小写英文字母，A-Z 以此类推。\x7f-\xff 表示 ASCII 码从 127 到 255 的所有字符。所以第 1 个 [] 的意思就是变量可以以小写的英文字母、大写的英文字母、下画线或者 ASCII 码从 127 到 255 的字符开始。第 2 个 [] 的意思以此类推。

下面是初始化变量的例子：

```php
$var="Jack";
$Var="Mike";
```

```
echo "$var,$Var";        // 输出 "Jack,Mike"
$4site='not yet'         // 非法的变量名，以数字开头，无法正常运行
$ _4site='not yet'       // 合法的变量名，以下画线开头，可以正常运行
```

PHP 4.0 版本以上有一种特殊的赋值方法，就是传递变量的方法。这种方法把两个变量关联起来，它们的值同时发生变化，改变一个变量的值也会影响另外一个，反之亦然。实际上就是两个变量同时指向一个存储地址。这种赋值方法的优点是加快了速度。但是只有在很长的循环或者赋很大的值时其优点才能体现出来。具体的赋值方法是在原来的变量前面加一个 "&" 号，请参看下面的例子。

【例 5.5】使用用户自定义常量。

源代码：

```
<html>
<head>
        <title> 传递变量的赋值方法 </title>
</head>
<body>
        <?php
        $name=' 潘文轩 ';                      // 把字符串 ' 潘文轩 ' 赋给 $name
        $mingzi=&$name;                        // 把 $name 赋给 $mingzi
        $mingzi=" 我的名字是: $name";          // 改变 $mingzi 的值
        echo $name;                            //$name 也随之改变
        echo $mingzi;
        ?>
</body>
</html>
```

上面的例子最后的显示结果如图 5-9 所示。

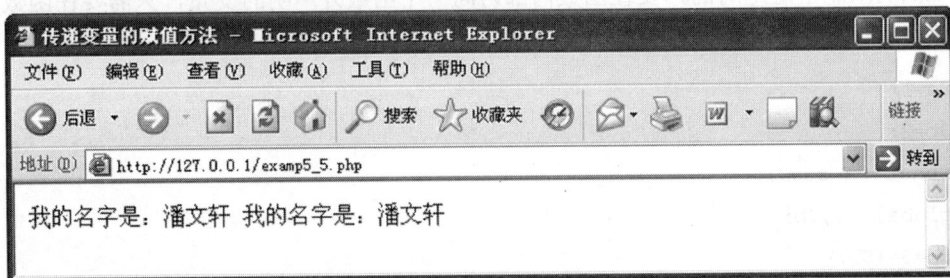

图 5-9　使用用户自定义常量效果图

需要注意的是，只有被命名的变量才能被赋给其他变量，请看下面的例子：

```
<?php
$foo=25;
$bar=&$foo;                      // 合法
```

```
$bar=&(24*7);               // 不合法，把一个表达式赋给了变量
function test(){
ruturn 25;
}
$bar=&test();               // 不合法，把一个函数赋给了变量
?>
```

程序执行会出现错误信息。

5.3.3 变量的范围

变量的范围取决于该变量在上下文中的位置。如果在一个 PHP 脚本中声明一个变量，那么它可以应用于整个文件（函数内部除外），也可以应用于 PHP 脚本在 include 或 require 函数中所包含的文件。可以认为它是全局的。例如：

```
$a=1;
include "b.inc";
```

由于 $a 变量在 include() 函数前面声明，所以在 include() 函数所包含的文件 b.inc 中也可以访问变量 $a，且其值为 1。

在函数中声明的变量一般来说在调用函数结束后就会消失，所以不能在函数外被调用；另一方面在函数外声明的变量也不能在函数内部访问。例如：

```
$a=1;               // 全局变量
function test(){
echo $a;            // 指的是函数内部的变量 $a
}
test();
```

这段脚本不会显示出任何结果，因为函数内部并不能访问函数外声明的变量。

上面的限制不是绝对的。要在函数内部访问一个函数外声明的变量，只需要在函数内部声明 global 即可。举例如下：

```
$a=1;
$b=2;
function sum(){
global $a,$b;
$b=$a+$b;}
sum();
echo $b;
```

上面这段脚本运行的结果显示"3"。因为在函数的开始使用 global 声明了变量 $a 和 $b，使它们成为全局变量，所以函数内部同样是它们的作用范围，也就是说可以在函数内部访问它们。

另外，还有一种方法可以达到相同的结果。请看下面的例子：

```php
$a=1;
$b=2;
function sum(){
$GLOBALS["b"]=$GLOBALS["a"]+$GLOBALS["b"];
}
sum();
echo $b;
```

上面的程序和前面的结果是一样的，都会显示出"3"。它使用了$GLOBALS[" 变量名 "]的方法，这样变量就可以被认为是全局的。$GLOBALS 是一个关联数组。它以变量的名字为关键字，以变量值为对应的值，使用起来也很方便。

熟悉 C 语言的用户会发现，在这方面 PHP 和 C 语言是不同的。C 语言中，在函数内部也可以访问在函数外声明的全局变量；在 PHP 中必须在函数开始处用 global 声明。这样可以避免用户不经意间改变全局变量的值。凡是有编程经验的人都知道，这种错误在调试阶段是很难被发现的，这种错误经常给程序员带来很大的麻烦。PHP 就可以避免发生这样的错误。

如果要延续函数汇总变量的生命，换句话说，也就是让函数中的变量不会因为函数的执行终了而死亡，这样的变量叫做静态变量。例子如下：

【例 5.6】静态变量示例。

源代码：

```php
<html>
<head>
        <title>静态变量</title>
        </head>
        <body>
        <?php
        function test(){
        static $a=1;
        $a=$a +1;
        echo"$a";
        }
        test();   // 第 1 次函数调用
        test();     // 第 2 次函数调用
        test();     // 第 3 次函数调用
        ?>
</body>
</html>
```

上面的例子最后的显示结果如图 5-10 所示。

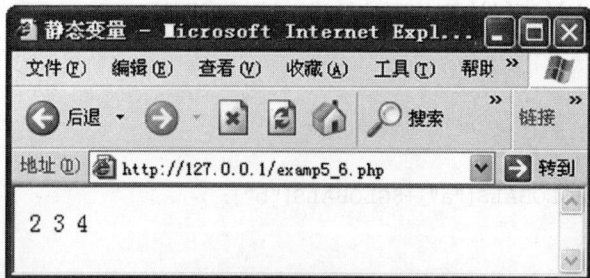

图 5-10　静态变量示例效果图

例子中的 static $a=1 是表示声明变量 $a 为一个静态变量，并且给定初始值为 1，自加 1 后变成 2，也就是 $a 的值不会因为 test() 函数的执行终了而消失，所以在第 2 次执行 test() 函数时，$a++ 会将 $a 在上次 test() 函数中最后的值 2 上加 1，也就是 3，同样地，第 3 次执行时，$a 的值变成了 4。程序结果如图 5-10 所示。

需要注意的是，static $a=1 只会执行一次，并不会每次执行 test() 时就重新声明和设置一次。

5.3.4　活动变量

PHP 的活动变量使用起来非常方便。活动变量是指一个变量的变量名也是一个变量。请看下面语句：

```
$a="hello";
$$a="world";
```

第 1 个语句把字符串 "hello" 赋给变量 $a，然后利用变量 $a 的值，定义了一个新变量并为其赋值为 "world"。$$a 就是一个活动变量。

```
echo"$a ${$a}";
```

此时输出 "hello world" 这个字符串。

说明：

在使用活动变量时有一点需要注意，在有的情况下一个变量可能有两种或多种理解方法，这时需要借助括号来消除歧义。例如，$$a[1] 可以理解为以变量 $a[1] 为变量名的活动变量，也可以理解为活动变量 $$a 的某一个元素 [1]。要表达上面两种情况，可以使用 {}，这两种情况分别为 ${$a[1]} 和 {$$a}[1]。

5.3.5　外界PHP变量

外界 PHP 变量指通过其他途径传递给 PHP 文件的变量，而不是在 PHP 文件中定义的变量。例如，HTML 表单元素的值可以通过外界 PHP 变量传递给 PHP 文件。

1. HTML 表单（GET 和 POST）

HTML 表单在 HTML 中应用非常广泛，它向浏览器中输出一些选择项目或者需要用户填写的空白项目。用户填写完毕后，单击"提交"按钮把表单发送出去，然后根据表单中的设定由适当的文件对表单的内容做处理。当表单被提交给 PHP 脚本时，该表单中的所有变量都会自动转变为 PHP 可用的格式。例如下面的程序段，它让用户填写 name 并提交：

```
<form action="foo.php"method="post">
Name:<input type="text"name="name"><br>
<input type="submit">
</form>
```

提交时 PHP 将创建变量 $name，该变量中将存放任何在表单中输入到 name 中的内容。同样，PHP 也能理解表单变量形式的数组。例如，可以将相关的数组组合到一个组中或者利用该特性对多重选定的输入进行检索。下面的例子是上一个例子的扩展，更复杂一点，它让用户填写 name、email 和 beer 等内容：

```
<form action="array.php"method="post">
Name:<input type="text"name="personal[name]"><br>
Email:<input type="text"name="personal[email]"><br>
Beer:<br>
<select multiple name="beer[]">
<option value="warthog">Warthog
<option value="guinness">Guinness
</select>
<input type="submit">
</form>
```

2. IMAGE SUBMIT 变量名

当提交一个表单时，也可以使用图像来代替标准的提交按钮。例如：

`<input type=image src="image.gif" name="sub">`

当单击该图像上的任何地方时，相应的表单就会发送给服务器，同时还包括两个附加变量（sub_x 和 sub_y）。它们分别保存在图像中单击位置的横纵坐标。有经验的人会注意到，由浏览器发送的变量名中包含一个句号而不是下画线，但是 PHP 会自动将句号转变成下画线。

3. HTTP Cookies

根据 Netscape 的说明，PHP 支持 HTTP Cookies。Cookies 是一种机制，用于将数值存储在远程浏览器上，从而对用户的返回值进行跟踪和辨别。可以使用函数 SetCookie 设置 Cookies。Cookies 是 HTTP 头文件的一部分，所以必须在向浏览器发送任何输出之前调用函数，这一限制与对 Header 函数的限制是相同的。客户机向服务器发送的任何 Cookies 都会自动转换成 PHP 变量，就像使用 GET 和 POST 方法的数值一样。

如果需要将多个值赋予一个 Cookie，只要在 Cookie 名称后添加 [] 即可。例如：

SetCookie("MyCookie[]" , "Testing",time+3600);

注意，除非路径或域不同，否则一个 Cookie 就会覆盖前面与其同名的 Cookie，所以对于商场运货等应用程序来说，用户就需要保持计数值并将该值继续向下传递。下面的程序每次设置 Cookie 时都先增加 $Count 的值，避免覆盖前面已经设置的 Cookie。例如：

```
$Count++;
SetCookie("Count",$count,time+3600);
```

```
SetCookie("Cart[$count]",$item,time+3600);
```

4. HTTP Cookies

PHP 可以自动将环境变量转换成 PHP 通常情况下可以使用的变量。例如：

```
echo $HOME;          // 把操作系统的环境变量 HOME 的值显示出来
```

由于通过 GET、POST 和 Cookie 机制传递的信息也能自动创建 PHP 变量，所以有些情况下最好明确地读取环境变量以确保所读取的是正确的定义。可以使用 getenv() 函数来达到此目的，也可以使用 putenv() 函数设置环境变量。详细内容请参考《PHP 手册》官方版本。

由于 PHP 会决定变量类型，同时还能根据需要进行转变，所以通常情况下给定变量的数值类型不是任何时候都很明显。

✎**说明：**

PHP 中包括几个用于确定变量类型的函数，比如 gettype、is_long、is_double、is_string、is_array 和 is_object 等，请参考相关的函数手册来了解它们的用法。

5.4 运算符

运算符用来对变量进行操作，可以连接多个变量组成一个表达式。下面逐一介绍 PHP 运算符。

5.4.1 算术运算符

算术运算符是最简单也是编程时接触最多的运算符，它属于二元运算符，对两个变量进行操作。"+"、"-"、"*"、"/"、"%" 都是算术运算符，如表 5-3 所示。

表5-3 算术运算符

示　例	名　称	结　果
$a+$b	加法	$a 和 $b 的和
$a-$b	减法	$a 和 $b 的差
$a*$b	乘法	$a 和 $b 的积
$a/$b	除法	$a 除以 $b 的商
$a%$b	取模	$a 除以 $b 的余数

5.4.2 赋值运算符

基本的赋值运算符是"="。它并不是"等于"号。它实际上意味着把右边表达式的值赋给左边的变量。

赋值表达式的值就是经赋值运算后被赋值的变量的值。也就是说，"$a=3"这个表达式的值是 3。这样就可以做一些小技巧：

```
$a=($b=4)+5;          // 这个表达式把 4 赋给了 $b，并且把 4+5=9 赋给了 $a。
```

在基本赋值运算符之外，还有适合于所有二元算术和字符串运算符的复合赋值运算符，在赋值运算符前加上其他运算符构成的运算符，叫做复合赋值运算符。采取这种复合运算符，一是为了简化程序，二是为了提高编译效率。复合赋值运算符是两种运算符的结合，所以它包含了两种运算，一种是赋值运算，另一种是和赋值运算符复合的其他运算符的运算。例如：

$a +=3　　等价于 $a = $a + 3

在程序中可以多次给一个变量赋值，每赋一次值，相应的存储单元中的数据就被更新一次，存储单元中总是存放着最后一次所赋的那个数据。例如：

$b=2;
$b.=3;

最终 $b 变量的值为 3。

5.4.3　位运算符

位运算符以变量的每一位位单位进行运算，允许用户将一个变量中的某一位设为开或者关的状态。位运算符如表 5-4 所示。

表5-4　位运算符

示　例	名　称	结　果
$a&$b	and（按位与）	将在 $a 和 $b 中都为 1 的位设为 1
$a\|$b	or（按位或）	将在 $a 或者 $b 中为 1 的位设为 1
$a^$b	xor（按位异或）	将在 $a 和 $b 中不同的位设为 1
~$a	not（按位非）	将 $a 中为 0 的位设为 1，反之亦然
$a<<$b	shift left（左移）	将 $a 中的位向左移动 $b 次（每一次移动都表示"乘以 2"）
$a>>$b	shift right（右移）	将 $a 中的位向右移动 $b 次（每一次移动都表示"除以 2"）

5.4.4　逻辑运算符

PHP 语言提供的逻辑运算符，分别是：逻辑非（not）、逻辑与（and 或 &&）、逻辑或（or 或 ||）、的逻辑异或（xor）。其中逻辑非（not）为单目运算符，其余为双目运算符。逻辑运算符如表 5-5 所示。

表5-5　逻辑运算符

示　例	名　称	结　果
$a and $b	and（逻辑与）	true，如果 $a 与 $b 都为 true
$a or $b	or（逻辑或）	true，如果 $a 或 $b 任一为 true
$a xor $b	xor（逻辑异或）	true，如果 $a 或 $b 任一为 true，但不同时是

示 例	名 称	结 果
!$a	not（逻辑非）	true，如果 $a 不为 true
$a&&$b	and（逻辑与）	true，如果 $a 与 $b 都为 true
$a\|\|$b	or（逻辑或）	true，如果 $a 或 $b 任一为 true

5.4.5　比较运算符

"关系运算"是对两个操作对象进行比较的运算，通过比较来判定两个操作对象之间是否存在某种特定的关系。如表 5-6 所示。

表5-6　比较运算符

示 例	名 称	结 果
$a==$b	等于	true，如果 $a 等于 $b
$a===$b	全等	true，如果 $a 等于 $b，并且它们的类型也相同
$a!=$b	不等	true，如果 $a 不等于 $b
$a<>$b	不等	true，如果 $a 不等于 $b
$a!==$b	非全等	true，如果 $a 不等于 $b，或者它们的类型不同
$a<$b	小于	true，如果 $a 严格小于 $b
$a>$b	大于	true，如果 $a 严格大于 $b
$a<=$b	小于等于	true，如果 $a 小于或者等于 $b
$a>=$b	大于等于	true，如果 $a 大于或者等于 $b

5.4.6　错误控制运算符

PHP 的错误控制运算符是"@"。如果在表达式或函数前面附上 @ 符号，则这个表达式或函数所产生的错误不会在执行时发送给客户端浏览器。如果 PHP 配置文件中的 track_errors 是打开的，那么错误信息会存放在变量 $php_errormsg 中，但这个变量中存放的是最近一次的错误信息，新产生的错误信息会覆盖以前的错误信息。所以一定要及时检查这个变量值，才能跟踪执行 PHP 脚本所产生的错误。在 PHP 4.0 及其以上版本中一旦使用了 @ 运算符，即使是脚本停止运行的严重错误也不会报告给用户。下面的例子虽然发生了严重的错误，但并不会把错误信息返回到浏览器中，需要人工输出错误信息，因为它使用了 @ 符号。

```php
<?php
$res=@mysql_query("select name,code from 'namelist") or die("query
failed:error was '$php_errormsg'");
?>
```

5.4.7　自增（自减）运算符

给一个变量加上1或减去1，是程序中经常要用到的两种运算。为此，PHP语言提供了自增运算符和自减运算符，使用起来十分方便。

自增运算符"++"，功能是将变量的值加1；自减运算符"--"，功能是将变量的值减1。运算符"++"或"--"既可以作为一个变量的前缀，也可以作为一个变量的后缀。如表5-7所示。

表5-7　自增（自减）运算符

示　例	名　称	说　明
++$a	前加	$a的值加1，然后返回$a
$a++	后加	返回$a，然后将$a的值加1
--$a	前减	$a的值减1，然后返回$a
$a--	后减	返回$a，然后将$a的值减1

对一个变量，施加前缀或后缀运算其结果是相同的，都是将该变量的值加1或减1。但是，当施加前缀或后缀运算的变量作为表达式中其他运算的一个操作对象时，则参与运算的值是不同的。前缀运算是先将该变量的值增1（或减1），然后再用该变量的值参与表达式中的其他运算；而后缀运算是先用该变量的值参与表达式中的其他运算，然后将该变量的值增1（或减1）。

这里有一个简单的应用实例，它解释了自增（自减）运算符的使用。

【例5.7】自增（自减）运算符的使用示例。

源代码：

```
<html>
<head>
        <title>自增（自减）运算符的使用</title>
</head>
<body>
        <?php
        echo "<h3>后加递增</h3>";
        $a=10;
        $b=$a++;
        echo '$a='.$a.'<br/>';
        echo '$b='.$b.'<br/>';
        echo '<h3>先加递增</h3>';
        $a=10;
        $b=++$a;
        echo '$a='.$a.'<br/>';
        echo '$b='.$b.'<br/>';
```

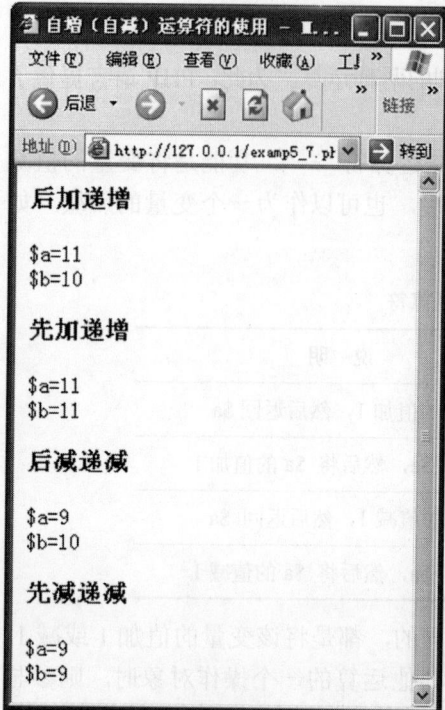

图 5-11　静态变量示例效果图

```
echo  "<h3>后减递减</h3>";
$a=10;
$b=$a--;
echo '$a='.$a.'<br/>';
echo '$b='.$b.'<br/>';
echo  "<h3>先减递减</h3>";
$a=10;
$b=--$a;
echo '$a='.$a.'<br/>';
echo '$b='.$b.'<br/>';
?>
</body>
</html>
```

代码显示结果如图 5-11 所示。

程序说明：表达式 $b=++$a; 的运算等价于 $a=$a + 1, $b=$a, 即先把变量 $a 的值加 1, 然后再把加 1 后的 $a 值赋给 $b。

表达式 $b=$a++; 的运算等价于 $b =$a, $a =$a + 1 即先把变量 $a 的值赋给 $b, 然后 $a 的值加 1。

"--" 运算符作为变量的前缀和后缀，其运算过程与 "++" 运算符类似。

5.4.8　字符串连接运算符

PHP 中有两个字符串运算符。第一个是连接运算符（"."），它返回其左右参数连接后的字符串；第二个是连接赋值运算符（".="），它将右边参数附加到左边的参数后。举例如下。

【例 5.8】字符串连接运算符使用示例。

源代码：

```
<html>
<head>
        <title>字符串连接运算符</title>
</head>
<body>
        <?php
        $a=" 北京 ";
        $b=" 欢迎您! ";
        echo $a.$b;
        $a=" 中国人民 ";
        $a.=" 欢迎您! ";        // 相当于 $a=$a." 欢迎您! ";  现在 $a 为 " 北京欢迎您! "
```

```
    echo $a;
    ?>
</body>
</html>
```

代码显示结果如图 5-12 所示。

图5-12 字符串连接运算符效果图

5.4.9 运算符的优先顺序和结合规则

运算符的优先级决定了表达式中的运算顺序。例如，表达式 1+5*3 的结果是 16 而不是 18，因为乘号（"*"）的优先级比加号（"+"）高。必要时可以用括号来强制改变优先级，例如：(1+5)*3 的值为 18。表 5-8 从低到高列出了运算符的优先级。

表5-8 运算符的优先级

结合方向	运算符
左	,
左	or
左	xor
左	and
右	print
右	= += -= *= /= .= %= &= |= ^= ~= <<= >>=
左	? :
左	||
左	&&
左	|
左	^
左	&

续 表

结合方向	运算符
无方向性	== != === !==
无方向性	< <= > >=
左	<< >>
左	+ - .
左	* / %
右	! ~ ++ -- (int) (float) (string) (array) (object) @
右	[
无方向性	new

习题 5

一、选择题

1. （　）值可以用十进制、十六进制或八进制符号指定，前面可以加上可选的符号（- 或者 +）。

    A. 浮点型　　　　B. 字符串型　　　　C. 转义字符　　　　D. 整型

2. 一个数组（　）就是把一系列数字或字符串作为一个单元来处理。

    A. array　　　　B. object　　　　C. integer　　　　D. float

3. 常量就是从声明开始，值一直不变的量。PHP 定义了一些常量，而且提供函数让用户自己定义常量，比如可以使用（　）函数来定义一个常量。

    A. resource　　　B. define()　　　C. NULL　　　　D. test()

4. PHP 中有两个字符串运算符。第一个是连接运算符（　），它返回其左右参数连接后的字符串；第二个是连接赋值运算符（　），它将右边参数附加到左边的参数后。

    A. "." ".="　　　B. ":" ";"　　　C. "!" "?"　　　D. "+" "-"

二、填空题

1. 在任何一种编程语言中，不管是 _____ 还是 _____ ，都属于某一种数值类型。不同类型的数值的操作是不一样的，如让两个字符串相乘是不可能的。

2. 两种复合类型：数组 _____ 和对象 _____ 。

3. 另一种给字符串定界的方法使用 _____ 语法（"<<<"）。应该在 "<<<" 之后提供一个标识符，然后是字符串，最后是同样的标识符结束字符串。

第 6 章
PHP 的基本控制语句

6.1 表达式
6.2 分支控制语句
6.3 循环控制语句
6.4 函数

任务单六

项目 名称	PHP流程控制语句练习
能力 目标	1. 会在 PHP 网页中使用分支控制语句； 2. 会使用 switch 流程控制语句； 3. 会在 PHP 网页中使用循环控制语句； 4. 会使用 do...while 循环控制语句； 5. 会使用 break 和 continue 语句跳出循环。
任务 描述	新建一个 PHP 网页，并对本章学过的内容进行练习： 1. 使用流程控制语句改变原始的程序执行顺序； 2. 使用 if...else 语句进行练习； 3. 使用 function 关键字自定义函数； 4. 使用传递参数的方法调用刚刚定义的函数； 5. 使用 foreach 方法遍历数组元素。

6.1　表达式

操作数和操作符组合在一起即组成表达式。表达式是由一个或者多个操作符连接起来的操作数，用来计算出一个确定的值。在 PHP 的代码中，使用分号来区分表达式，可以这样理解：一个表达式再加上一个分号，就是一条 PHP 语句。

最基本的表达式是常量表达式，如 12、'a'、"abc" 等。

下面逐步讨论越来越复杂的表达式：

```
-12+14*(24/12)

(-12+14*(24/12))&&calculate_total_cost()
```

实际上，在不考虑复杂性的情况下，每个表达式都是由较小的表达式和一个或多个操作数共同组成的。当使用要定义的概念为该概念下定义时，这称为递归。当一个递归完成时，表达式能被分成更简单的部分，直到计算机能够完全执行每一部分。

6.1.1　简单表达式

简单表达式是由一个单一的赋值符或一个单一函数调用组成的。由于这些表达式很简单，所以也没有必要过多讨论。下面是一些例子：

```
initialize_pricing_rules()                      //调用函数
$str_first_name='John'                          //初始化变量
$arr_first_names=array('John','Marie')          //初始化数组
```

6.1.2　有副作用的简单表达式

表达式在它的主要任务之外，还有其他的副作用。当一个或多个变量改变了它们的值，并且这些改变并不是赋值操作符的操作结果时，就会出现这种副作用。例如，一个函数调用可以设置全局变量（全局变量是指在函数内部用 global 关键字指定的变量），或者用加 1 操作符也可以改变变量的值。副作用会使得程序很难读懂，因此编程的一个目标就是应该尽可能地减少这种副作用。

不使用 global 关键字是避免副作用的一个好方法。下面是一些有副作用的表达式例子：

```
$int_total_glasses=++$int_number_of_glasses
/* 变量 $int_number_of_glasses 在加 1 后，再把值赋予 $int_total_glasses*/
function one(){
global $str_direction_name;$str_directory_name='/doc_data';
}
/* 当 one() 函数调用后，全局变量的值将被改变 */
```

6.1.3 复杂表达式

复杂表达式可以以任何顺序使用任意数量的数值、变量、操作符和函数。

以下是一些例子：

```
(10+2)/count_fishes()*114          // 包含 3 个操作符和一个函数调用的复杂表达式
Initialize_count(20-($int_page_number-1)*2)   // 有 1 个复杂表达式参数的简单函数调用
```

说明：

需要注意的是，有时候很难分清左括号和右括号的数目是否相同，那么就从左到右，当左括号出现时，就加 1，当右括号出现时，就从总数中减 1。如果在表达式的结尾，总数为零时，左圆括号和右圆括号的数目就一定相同了。

某些 PHP 编辑软件提供左、右括号的高亮显示，比如 UltraEdit 就有这样的功能，要擅长利用软件提供的辅助功能，提高程序开发效率。

6.2 分支控制语句

分支控制语句是结构化程序设计语言中重要的内容，也是最基础的内容。常用的控制结构有 if...else 和 switch 等。PHP 的这一部分内容是从 C 语言中借鉴过来的，它们的语法几乎完全相同，所以如果用户熟悉 C 语言，就可以很容易地掌握这部分内容。

6.2.1 单分支 if 语句

if 语句是许多高级语言中重要的控制语句，PHP 也不例外。使用 if 语句可以按照条件判断来执行语句，增加了程序的可控制性。PHP 中的 if 语句和 C 语言中的用法是相同的。

1. 语法格式

单分支条件语句的一般格式如下：if (表达式) 语句。

2. 执行过程

首先计算"表达式"的值，当"表达式"的值为真（非 0）时，执行其后的语句；否则，跳过其后的语句。其执行过程如图 6-1 所示。

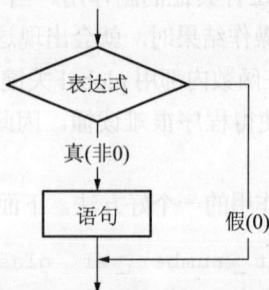

图 6-1 单分支 if 语句的执行过程

下面的代码运行时输出 a is bigger than b。

```
<?php
$a=3;
```

```
$b=2;
if($a>$b)
echo "a is bigger than b";
?>
```

说明:

通常情况下, if语句并不是一句, 而是几句组成的片段。这时可以使用"{}"括号来把这些语句括起来。下面的代码输出"a is bigger than b"同时把$a的值赋给$b。

```
<?php
$a=3;
$b=2;
if($a>$b)
{
echo "a is bigger than b";
$b=$a;
}
?>
```

if语句可以无限嵌套, 所以if语句很灵活, 可以满足用户的多种需要。

6.2.2　双分支if语句

1. 语法格式
双分支条件语句的一般格式如下。

```
if(表达式) 语句1;
else   语句2;
```

2. 执行过程
首先计算"表达式"的值, 当"表达式"的值为真(非0)时, 执行if后面的语句; 否则, 执行else后面的语句。其执行过程如图6-2所示。

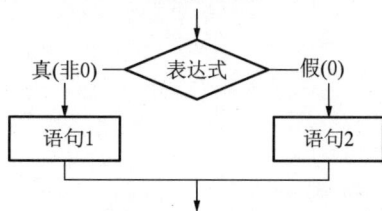

图6-2　双分支if语句的执行过程

例如下面的代码:

```
<?php
if($a>$b)
echo  "a is bigger than b";
else
```

```
echo  "a is not bigger than b";
?>
```

上面的语句如果 $a 大于 $b，则输出 "a is bigger than b"；否则，输出 "a is not bigger than b"。

6.2.3　多分支的if…else语句

if 和 else 子句中可以是任意合法的语句，当然也可以是 if 语句，如果是 if 语句，则称为 if 语句的嵌套。

1. 语法格式

多分支条件语句的一般格式如下：

```
if（表达式1）语句1
else  if（表达式2）语句2
else  if（表达式3）语句3
    …
else  if（表达式n）语句n
else 语句n+1
```

2. 执行过程

首先判断"表达式 1"的值，当"表达式"的值为真（非 0）时，执行语句 1；否则，判断"表达式 2"的值，当"表达式 2"的值为真（非 0）时，执行语句 2；否则，依次判断下去，如果所有表达式的值都不为真，则执行 else 后面的语句。如果其中有一个表达式的值为真，那么它的语句将被执行，因些，剩下的表达式将不会被判断，程序直接从控制结构中跳出，执行后续代码。例如以下代码。

【例 6.1】多分支条件语句使用示例。

源代码：

```
<html>
<head>
        <title> 多分支的 if _ else 语句 </title>
</head>
<body>
        <?php
        $a=2;
        $b=3;
        if($a>$b) echo "a is bigger than b";
        else if($a==$b) echo "a is equal to b";
        else echo "a is not bigger than b";
        ?>
</body>
</html>
```

代码显示结果如图6-3所示。

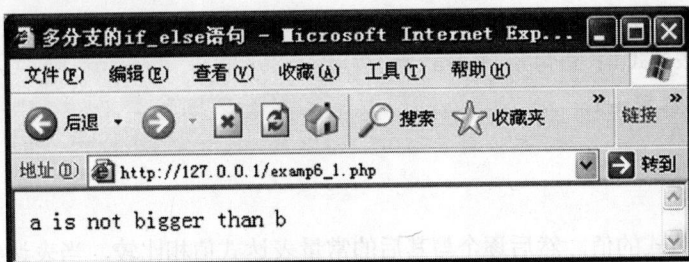

图6-3　多分支条件语句效果图

6.2.4　if语句的交互语法if…endif

PHP 提供了 if 语句的另外一种使用方法，这个用法也适用于 for、while、foreach、switch 等控制结构语句。具体适用方法是在 if 语句判断表达式的后面添加“：”，并在最后用 endif 来结束这一段控制语句。例如：

```php
<?php
if($a==5):?>
A is equal to 5
<?php endif?>
```

上面的语句中，“A is equal to 5”嵌套在 if 语句中，如果 $a 等于 5，就输出这条语句，否则就忽略这条语句。这个用法同样适用于 elseif 语句，例如：

```php
if($a==5):
print "a equals 5";
print "…";
elseif($a==6):
print "a equals 6";
print"!!!"
else:
print "a is neither 5 nor 6";
endif;
```

作为 PHP 所特有的语法，作者建议尽量少地采用这种用法。

6.2.5　switch语句

C 语言还提供了 switch 语句，用来实现多分支选择结构。

1. 语法格式

switch 语句的一般格式如下：

```
switch(表达式)
{
  case 常量表达式1：语句1；break;
```

125

```
case 常量表达式 2: 语句 2; break;
...
case 常量表达式 n: 语句 n; break;
default: 语句 n+1;
}
```

2. 执行过程

首先计算表达式的值，然后逐个与其后的常量表达式值相比较，当表达式的值与某个常量表达式的值相等时，即执行其后所有的语句。如表达式的值与所有 case 后的常量表达式均不相等时，则执行 default 后的语句。执行过程如图 6-4 所示。

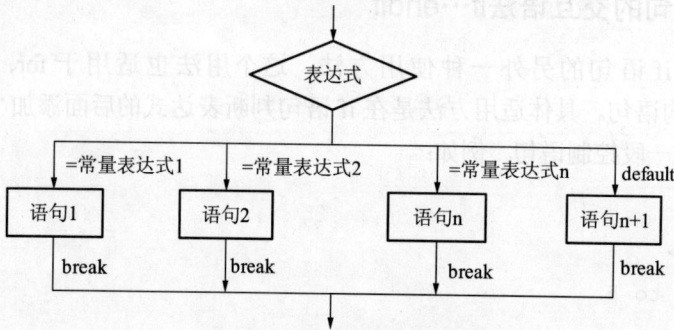

图 6-4　switch 语句执行过程图

【例 6.2】switch 语句使用示例：判断一个整型变量的值，当数值是 1 或 2 时，输出 A；数值是 3 时输出 B；数值是 4 时，输出 C；输入其他数时输出 D。

源代码：

```
<html>
<head>
        <title>switch 语句使用示例 </title>
</head>
<body>
        <?php
        $expr=1;
        switch($expr)
        {
        case 1:
        case 2: echo("A"); break;
        case 3: echo("B");  break;
        case 4: echo("C");  break;
        default: echo("D");
        }
        ?>
```

```
</body>
</html>
```

代码输出结果如图6-5所示。

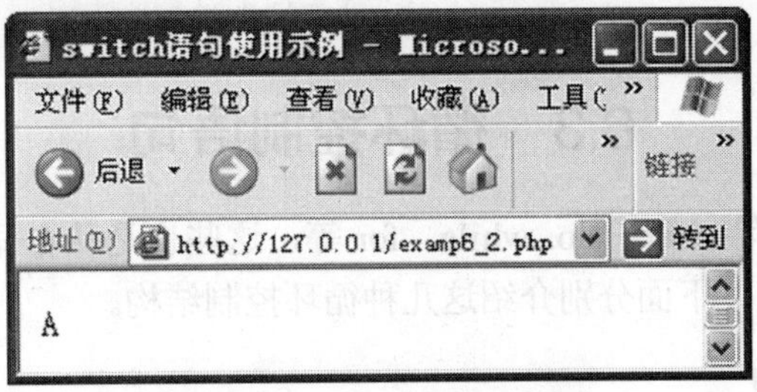

图6-5　switch语句运行结果

使用switch语句可以避免大量地使用if...else控制语句。switch语句中的表达式是唯一的，而不像else if语句中会有其他的表达式。

弄清楚switch语句的具体执行过程是非常有必要的，不然很容易错误地使用这一结构。switch语句是一行一行执行的，开始时并不执行什么语句，只有在表达式的值和case后面的数值相同时才开始执行它下面的语句，如果break没有语句，程序会继续一行一行地执行下去，当然也会执行其他case语句下的语句。例如：

```
switch($expr)
{
case 1:
case 2: echo("A");
case 3: echo("B");
case 4: echo("C");
default: echo("D");
}
```

如果变量$expr的值为1，那么上面的程序会把4个语句都输出；如果$i为3，会输出后面三个语句；只有当值为1、2、3、4以外的值时才能得到预期的结果。所以一定要注意使用break语句来跳出switch结构。case后面的语句可以为空。这时的结果在多种情况下，执行相同的语句。本例case 1: 后面的语句为空，它与case 2: 后面的语句执行相同的语句。在$expr的值为1或2的情况下都输出"A"。

switch控制结构中还有一个特殊的语句default。如果表达式的值和前面所有的情况都不相同，就会执行最后的default语句。

switch控制结构中表达式的值可以是任何一种简单的变量类型，如整数、浮点数或字符串，但是表达式不能是数组或对象等复杂的变量类型。

最后，switch语句也有另外一种表示形式，例如：

```
switch($expr)
case 1:
case 2: echo("A"); break;
```

```
case 3: echo("B"); break;
case 4: echo("C");  break;
default: echo("D");
endswitch;
```

6.3 循环控制语句

PHP 中的循环语句有 while、do...while、for 等，这些也是从 C 语言中借鉴过来的，其中每种结构都有自己的特点。下面分别介绍这几种循环控制结构。

6.3.1 while语句

1. 语法格式

while 语句是 PHP 中最为简单的循环语句。while 语句是当型循环语句，一般形式为：

while< 表达式 > 循环语句；

其中 while 为语句的关键词，表达式为循环条件，循环语句部分一般包括两部分：循环体和步长，所以一般由多条语句构成，应使用复合语句，以符合语法规范的要求。

2. 执行过程

当表达式的值为真时，就执行循环语句。执行完毕后，再次检查表达式语句是否为真，为真再次执行循环语句，否则就跳出循环，按照流程向下执行。执行过程如图 6-6 所示。

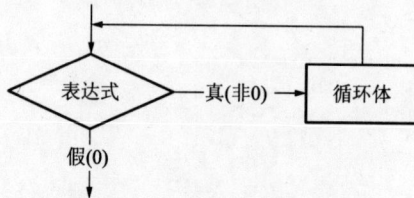

图 6-6 while 语句执行过程

一般来说，在循环语句中要有改变表达式中的变量值，否则很可能成为死循环。如果在第一次循环条件表达式就为假，循环语句就不被执行。请看下面的例子：

```
<?php
$i=1;
while($i<=10)
{
echo $i++;  /* 先输出 $i 的值，然后 $i 加 1*/
}
?>
```

和 if 语句一样，可以把多条语句组成一个片段用 "{}" 括起来，也可以使用另外一种方法：

```
while( 表达式 ):
```

循环语句；

endwhile；

例如，上面程序中的 while 部分就可以表示为：

```
while($i<=10):
echo  $i;
$i++;
endwhile;
...
```

6.3.2　do…while语句

1. 语法格式
在 C 语句中，直到型循环的语句是 do…while，它的一般形式为：

```
do
{
语句
}while( 表达式 );
```

2. 执行过程
do…while 语句的流程图如图 6-7 所示，其基本特点是：先执行后判断，因此，循环体至少被执行一次。

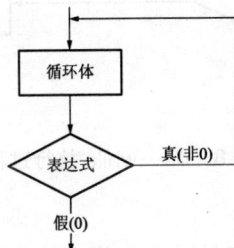

图 6-7　do…while 执行过程图

do…while 语句和 while 语句基本是一样的。它们的主要不同点是，while 语句在循环体内的语句执行之前检查条件是否满足，而 do…while 语句则是先执行循环体内的语句，然后才判断条件是否满足，如果满足就继续循环，不满足就跳出。

do…while 语句的用法如下代码所示：

```
$i=0;
do{
echo  $i;
}while($i>0);
```

在上面的一段程序中，循环体内的语句只执行一次，因为 $i 本身不满足条件判断。有经验的程序员经常使用 do…while 和 break 配合，来实现从程序的中间跳出。

6.3.3 for语句

1. 语法格式

for 语句是循环控制结构中使用最广泛的一种循环控制语句，特别适合已知循环次数的情况。它的一般形式为：

for(表达式 1；表达式 2；表达式 3)　语句

for 语句从结构上很好地体现了循环控制应注意的三个问题：①循环的初始条件；②循环条件；③循环的步长。

表达式 1：循环的初始条件，一般为赋值表达式，给循环的控制变量赋初值。

表达式 2：循环条件，该表达式的值为逻辑量，一般为关系表达式或逻辑表达式。

表达式 3：循环的步长，一般为赋值表达式。

语句：循环体，当有多条语句时，必须使用复合语句。

2. 执行过程

for 循环的流程图如图 6-8 所示。

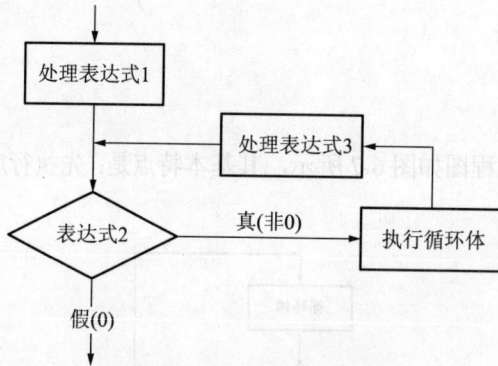

图 6-8　do…while 执行过程图

其执行过程如下。

首先计算表达式 1，然后计算表达式 2，若表达式 2 的逻辑值为 1，则执行循环体；否则，退出 for 循环，执行 for 循环后的语句。如果执行了循环体，则循环体每执行一次，都计算表达式 3，然后重新计算表达式 2，依此循环，直至表达式 2 的逻辑值为 0，退出循环。

上面的 3 个表达式都可以省略。表达式 2 为空，代表循环将无限制地进行下去。用户可能会怀疑这样有什么作用。在很多情况下，程序将在循环体内部适当的地方通过 break 语句来跳出。

程序段 1：

```php
<?php
for($i=1;$i<=10;$i++)
{
echo $i;
}
?>
```

上例是最为经典也最为常用的表示方法。另外还可以用别的形式达到相同的目的。例如改为程序段 2 或程序段 3。

程序段 2：

```
for($i=1;;$i++)
{
if($i>10){ break; }
echo $i;
}
```

程序段 3：

```
$i=1;             /* 将表达式 1 在循环前面写出; */
for(;;)
{
if($i>10){ break; }
echo $i;
$i++;
}
```

程序段 4：

```
for($i=1;$i<=10; echo $i,$i++);
```

从这几个例子中可以知道在很多情况下，for 循环语句中可以使用空表达式。当然，for 循环语句也有另外一种表示方法：

```
for(expr1;expr2;expr3):statement;…;endfor;
```

和许多其他语言一样，PHP 4.0 及其以上版本中也有一个用来遍历数组的控制结构 foreach。要实现这样的目的，可以在 while 循环中使用 list() 和 each() 函数的组合。

foreach 结构的语法如下：

```
foreach(array _ expression as $value) statement
foreach(array _ expression as $key=>$value) statement
```

在第 1 种形式下，每次执行的时候，会把数组 array_expression 当前元素的值赋给变量 $value，然后指向下面一个数组元素以便再次调用时得到下面一个元素的值。第 2 种形式和第 1 种形式类似，不同的是调用时数组元素的关键字会被赋给变量 $key。第 2 种形式更为常用一些。

注意，在每次开始使用 foreach 时，会自动指向数组的第 1 个元素，所以没有必要在开始时使用 reset() 函数。执行 foreach 时实际上是在调用数组的一个复制而不是数组本身，所以它和 each 语句执行时是不一样的。

下面两段程序所起的作用是相同的：

```
reset($arr);
```

```
while(list(,$value)=each($arr)){
echo "Value:$value<br>\n";
}
```

和

```
foreach($arr as $value){
echo "Value:$value<br>\n";
}
```

接下来的两段也是相同的：

```
reset($arr);
while(list($key,$value)=each($arr)){
echo "Key:$key;Value:$value<br>\n";
}
```

和

```
foreach($arr as $key=>$value){
echo "Key:$key;Value:$value<br>\n";
}
```

为了方便用户理解，再给出几个程序段：

```
/* 程序段 1：只获取数组的值 */
$a=array(1,2,3,17);
foreach($a as $v){
print "Current value of \$a:$v.\n";
}
```

```
/* 程序段 2：为了说明用法也输出了数组的关键字 */
$a=array(1,2,3,17);
$i=0;
foreach($a as $v){
print "\$a[$i]=>$v.\n";
$i++;
}
```

```
/* 程序段 3：关键字和值同时获取 */
$a=array(
"one"=>1,
"two"=>2,
"three"=>3,
"seventeen"=>17
```

```
);
foreach($a as $k=>$v){
print "\$a[$k]=>$v.\n";
}
```

6.3.4　break语句

在 switch 语句中，break 语句的作用是终止 switch 语句，继续执行 switch 的后续语句。break 语句也可以在循环体中使用，作用是结束循环，继续执行循环的后续语句。

【例 6.3】break 语句示例。

源代码：

```
<html>
<head>
        <title> break 语句示例 </title>
</head>
<body>
        <?php
        $arr=array('one','two','three','four','stop','five');
        while(list(,$val)=each($arr))
        {
        if($val=='stop') { break;}
        echo    "$val<br>";
        }
        ?>
</body>
</html>
```

代码输出结果如图 6-9 所示。

图 6-9　break 语句运行结果

break 语句后面可以跟一个数字，用来在嵌套的控制结构中表示跳出控制结构的层数。下面看一个使用数字参数的例子。

【**例 6.4**】用数字参数控制 break 跳出层数。

源代码：

```html
<html>
<head>
    <title> break 语句示例 </title>
</head>
<body>
    <?php
    $i=0;
    while(++$i)
    {
     switch($i)
     {
     case 5:  echo '$i'." is  5 <br>\n";  break 1;  /*只是退出switch结构*/
     case 10:  echo '$i'." is  10<br>\n"; break 2;  /*退出switch和while结构*/
     default: break;
     }
    }
    ?>
</body>
</html>
```

代码输出结果如图 6-10 所示。

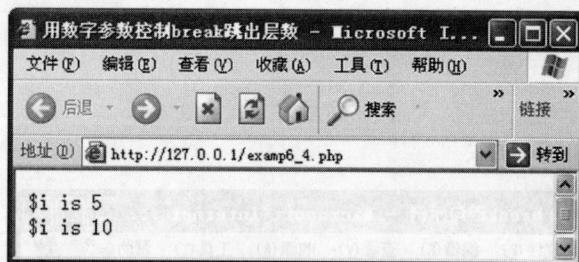

图 6-10　用数字参数控制 break 跳出层数

说明：
break 数字; 语句之间有一个空格。

6.3.5　continue 语句

continue 语句用来跳出循环体，不去执行循环体下面的语句，而是回到循环判断表达式，并决定是否继续执行循环体。continue 语句后面同样可以跟一个数字，它的作用和 break 语句相同。

【**例 6.5**】continue 语句示例：求 1+2+4+5+7+8+10 的和。

源代码：

```html
<html>
<head>
        <title> 求 1+2+4+5+7+8+10 的和 </title>
</head>
<body>
        <?php
        for($i=1;$i<=10;$i++)
         {if($i%3==0) continue;
            $sum+=$i;
        }
        echo'1+2+4+5+7+8+10='."$sum";
        ?>
</body>
</html>
```

代码输出结果如图 6-11 所示。

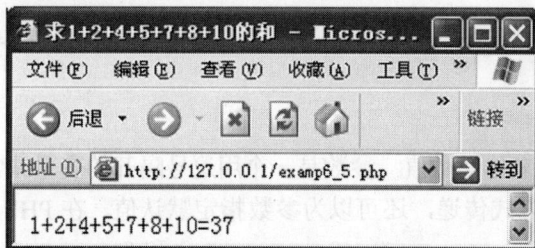

图 6-11　用数字参数控制 break 跳出层数

6.4　函数

在 PHP 中，用户可以自己定义一个函数。定义函数的基本语法如下：

```php
function foo($arg _ 1,$arg _ 2,...,$arg _ n)
{
echo "Example function.\n";
return $retval;
}
```

任何合法的 PHP 语句都可以出现在函数体内，包括其他函数或类的定义。在 PHP 3.0 中，函数定义必须位于函数调用之前，而在 PHP 4.0 之后并没有这样的限制。PHP 不支持函数的重载，所以不能重复定义一个函数。

6.4.1　返回值

函数可以通过 return 语句返回一个值。函数的返回值可以是任何数据类型，也可以是数组或者对象。

```
function square($num){
return $num*$num;
}
echo square(4);// 输出 '16'
```

一般来说不能从函数中返回多个值，但可以返回一个数组。例如：

```
function small_number(){
return array(0,1,2);
}
list($zero,$one,$two)=small_number();
```

如果要返回一个"指针"，就必须在函数声明时使用符号"&"。例如：

```
function &returns_reference(){
return $someref;
}
$newref=&returns_reference();
```

6.4.2 参数

函数可以通过参数来传递数值。参数是一个用逗号隔开的变量或常量的集合。参数可以传递值，也可以以引用方式传递，还可以为参数指定默认值。在 PHP 4.0 中可以得到参数的数量，用户可以参考 func_num_args()、func_get_arg() 和 func_get_args() 函数来获得更多的信息。

1. 引用方式传递参数

默认情况下函数参数是通过值进行传递的，所以如果在函数内部改变参数的值，并不会体现在函数外部。如果希望一个函数可以修改其参数，就必须通过引用方式传递参数。

如果希望始终以引用方式传递参数，可以在函数定义中，在参数名前预先添加一个符号"&"。请看例子：

```
function add_some_extra(&$string){
$string.='and something extra.';
}
$str='This is a string,';
add_some_extra($str);
echo $str;// 输出 'This is a string,and something extra.'
```

2. 默认值

函数可以按照以下方式为变量参数定义 C++ 型的默认值：

```
function makecoffee($type="cappucino"){
return "Making a cup of $type.\n";
```

```
}
echo makecoffee();
echo "<br>";
echo makecoffee("espresso");
```

上述代码段的输出结果为：

```
Making a cup of cappucino.
Making a cup of espresso.
```

默认值必须是常量表达式，而不应该是变量或类成员。在 PHP 4.0 中还可以为默认值的参数指定 unset，这意味着如果没有提供值就不能设置该参数。

在使用默认参数时，任何默认项都必须位于非默认参数的右侧，否则就得不到通常所期望的结果。

6.4.3　变量函数

PHP 支持变量函数的概念：用户可以在一个变量的后面添加 ()，这时 PHP 会寻找与变量名同名的函数，并执行它。也就是说，可以通过改变变量的值来调用不同的函数。例如，下面的例子中首先声明了两个函数 foo() 和 bar()，然后初始化这两个变量，它们的值分别为 foo 和 bar，最后使用变量调用函数。

【例 6.6】变量函数示例。

源代码：

```
<html>
<head>
        <title> 变量函数 </title>
</head>
<body>
        <?php
        // 定义 foo() 函数
        function foo(){
        echo " 调用 foo() 函数 <br>\n";
        }
        // 定义 bar() 函数
        function bar($arg=''){
        echo " 调用 bar() 函数 ; 参数是 '$arg'.<br>\n";
        }
        $func='foo';
        $func();// 使用变量调用函数 foo()
        $func='bar';
        $func('test');// 使用变量调用函数 bar()
        ?>
```

```
</body>
</html>
```

代码输出结果如图 6-12 所示。

上面的 PHP 代码先调用函数 foo()，然后以参数 test 调用 bar()，执行结果如图 6-3 所示。

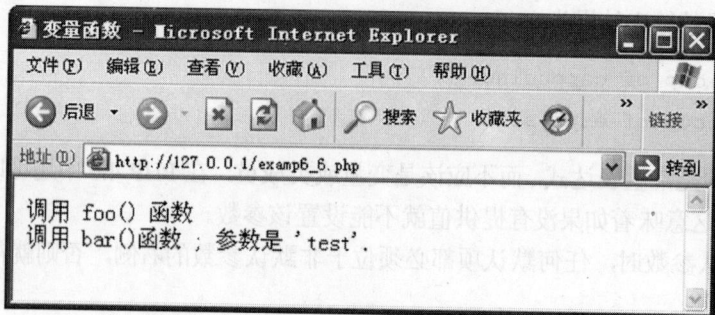

图 6-12　变量函数示例

习题 6

一、选择题

1. 操作数和操作符组合在一起即组成（　　）。
   A. 函数　　　　B. 表达式　　　　C. 数组　　　　D. 对象

2.（　　）语句是所有的循环控制语句中最为复杂的。
   A. while　　　B. do…while　　C. for　　　　D. switch

3.（　　）语句是许多高级语言中重要的控制语句，PHP 也不例外。
   A. if　　　　　B. switch　　　C. while　　　D. for

4. 使用（　　）语句可以避免大量地使用 if…else 控制语句。
   A. switch　　　B. while　　　C. for　　　　D. foreach

二、填空题

1. else 语句通常和 if 语句配合使用。首先提供一个表达式来进行条件判断，如果表达式的值为_____，则执行 if 后面的语句；如果表达式的值为_____，则执行 else 后面的语句。

2. 分支控制语句是结构化程序设计语言中重要的内容，也是最基础的内容。常用的控制结构有_____和_____等。PHP 的这一部分内容是从 C 语言中借鉴过来的，它们的语法几乎完全相同，所以如果用户熟悉 C 语言，就可以很容易地掌握这部分内容。

3. PHP 中的循环语句有_____、_____、_____等，这些也是从 C 语言中借鉴过来的，其中每种结构都有自己的特点。

第 7 章
PHP 实用小程序

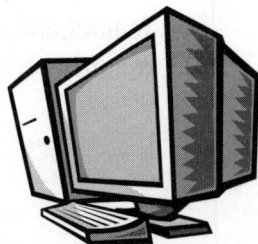

任务单七

项目 名称	为企业某网站制作计数器
能力 目标	1. 会使用 fopen("","r") 只读方法打开文本文档； 2. 会使用 fopen("","w") 写入方法打开文本文档； 3. 会使用图片制作计数器； 4. 会使用 require 函数调用计数器代码； 5. 会使用学过的知识对制作的计数器进行美化处理。
任务 描述	在一个企业网站的主页底部，调用自己设计的计数器程序： 1. 使用文本文档的方法制作计数器程序； 2. 使用 fopen( ) 方法打开并写入浏览网页的次数； 3. 使用 require 方法调用刚刚设计制作的代码； 4. 使用浏览器测试计数器； 5. 使用图片计数器的知识对制作好的计数器进行加工。

7.1　文本计数器

当你上网的时候，在各种各样的互联网站上可以看到样式不同的计数器，它们可以说明网站被访问的情况。如果你自己的主页上有这样的计数器，就可以随时了解主页的最新访问信息。这些计数器虽然样式不同，但是原理都是一样的，下面就学习怎样制作一个计数器。

首先看看计时器的设计思路：如果第一位访问者浏览你的网页，服务端（PHP 程序）从一个文本文件（如 counter.txt）中读取该页已被访问的次数，把这个次数加 1 后存回 counter.txt，并在浏览器中显示加 1 后的次数。如果第二位访问者浏览此页，服务器又重复上述过程，这样依次下去，当每一位访问者浏览网页时都重复以上的过程，就实现了访客计数。

7.1.1　PHP的文件操作

要实现一个计数器，首先要有一个存放计数值的地方。在没有学习使用数据库前，来看看怎样使用文本文件来存放计数值。对于文本文件读者应该不会陌生，Windows 操作系统中经常使用文本文件，事实上，常用到的 EditPlus 就是一个文本文件编辑器。

说明：

为了使用文本文件，PHP 提供了以下文件系统函数。为简化起见，本书中仅提供部分常用文件系统函数，详细内容请参考《PHP 手册》官方版本。

1. 打开文件操作

格式：int fopen(string filename,string mode)；

其中 string filename 是要打开的文件名，必须为字符串形式。例如"num.txt"。

string mode 是打开文件的方式，必须为字符形式。它可以是以下的方式之一。

"r"：文件只读，文件指针指向文件的开头。

"r+"：文件可读可写，文件指针指向文件的开头。

"w"：文件只写，文件指针指向文件的开头，把文件长度截成 0，如果文件不存在，将尝试建立文件。

"w+"：文件可读可写，文件指针指向文件的开头，把文件长度截成 0，如果文件不存在，将尝试建立文件。

"a"：文件追加形式（只能写入），文件指针指向文件的最后，如果文件不存在，将尝试建立文件。

"a+"：文件可读可写，文件指针指向文件的最后，如果文件不存在，将尝试建立文件。

说明：

它的作用是打开一个文件，每次使用文件之前，都要进行文件打开的操作。

2. 读文件操作

格式：string fgets(int fp,int length)；

int fp 为读入数据的文件流指针，由 fopen 函数返回数值。

Int length 为读入的字符个数，实际读入的字符个数是 length-1。

说明：

当打开一个文件后，用此函数可以读取文件的内容。

3. 写文件操作

格式：int fputs(int fp,string str,int [length]);

int fp 为写入信息的文件流指针，由 fopen 函数返回数值。

string str 为写入文件的字符串。

int [length] 为写入字符串的长度，如果没有 length，则整个字符串将被写入，否则，写入 length 长度个字符。

说明：

当打开一个文件之后，用此函数可以把一个字符串写入该文件。

4. 关闭文件操作

格式：int fclose(int fp);

int fp 为 fopen 函数返回的文件流指针。

说明：

当对已打开的文件操作完毕后，要使用该函数来关闭这个打开的文件。

7.1.2 文本计数器

下面就用前面的文件系统函数来实现一个简单的计数器。在 EditPlus 或其他的文本编辑工具中输入下列代码，再取名为"counter.php"，并保存到 C:\AppServ\www 文件夹中。

【例 7.1】文本计数器示例。

源代码：

```
<html>
<head>
        <title>文本计数器 </title>
</head>
<body>
        <?php
        $count _ num=0;
        if(file _ exists("counter.txt")) // 如果存放计数器文件已经存在，读取其中的内容
        {
        $fp=fopen("counter.txt","r");
        /*************************
以只读方式打开 counter.txt 文件,counter.txt 用来存放计数器的值
*************************/
        $count _ num=fgets($fp,9);      // 读取计数器的前 8 位数字
        $count _ num++                  // 浏览次数加 1
```

```
fclose($fp);                        // 关闭文件
}
$fp=fopen("counter.txt","w");
/**************************
以只写的方式打开 counter.txt 文件，把最新的计数值放入该文件中
**************************/
fputs($fp,$count _ num);            // 写入最新的值
fclose($fp);                        // 关闭文件
echo"<CENTER>您是第 $count _ num 位顾客，呵呵 </CENTER>";
/**************************
```

在浏览器中输出浏览次数。

注意在"$count _ num"与后面的文字之间有一个空格。

如果没有空格，计算机会认为有一个变量名字叫做"count _ num 位顾客，呵呵"，为避免歧义的出现，可以利用字符串连接运算符，改为：

```
echo  "<CENTER>您是第 $count _ num"." 位顾客，呵呵 </CENTER>";
**************************/
?>
```

```
</body>
</html>
```

然后打开 Internet Explorer 浏览器，在地址栏中输入"http://127.0.0.1/counter.php"，就可以看到如图 7-1 所示的网页。

图 7-1　文本计数器效果图

当访问 counter.php 页面之后，系统会在 counter.php 页面的同级文件夹内生成一个 counter.txt 文本文件，该文件内容非常简单，就是一个罗马数字。如果你希望人工改变计数器的值，可以直接将该数字更改；如果你希望将计数器归零，可以直接删除该 counter.txt 文件，当再次访问 counter.php 页面时，计数器将自动归零。

在以上程序中，作者加入了大量的注释，便于在读程序的时候容易看懂，后续的程序段落将继续沿袭此风格，在调试程序的时候，可以将注释略去。

7.2　计数器的使用

在 7.1 节中学习了文本计数器，但在网页制作的过程中，不会在一个页面中单独使用一个计数器，它一般都出现在主页面上，作为主页面的底部文字出现。下面就来看看怎样在一个已知的 PHP 文件中调用计数器。

在 EditPlus 或其他的文本编辑工具中输入下列代码，再取名为"req_counter.php"，并保存到 C:\AppServ\www 文件夹中。

【例 7.2】计数器的使用示例。

源代码：

```
<html>
<head>
    <title> 计数器的引用 </title>
</head>
<body>
    <center>《长相思》<BR>
    <hr width="400" color="red" size="1">
    作者: 李白 <BR>
    日色欲尽花含烟，月明欲素愁不眠。<BR>
    赵瑟初停凤凰柱，蜀琴欲奏鸳鸯弦。<BR>
    此曲有意无人传，愿随春风寄燕然。<BR>
    忆君迢迢隔青天，昔日横波目，今作流泪泉。<BR>
    不信妾断肠，归来看取明镜前。<BR></CENTER>
    <hr width="400" color="red" size="1">
    <BR><BR><BR>
    <?
    /*
    以下为 PHP 代码，利用 require 函数，
    调用另外一个 PHP 文件，
    即刚才完成的计数器
    */
    require("counter.php");
    ?>
</body>
</html>
```

打开 Internet Explorer 浏览器，在地址栏中输入"http://127.0.0.1/ req_counter.php"，就可以看到如图 7-2 所示的网页。

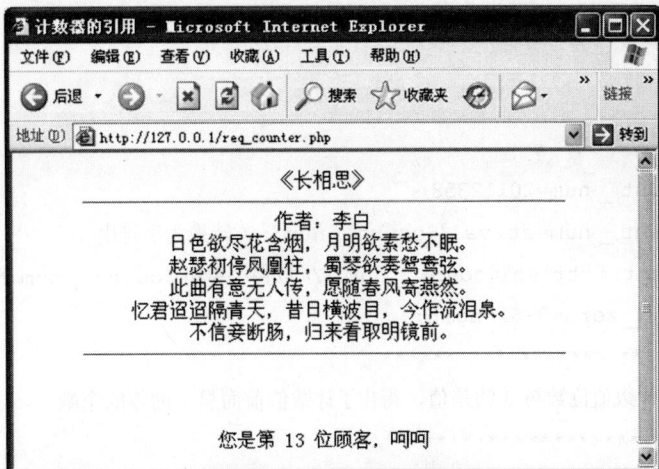

图 7-2　计数器的引用

该程序中发挥了 require 函数的功能，以后还要大量地使用 require 函数来进行 PHP 程序文件间的互相调用。PHP 还提供了另外一种 PHP 文件的调用函数 include，它们的作用是类似的。

7.3　图形计数器

在 7.1 节中学习的计数器是以纯文本的方式来显示计数值的，而现在几乎所有的商业网站提供的计数器都有非常漂亮的外观。如何实现用图形来显示当前的计数值呢？在这里给出一种简易可行的解决方案，可能不是最好的，但却是非常实用的。

首先，需要找到包含 0~9 这 10 个数字的素材图片文件，把它们分别命名为 0.gif~9.gif，并存放在 C:\AppServ\www 目录下的 img 文件夹中，供以后调用时使用。

接下来，就需要考虑如何设计程序了。在这里假定显示值的长度为 9，即最大的显示值是 999999999。如果网站实在太受欢迎，可以随时增加计数长度。这里将要涉及一些字符串处理函数，简要介绍一下它们的语法格式。

strlen——取得字符串长度。

语法：int strlen(string str);

substr——取部分字符串。

语法：string substr(string string,int start,[int length]);

strval——将变量转成字符串类型。

语法：string strval(mixed var);

现在就开始程序的设计。假定已经通过 7.1 节中的程序得到了当前的计数值 $count_num。在这里的程序中，可以直接调用 $count_num 的值。

【例 7.3】图形计数器使用示例。

源代码：

```
<html>
<head>
```

145

```
    <title> 图形计数器 </title>
</head>
<body>
    <?php
    $count _ num=20112358;
    $count _ num=strval($count _ num);// 转换为字符串
    $length=strlen($count _ num);// 取得字符串 $count _ num 的长度
    $num _ zero=9-$length;
    /**************************
    取得计数值位数与 9 的差值，得出了计数值前面显示的零的个数
    ************************/

    for ($i=1;$i<=$num _ zero;$i++){
    echo "<img src=img/0.gif>";
    // 调用 0 对应的图片文件，显示前面的 0
    }
    /* 下面显示真正的计数值 */
    for ($i=0;$i<$length;$i++){
    $temp _ num=substr($count _ num,$i,1);// 由 substr 函数取出数值
    echo"<img src=img/".$temp _ num.".gif>";
    // 使用 HTML 的图片调用来显示技术值对应的图片
    }
    ?>
</body>
</html>
```

假设现在的计数值是 20112358，如果想看到本段程序的运行结果，可以在程序的最开头加入 1 行 $count_num=20112358;，然后运行此程序，结果应如图 7-3 所示。

图 7-3　利用图片显示计数值的结果

如果希望改变计数长度，可以简单地把上面的计数长度"9"改为所需要的长度就可以了。如果希望改变数值显示的样式，可以改变"img"目录下的图片文件为喜欢的样式，非常方便。

将这段程序加到 7.1 节中文本计数器的程序后面，就能够很好地完成使用图片显示当前计数值的任务了。请读者自己动手完成整个图片计数器程序。

利用 PHP 的图形处理函数也可以直接生成图片计数器，其原理主要是把输入的数字图形转化为一张完整的 gif 图片，本书不再赘述，请读者查阅相关《PHP 手册》。

7.4 月历

在常见的网页上，通常在显著位置设计有当前日期和时间的显示，但一般都是简单的数字形式，并且有不少是基于客户端的脚本语句，只会随着客户端的系统时间而显示时间数字，并不能准确地告诉访问者真实的系统访问时间。利用 PHP 动态网页技术，可以将客户访问服务器 Web 资源的时间准确地在页面上显示，尤其是利用 PHP 的时间日期函数和自定义函数，可以在页面上显示极富表现力的月历，如图 7-4 所示。

图 7-4　在客户端动态显示的月历

读者不难猜到，该月历是由 HTML 表格形成的。在客户端打开月历所在的页面后，得到的是包含月历 HTML 代码的页面，即月历只是一个普通的包含 <table> 标签的表格。但是在不同的日期访问该页面，得到的页面是不同的，这样不仅可以保证月历的动态显示，也能真实反映客户端访问页面的准确时间。

在月历制作的过程中，用到了以下几个时间、日期函数：

```
string date(string format[,int timestamp])
```

返回将整数 timestamp 按照给定的格式字串而产生的字符串。如果没有给出时间戳，则使用本地当前时间。

```
int mktime([int hour[,int minute[,int second[,int month[,int day
[,int year[,int is _ dst]]]]]]])
```

根据给出的参数返回 Unix 时间戳。时间戳是一个长整数，包含了从 UNIX 新纪元（1970 年 1 月 1 日）到给定时间的秒数。参数可以从右向左省略，任何省略的参数会被设置成本地日期和时间的当前值。

```
array getdate([int timestamp])
```

返回一个根据 timestamp 得出的包含有日期信息的结合数组。如果没有给出时间戳，则认为是当前本地时间。数组中的单元如下：

"seconds" 秒的数字表示（0 到 59）；

"minutes" 分钟的数字表示（0 到 59）；

"hours" 小时的数字表示（0 到 23）；

"mday" 月份中第几天的数字表示（1 到 31）；

"wday" 星期中第几天的数字表示（0（表示星期天）到 6（表示星期六））；

"mon" 月份的数字表示（1 到 12）；

"year" 4 位数字表示的完整年份（例如：2004）；

"yday" 一年中第几天的数字表示（0 到 366）；

"weekday" 星期几的完整文本表示（Sunday 到 Saturday）；

"month" 月份的完整文本表示（January 到 December）；

除以上三个 PHP 核心函数外，用户还必须自定义三个函数，分别用来完成闰年的判断、每个月份天数的计算和单元格的显示，这三个函数在页面头部首先定义，然后由后续代码调用。

说明：

考虑到该月历会应用在许多不同的页面上，应该美观、精致和小巧，所以在制作过程中，利用样式表对表格做了充分美化，突出显示当前日期，让月历一目了然。

7.4.1 程序

在 EditPlus 或其他的文本编辑工具中输入下列代码，再取名为 "calendar.php"，并保存到 C:\AppServ\www 文件夹中。然后打开 Internet Explorer 浏览器，在地址栏中输入 "http://127.0.0.1/ calendar.php"，就可以看到如图 7-4 所示的月历。

【例 7.4】月历示例。

源代码：

```
<html>
<head>
        <title>月历</title>
</head>
<body>
        <?php

        function leap _ year($year){
        if($year %4 ==0){
        return true;
        }
        else{
```

```
return false;
}
}
/* 以上语句定义判断闰年的函数 */
function setup(){
global $mon _ num;
$mon _ num=array(31,30,31,30,31,30,31,31,30,31,30,31);
global $mon _ name;
$mon _ name=array(" 一 "," 二 "," 三 "," 四 "," 五 "," 六 "," 七 "," 八 "," 九 "," 十 ",
    " 十一 "," 十二 ");
global $firstday;
/* $firstday 是每月的第一天，以上三个全局变量均要在代码正文部分出现 */
if(leap _ year($firstday[year])) {
/* 如果当前时间是闰年。firstday 由程序正文部分得出 */
$mon _ num[1]=29;
}
else{
$mon _ num[1]=28;
}
}
/* 以上定义的函数判断了闰年的 2 月份和非闰年的 2 月份各是多少天 */
function showline($content,$show _ color,$bg _ color){
$begin _ mark="<td width=25 height=5 bgcolor=$bg _ color>";
$begin _ mark=$begin _ mark."<font color=$show _ color>";
$end _ mark="</font></td>";
/* 以上三行为起始标签和终结标签的 HTML 代码显示 */
echo $begin _ mark.$content.$end _ mark;
}
/* 以上函数进行单元格的显示控制 */
?>

<!-- 在页面代码的首部定义三个函数后，下文是月历程序的正式开始: -->
<html><head><title>月历 </title>
<style>
<!--
table{font-size:9pt}
-->
</style><!--CSS 样式表，定义表格字体大小为 9pt-->
</head><body>
```

149

```
<?
$firstday=getdate(mktime(0,0,0,date("m"),1,date("Y")));/* 获得本月第一天日期 */
$today=getdate(mktime(0,0,0,date("m"),date("d"),date("Y")));/* 获得当天日期 */
setup();/* 初始化 */
/* 以下开始表格的表头 */
echo "<center>";
echo "<table border=0 cellpadding=1 cellspacing=1 bordercolor=green>";
echo "<th colspan=7 height=20 bgcolor=#33CCFF>";
echo "<font color=red>";
echo "$firstday[year]年  ".$mon _ name[$firstday[mon]-1]."月  月历 ";
echo "</font>";
echo "</th>";
// 以下准备表格的第一行，先定义星期日、一 ...
$weekDay[0]=" 日 ";
$weekDay[1]=" 一 ";
$weekDay[2]=" 二 ";
$weekDay[3]=" 三 ";
$weekDay[4]=" 四 ";
$weekDay[5]=" 五 ";
$weekDay[6]=" 六 ";

echo "<tr align=center valign=center>";
for($dayNum=0;$dayNum<7;$dayNum++)
{showline($weekDay[$dayNum],"red","#00FF99");}
echo "</tr>";

$toweek=$firstday[wday];/* 本月的第一天是星期几 ( 星期中第几天 :wday)*/
$lastday=$mon _ num[$firstday[mon]-1];/* 本月的最后一天是几号，因是
    $mon _ num 数组，故要下标减 1*/
$day _ count=1;/* 当前应该显示的天数 */
$up _ to _ firstday=1;/* 是否显示到本月的第一天，用于累加计算开头显示的空格 */
for ($row=0;$row<=($lastday+$toweek)/7;$row++)/* 本月有几个星期 */
/*下面开始真正的日期显示 */
{
echo"<tr align=center valign=center>";
        for ($col=1;$col<=7;$col++)
/*在第一天前面显示的都是空格，在最后一天后面显示的也都是空格，中间的日期显示调
    用自定义函数 showline()*/
```

```
            }
            if(($up _ to _ firstday<=$toweek)||($day _ count>$lastday))
            {
            echo "<td bgcolor=#33FFFF> </td>";
            $up _ to _ firstday++;
            }
            else
            {
            if($day _ count==$today[mday]){
            showline($day _ count,"#FF0000","#FFFF00");}
            else{
            showline($day _ count,"blue","#FF9966");}
            $day _ count++;
            }
            }
            echo "</tr>";
            }
            echo "</table>";
            echo "</center>";


        ?>
    </body>
    </html>
    <!-- 至此，代码全部结束 --!>
```

7.4.2　程序说明

在程序的开始，首先定义了 leap_year()、setup() 和 showline()3 个函数。

第一个函数 leap_year($year) 对形参 $year 能否被 4 整除，来判断 $year 是否是闰年，如果可以整除，则说明它是闰年，否则不是闰年。

第二个函数 setup() 是一个无参函数，它的作用是定义变量 $mon_num、$mon_name 和 $firstday 并且对 $mon_num 和 $mon_name 进行了赋值，由于变量 $mon_num、$mon_name 和 $firstday 在该函数外部仍要使用，为了扩大变量的作用域，使用了 global 对 3 个变量进行了声明。

变量 $mon_num 存放的是每个月的天数，它是一个数组，第一项是 31，说明一月份有 31 天，依次类推。细心的读者可能会发现，第二项是 30，难道二月份有 30 天吗？当然不是，二月份天数的定义通过函数中的 "if(leap_year($firstday[year]))" 语句进行判断，首先在程序正文中计算出当年当月第一天的时间序列，然后提取出当天年份，即 $firstday[year]，再用闰年判断函数 leap_year() 对该年份进行判断，如果是闰年，$mon_num[1]=29，否则 $mon_num[1]=28。

变量 $mon_name 是数组变量，存放的是月份的中文名称。

在主程序中，下面的语句需要加深理解：

```
$firstday=getdate(mktime(0,0,0,date("m"),1,date("Y")));
```

它的作用是取当前月的第一天给变量 $firstday。例如，今天是 2011 年 1 月 16 日，那么 $firstday 的值是 2011 年 1 月 16 日。这样取是为了便于计算。date("m") 是取今天的月份（1），date("Y") 是取今天所在的年份（2011），它们中间的"16"说明日期是 16 号。

在主程序中，从"for($row=0;$row<=($lastday+$toweek)/7;$row++)"开始，是一个双重循环，外层的 for 循环用来判断本月有几个星期，每一次循环显示出 HTML 表格中的一个横行。内层的 for 循环共循环 7 次，因为每个星期固定是 7 天，所以表格的每一行有 7 格。在内循环中，首先完成本月 1 号前的空白单元格的显示，然后完成本月日期向表格中的写入，在写入过程中，遇到当天日期时，对 showline($content,$show_color,$bg_color) 函数中的字体颜色（$show_color）参数和背景颜色（$bg_color）参数进行特殊设置，便于察看当天日期，其余则正常显示。

本程序虽然比较长，但是由于采用结构化的程序设计，用函数结构组织起来，并增加了相应的注释，因此可读性很强，读者可以仔细阅读，以迅速提高编程水平。

当其他页面准备显示该月历时，可以使用以下语句调用月历，显示在选定位置：

```
<?require("calendar.php");?>
```

以上代码上传至支持 PHP 的 Web 服务器后，当客户端访问该页面时，Web 服务器调用 PHP 模块，对代码进行解释，解释后将生成的月历表格以纯 HTML 形式发送至客户端，客户端将看到表格形式的月历。该月历在客户端不能被编辑，如果被客户端保存，将不再随客户端系统时间的改变而改变，从而真正反映了客户端访问服务器资源的时间。当然，在不同日期访问该页面，将会得到不同的月历，月历内容由服务器系统时间决定。

习题 7

一、选择题

1. 你在上网的时候，在各种各样的互联网站上可以看到样式不同的（　　　），它们可以说明网站被访问的情况。

　　A. 留言板　　　　B. 论坛系统　　　　C. 聊天室　　　　D. 计数器

2. 要实现一个计数器，首先要有一个存放计（　　　）的地方。

　　A. 数值　　　　B. 图片　　　　C. 文字　　　　D. 文件

3. 在客户端打开月历所在的页面后，得到的是包含月历（　　）代码的页面，即月历只是一个普通的包含 <table> 标签的表格。

    A. PHP   B. HTML   C. ASP   D. Java

4. 时间戳是一个（　　），包含了从 UNIX 新纪元（1970 年 1 月 1 日）到给定时间的秒数。

    A. 数组   B. 字符串   C. 长整数   D. 浮点数

二、填空题

1. 利用_____动态网页技术，可以将客户访问服务器 Web 资源的时间准确地显示在页面上，尤其是利用 PHP 的_____和_____，可以在页面上显示极富表现力的月历。

2. 该月历在客户端不能被编辑，如被客户端保存，将不再随客户端系统时间的改变而改变，从而真正反映了_____访问服务器资源的时间。

第 8 章
MySQL 数据库

8.1　MySQL 的特点
8.2　MySQL 基础

任务单八

项目 名称	学生信息数据库的建立
能力 目标	1. 会使用 MySQL Database Version 5.0.45； 2. 会使用 MySQL 数据库语法新建数据库； 3. 会使用 MySQL 数据库语法对数据库进行相关操作。
任务 描述	新建一个 student 数据库，在数据库中新建 class 数据表，并插入相关数据： 1. 使用 MySQL Database Version 5.0.45 新建数据库； 2. 使用 SQL 语句在数据库中新建数据表； 3. 使用 SQL 语句向数据表中插入相关数据； 4. 使用 SQL 语句对插入的数据进行相关的操作。

在前面已经学习了 PHP 的使用，读者应该对 PHP 有了一定的了解。在实际的网站制作过程中，经常会遇到大量的数据，如大量用户的名称和密码，以及他们的文章或者留言等。面对大量数据，数据库是必不可少的优秀工具。PHP 可以支持多种数据库，从 Windows 上流行的 SQL Server、ODBC 到大型的 Oracle 等，但和 PHP 配合最为密切的还是新型的网络数据库 MySQL。

8.1　MySQL 的特点

MySQL 是一个快速、多线程、多用户的 SQL 数据库服务器，其出现虽然只有短短的数年时间，但凭借着"开放源代码"的东风，它从众多的数据库中脱颖而出，成为 PHP 的首选数据库。除了因为几乎是免费的这点之外，支持正规的 SQL 查询语言和采用多种数据类型，能对数据进行各种详细的查询等都是 PHP 选择 MySQL 的主要原因。下面来看看 MySQL 数据库的主要特征。

（1）MySQL 的核心程序采用完全的多线程编程。线程是轻量级的进程，它可以灵活地为用户提供服务，而不占用过多的系统资源。用多线程和 C 语言实现的 MySQL 能很容易充分利用 CPU。

（2）MySQL 可运行在不同的操作系统下。简单地说，MySQL 可以支持 Windows 95/98/NT/2000 及 UNIX、Linux 和 Sun OS 等多种操作系统平台。这意味着在一个操作系统中实现的应用可以很方便地移植到其他的操作系统下。

（3）MySQL 有一个非常灵活而且安全的权限和口令系统。当客户与 MySQL 服务器连接时，它们之间所有的口令传送被加密，而且 MySQL 支持主机认证。

（4）MySQL 支持 ODBC for Windows。MySQL 支持所有的 ODBC 2.5 函数和其他许多函数，这样就可以用 Access 连接 MySQL 服务器，从而使得 MySQL 的应用被大大扩展。

（5）MySQL 支持大型的数据库。虽然对于用 PHP 编写的网页来说只要能够存放上百条以上的记录数据就足够了，但 MySQL 可以方便地支持上千万条记录的数据库。作为一个开放源代码的数据库，MySQL 可以针对不同的应用进行相应的修改。

（6）MySQL 拥有一个非常快速而且稳定的基于线程的内存分配系统，可以持续使用而不必担心其稳定性。事实上，MySQL 的稳定性足以应付一个超大规模的数据库。

（7）强大的查询功能。MySQL 支持查询的 SELECT 和 WHERE 语句的全部运算符和函数，并且可以在同一查询中混用来自不同数据库的表，从而使得查询变得快捷和方便。

（8）PHP 为 MySQL 提供了强力支持，PHP 中提供了一整套的 MySQL 函数，对 MySQL 进行了全方位的支持。

8.2　MySQL 基础

由于 MySQL 是公开源代码的跨平台数据库，所以它的风格更类似于 UNIX 下的程序。对于一般的非专业人士来说，用起来会有些不习惯。作为专门探讨 PHP 编程的教程，本书首先简要讲述 MySQL 在 DOS 下的命令操作方式，在后续章节中再详细讲述 MySQL 的图形操作界面 phpMyAdmin。

在本书第 3 章中，已经讨论了 AppServ-win32-2.5.9 软件包的安装。在 AppServ 软件包安装成功后，MySQL 数据库及数据库管理工具 phpMyAdmin 也被成功安装，所以在第 3 章安装 AppServ-win32-2.5.9 的基础上，无须再作任何安装及配置。随同 AppServ-win32-2.5.9 安装的 MySQL 相关软件列表如下。

MySQL Database Version 5.0.45：优秀的个人及商业数据库。

phpMyAdmin Database Manager Version 2.10.2-rc1：便利的 MySQL 数据库图形管理界面。

8.2.1　MySQL数据库连接

一般来说，访问 MySQL 数据库时，首先需要使用 telnet 远程登录安装数据库系统的服务器，然后再进入 MySQL 数据库。MySQL 数据库的连接命令如下：

```
MySQL -h hostname -u username -p[password]
```

或者：

```
MySQL -h hostname -u username --password=password
```

其中，hostname 为装有 MySQL 数据库的服务器名称，username 和 password 分别是用户的登录名称和口令。

示例：按照安装 AppServ 的方法，服务器账号为"root"，密码为"123456"，则登录 MySQL 服务器的命令如下：

```
MySQL -h localhost -u root -p
```

前者系统会要求输入密码，此时只用键盘输入"123456"后按 Enter 键即可。以上命令均需要在 MySQL 的 bin 文件夹内执行方才有效，结合先前安装的 AppServ，路径为 C:\appserv\MySQL\bin，如图 8-1 所示。

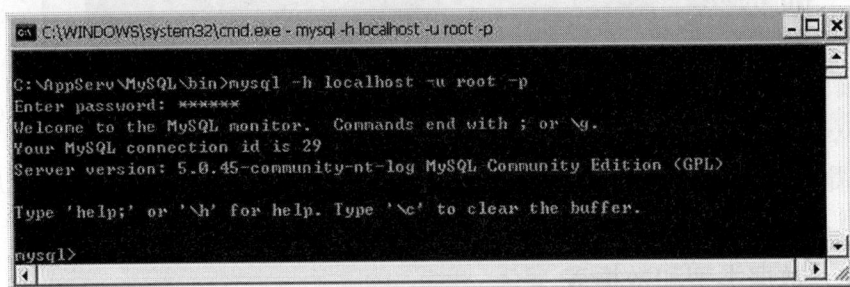

图 8-1　MySQL 登录

如果 MySQL 数据库安装和配置正确，在输入上述命令之后会得到如图 8-1 所示的系统反馈信息，当看到屏幕上显示"MySQL ＞"时，说明已经成功登录 MySQL 服务器了。

在成功进入 MySQL 数据库系统后，可以在 MySQL ＞命令提示符之后输入各种命令。下面，列出一些 MySQL 数据库的主要管理命令供读者参考，也可以通过在命令符之后输入"help"、"\h"或"?"得到以下命令的简单说明。

MySQL ＞ help

help (\h) 显示命令帮助；

? (\h) 作用同上；

clear (\c) 清除屏幕内容；

connect (\r) 重新连接服务器，可选参数为 db（数据库）和 host（服务器）。

exit (\) 退出 MySQL 数据库，作用与 quit 命令相同。

go (\g) 将命令传送至 MySQL 数据库。

print (\p) 打印当前命令。

quit (\q) 退出 MySQL 数据库。

status (\s) 显示服务器当前信息。

use (\u) 打开数据库，以数据库名称做为命令参数。

上述命令主要用于 MySQL 数据库的系统管理，如果需要对某个具体的数据库进行操作，可以使用 use 命令进入该数据库，格式如下：

```
MySQL ＞ use dbname;
```

示例：如果本机服务器中存在一个数据库名字叫做 xinfei，那么进入 xinfei 数据库的命令是：

```
MySQL ＞ use xinfei;
```

输入该命令并且按 Enter 键后，屏幕上会显示 Database changed，说明已经进入该数据库，如图 8-2 所示。

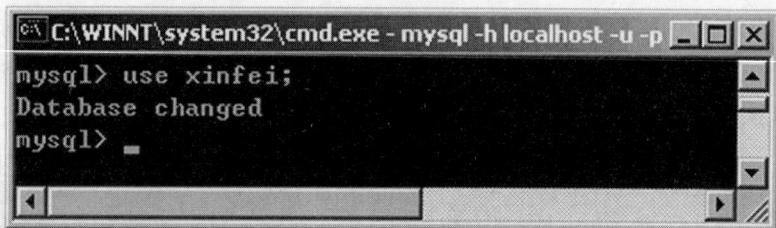

图 8-2   打开数据库命令

这里需要提醒读者注意的一点就是在进入 MySQL 数据库之后，要求使用者在所有命令的结尾处使用 "；" 作为命令结束符。

8.2.2　数据类型和数据表

从本质上说，数据库就是一种不断增长的复杂的数据组织结构。在 MySQL 数据库中，用于保存数据记录的结构被称为数据表。而每一条数据记录则是由更小的数据对象，即数据类型组成。因此，总体来说，一个或多个数据类型组成一条数据记录，一条或多条数据记录组成一个数据表，一个或多个数据表组成一个数据库。可以把上述结构理解为如下形式：

```
Database ＜ Table ＜ Record ＜ Datatype
```

数据类型分为不同的格式和大小，可以方便数据库的设计人员创建最理想的数据结构。

能否正确地选择恰当的数据类型对最终数据库的性能具有重要的影响，因此，有必要首先对数据类型的有关概念进行较为详细的介绍。

1. MySQL 数据类型

MySQL 数据库提供了多种数据类型，其中较为常用的几种如下。

（1）CHAR (M)。CHAR 数据类型用于表示固定长度的字符串，可以包含最多达 255 个字符。其中 M 代表字符串的长度。

举例如下：

```
car _ model CHAR(10);
```

（2）VARCHAR (M)。VARCHAR 是一种比 CHAR 更加灵活的数据类型，同样用于表示字符数据，但是 VARCHAR 可以保存可变长度的字符串。其中 M 代表该数据类型所允许保存的字符串的最大长度，只要长度小于该最大值的字符串都可以被保存在该数据类型中。因此，对于那些难以估计确切长度的数据对象来说，使用 VARCHAR 数据类型更加明智。VARCHAR 数据类型所支持的最大长度也是 255 个字符。

这里需要提醒读者注意的一点是，虽然 VARCHAR 使用起来较为灵活，但是从整个系统的性能角度来说，CHAR 数据类型的处理速度更快，有时甚至可以超出 VARCHAR 处理速度的 50%。因此，在设计数据库时应当综合考虑各方面的因素，以求达到最佳的平衡。

举例如下：

```
car _ model VARCHAR(10);
```

（3）INT (M) [Unsigned]。INT 数据类型用于保存从 -2147483647 到 2147483648 范围之内的任意整数数据。如果使用 Unsigned 选项，则有效数据范围调整为 0~4294967295。

举例如下：

```
light _ years INT;
```

按照上述数据类型的设置，-24567 为有效数据，而 3000000000 则因为超出了有效数据范围成为无效数据。

再例如：

```
light _ years INT unsigned;
```

这时，3000000000 为有效数据，而 -24567 则为无效数据。

（4）FLOAT [(M,D)]。FLOAT 数据类型用于表示数值较小的浮点数据，可以提供更加准确的数据精度。其中，M 代表浮点数据的长度（即小数点左右数据长度的总和），D 表示浮点数据位于小数点右边的数值位数。

举例如下：

```
rainfall FLOAT (4,2);
```

按照上述数据类型的设置，42.35 为有效数据，而 324.45 和 3.542 则因为超过数据长度限制或者小数点右边位数大于规定值而成为无效数据。

（5）DATE。DATE 数据类型用于保存日期数据，默认格式为 YYYY-MM-DD。MySQL 提供了许多功能强大的日期格式化和操作命令，本教程无法在此一一进行介绍，感兴趣的读者可以参看 MySQL 的技术文档。

DATE 数据类型举例如下：

```
the _ date DATE;
```

（6）TEXT / BLOB。TEXT 和 BLOB 数据类型可以用来保存 255~65535 个字符，如果需要把大段文本保存到数据库内，可以选用 TEXT 或 BLOB 数据类型。TEXT 和 BLOB 这两种数据类型基本相同，唯一的区别在于 TEXT 不区分大小写，而 BLOB 对字符的大小写敏感。

（7）SET。SET 数据类型是多个数据值的组合，任何部分或全部数据值都是该数据类型的有效数据。SET 数据类型最大可以包含 64 个指定数据值。

举例如下：

```
transport SET ("truck", "wagon") NOT NULL;
```

根据上述数据类型的设置，truck、wagon 都可以成为 transport 的有效值。

（8）ENUM。ENUM 数据类型和 SET 基本相同，唯一的区别在于 ENUM 只允许选择一个有效数据值。例如：

```
transport ENUM ("truck", "wagon") NOT NULL;
```

根据上述设置，truck 或 wagon 将成为 transport 的有效数据值。

以上只是对使用 MySQL 数据库的过程中经常用到的数据类型进行了简单介绍，有兴趣的读者，可以参看 MySQL 技术文档的详细说明。

2. 数据记录

一组经过声明的数据类型就可以组成一条记录。记录小到可以只包含一个数据变量，大到可以满足用户的各种复杂需求。多条记录组合在一起就构成了数据表的基本结构。

3. 数据表

数据表是数据库的核心组成部分，数据表即关系，若干关系构成了所谓的关系数据库，足可见关系（数据表）的重要性。

1）创建数据表

在执行各种数据库命令之前，首先需要创建用来保存信息的数据表。可以通过以下方式在 MySQL 数据库中创建新的数据表：

```
MySQL > CREATE TABLE test (
> name VARCHAR (15),
> email VARCHAR (25),
> phone _ number INT,
> ID INT NOT NULL AUTO _ INCREMENT,
> PRIMARY KEY (ID));
```

系统反馈信息为：

```
Query OK, 0 rows affected (0.10 sec)
MySQL >
```

这样，就在数据库中创建了一个新的数据表，表名 test。注意，同一个数据库中不能存在两个名称相同的数据表。

这里，使用 CREATE TABLE 命令创建的 test 数据表中包含 name，email，phone_number 和 ID 四个字段。MySQL 数据库允许字段名中包含字符或数字，最大长度可以达到 64 个字符。

下面来看一看创建数据表时所用到的几个主要的参数选项。

`Primary Key`

具有 Primary Key 限制条件的字段用于区分同一个数据表中的不同记录。因为同一个数据表中不会存在两个具有相同值的 Primary Key 字段，所以对于那些需要严格区分不同记录的数据表来说，Primary Key 具有相当重要的作用。

`Auto _ Increment`

具有 Auto_Increment 限制条件的字段值从 1 开始，每增加一条新记录，值就会相应地增加 1。一般来说，可以把 Auto_Increment 字段作为数据表中每一条记录的标识字段。

`NOT NULL`

NOT NULL 限制条件规定不得在该字段中插入空值。

2）其他的数据表操作命令

除了创建新的数据表之外，MySQL 数据库还提供了其他许多非常实用的以数据表作为操作对象的命令。

举例如下：

`MySQL > show tables;`

该命令将会列出当前数据库下的所有数据表。

比如在 xinfei 数据库中，要显示库中的表，并且将表中的记录显示出来，可以如图 8-3 所示进行操作。

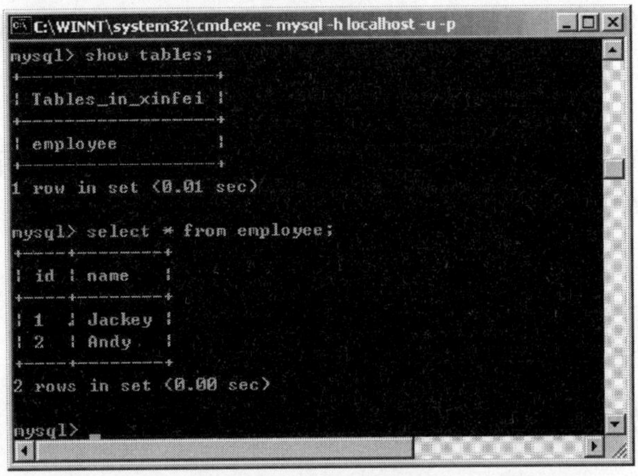

图 8-3　表及记录的显示

在"MySQL>"提示符后输入"show tables;"，看到只有一个表"employee"，然后输入"select * from employee;"，看到有两条记录，分别是 Jackey 和 Andy。

显示字段命令：

```
MySQL > show columns from tablename;
```

该命令将会返回指定数据表的所有字段和字段相关信息。

4. 数据操作

对 MySQL 数据库中数据的操作可以划分为四种不同的类型，分别是添加、删除、修改和查询，将会在本节中对此进行介绍。但是，首先需要强调的一点就是 MySQL 数据库所采用的 SQL 语言同其他绝大多数计算机编程语言一样，对命令的语法格式有严格的规定。任何语法格式上的错误，例如，不正确地使用括号、逗号或分号等都可能导致命令执行过程中的错误。因此，建议读者在学习时一定要多留心语法格式的使用。

1）添加记录

可以使用 INSERT 命令向数据库中添加新的记录。

例如：

```
MySQL > INSERT INTO test VALUES
MySQL > ('John', 'carrots@mail.com',
MySQL > 5554321, NULL);
```

上述命令正确执行后会返回以下信息：

```
Query OK, 1 row affected (0.02 sec)
MySQL >
```

对上述命令有几点需要说明。首先，所有的字符类型数据都必须使用单引号括起来。其次，NULL 关键字与 AUTO_INCREMENT 限制条件相结合可以为字段自动赋值。最后，也是最重要的一点就是新记录的字段值必须与数据表中的原字段相对应，如果原数据表中有 4 个字段，而用户所添加的记录包含 3 个或 5 个字段，都会导致错误出现。

MySQL 数据库的一个非常显著的优势就是可以对整数、字符串和日期数据进行自动转换。因此，在添加新记录时就不必担心因为数据类型不相符而出现错误。

2）查询数据

如果无法从数据库中查找和读取数据，数据库就丧失了其存在和使用的价值。

在 MySQL 数据库中，可以使用 SELECT 命令进行数据的查询。

例如：

```
MySQL > SELECT * FROM test
MySQL > WHERE (name = "John");
```

上述命令会返回如下结果：

```
name  email  phone  ID
John  carrots@mail.com  5554321  1
```

3）删除数据

除了可以向数据表中添加新的记录之外，还可以删除数据表中的已有记录。删除记录可以使用 DELETE 命令。

例如：

```
MySQL > DELETE FROM test
MySQL > WHERE (name ="John");
```

该命令将会删除 test 数据表中 name 字段的值为 John 的记录。同样，

```
MySQL > DELETE FROM test
MySQL > WHERE (phone _ number = 5554321);
```

将会从数据表中删除 phone_number 字段值为 5554321 的记录。

4）修改数据

MySQL 数据库还支持对已经输入到数据表中的数据进行修改。修改记录可以使用 UPDATE 命令。

例如：

```
MySQL > UPDATE test SET name = 'Mary'
MySQL > WHERE name = "John";
```

上述命令的执行结果如下：

```
name   email   phone   ID
Mary   carrots@mail.com   5554321   1
```

到此为止，对 MySQL 数据库数据操作的核心概念，即数据的添加、删除、修改和查询进行了简单的介绍。事实上，MySQL 数据库所支持的 SQL 语言具有非常丰富和强大的数据操作功能，感兴趣的读者可以参看 MySQL 技术文档。

习题 8

一、选择题

1. 从本质上说，数据库就是一种不断增长的复杂的数据组织结构。在 MySQL 数据库中，用于保存数据记录的结构被称为（ ）。

    A. 数据库   B. 数据表   C. 数据结构   D. 数据信息

2.（ ）数据类型用于表示固定长度的字符串，可以包含最多达 255 个字符。

    A. CHAR   B. INT   C. DATETIME   D. TEXT

3 具有（ ）限制条件的字段用于区分同一个数据表中的不同记录。

    A. Primary Key   B. Auto_Increment

    C. NOT NULL   D. default

4. 用户除了可以向数据表中添加新的记录之外，还可以删除数据表中已有的记录。删除记录可以使用（　）命令。

    A. INSERT   B. UPDATE   C. SELECT   D. DELETE

二、填空题

1. PHP 可以支持多种数据库，从 Windows 上流行的_____、_____，到大型的 Oracle 等，但和 PHP 配合最为密切的还是新型的网络数据库_____。

2. MySQL 是一个_____、_____、_____的 SQL 数据库服务器，其出现虽然只有短短的数年时间，但凭借着"开放源代码"的东风，它从众多的数据库中脱颖而出，成为 PHP 的首选数据库。

第9章
图形化管理 MySQL——phpMyAdmin

9.1 phpMyAdmin 简介
9.2 phpMyAdmin 的基本操作
9.3 用 phpMyAdmin 创建数据库
9.4 数据库、表的删除

任务单九

项目 名称	使用phpMyAdmin建立用户信息数据库
能力 目标	1. 会使用 phpMyAdmin Database Manager Version 2.10.2； 2. 会使用 MySQL 数据库图形管理界面新建数据库； 3. 会使用 MySQL 数据库图形管理界面对数据库进行相关操作。
任务 描述	使用 phpMyAdmin 建立一个用户信息数据库，并对数据进行相关操作： 1. 使用 phpMyAdmin 在可视化环境下新建数据库； 2. 使用 phpMyAdmin 在可视化环境下新建数据表； 3. 使用 phpMyAdmin 在可视化环境下向数据表中插入数据； 4. 使用 phpMyAdmin 在可视化环境下查询数据； 5. 使用 phpMyAdmin 在可视化环境下删除数据。

9.1　phpMyAdmin 简介

前面章节中所介绍的 MySQL 数据库，和 PHP 的配合可以是说是天衣无缝，但是由于 MySQL 是基于 Linux 环境开发出来的自由软件，其命令提示符的操作方式，让用惯了 Windows 图形环境的初学者很不适应。出于管理数据库的便利，使用命令提示符可能并不是最佳选择，而仅仅是有助于读者深入理解 MySQL 数据库。在 PHP 编程的过程中，使用 phpMyAdmin 来管理 MySQL 数据库是一种非常流行的方法，同时也是比较明智的选择。

phpMyAdmin 提供了一个简洁的图形界面，该界面不同于普通的运行程序，而是以 Web 页面的形式体现，在相关的一系列 Web 页面中，完成对 MySQL 数据库的所有操作。所以，从严格意义上说，phpMyAdmin 并不是程序，而是一个具有特定功能的网站，该网站实现技术是 HTML+PHP，对 MySQL 数据库的操作主要是通过 PHP 代码实现，实现过程中大量使用了 SQL 语句。

在安装 AppServ 的过程中，phpMyAdmin 已经成功安装，所以无须再重复安装。如果没有安装 AppServ 服务器，而是分别安装了 PHP、Apache 和 MySQL，可以将 phpMyAdmin 文件夹复制到 Apache 服务器的 Web 发布目录 www 中，然后直接在服务器路径中加入文件夹名，比如 "http://127.0.0.1/phpmyadmin"，就可以访问 phpMyAdmin 了。

当打开 apache 服务器主目录 127.0.0.1 的时候，在 AppServ 页面中同样可以很方便地进入 phpMyAdmin。如图 9-1 所示，超链接的第一项便是 phpMyAdmin，版本为 2.10.2，直接单击该超链接即可。

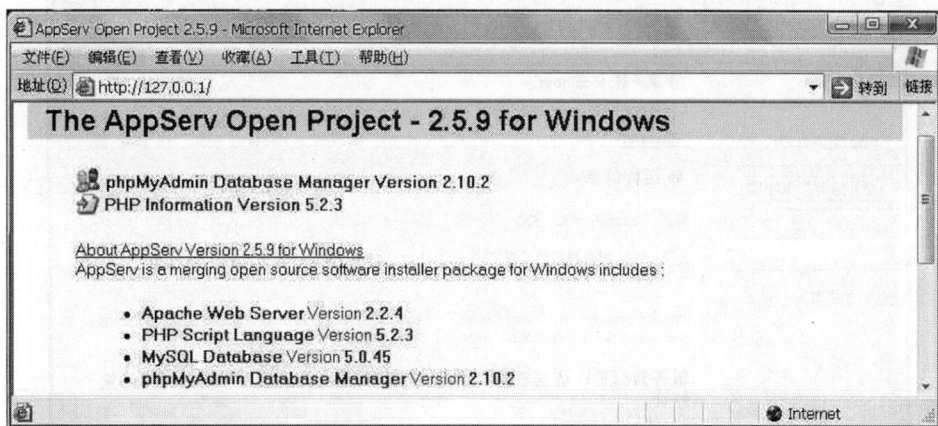

图 9-1　AppServ 页面中的 phpMyAdmin 链接

9.2　phpMyAdmin 的基本操作

按照如前所述的方法，打开 phpMyAdmin 图形化管理界面，如图 9-2 所示。

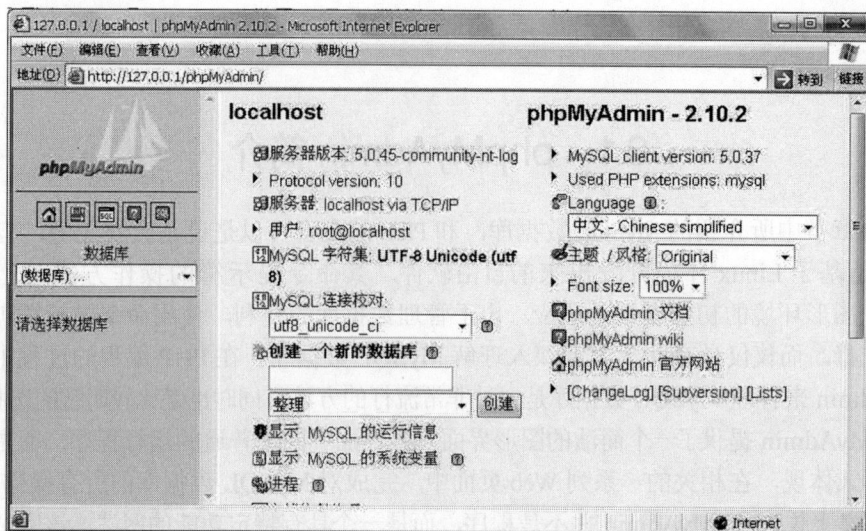

图 9-2　phpMyAdmin 的主界面

在 phpMyAdmin 的主界面中，一条垂直的直线把整个窗口分为两大部分，左边是选择数据库的窗口，单击"数据库"下拉按钮，可以选择数据库，将来创建的所有数据库都将出现在此下拉列表中。

在右边的窗格中，主要提供了 MySQL 数据库的创建功能及 phpMyAdmin 的部分文档设置。下面对关于 MySQL 数据库的一些信息功能作简单介绍。

1. 显示 MySQL 的运行信息

单击该链接，将提供关于 MySQL 服务器启动时间、服务器流量、查询统计及其他的服务器状态变量，如图 9-3 所示。

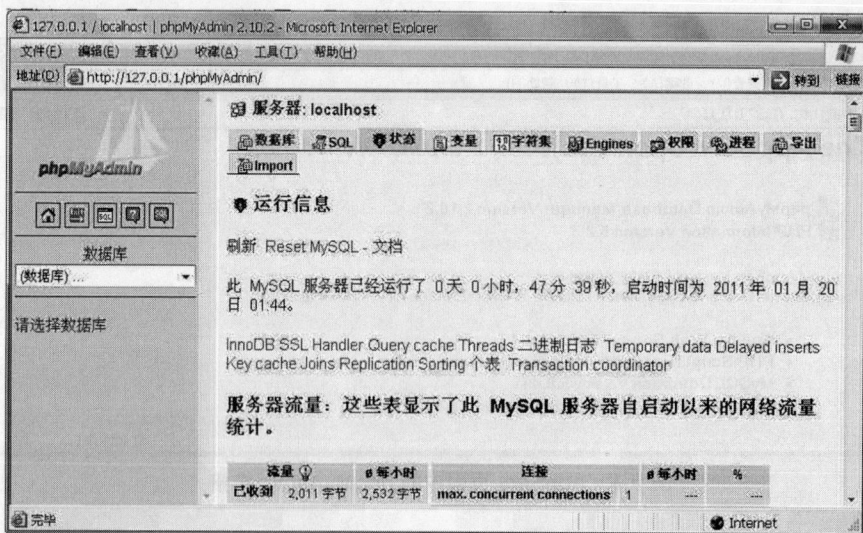

图 9-3　MySQL 的运行信息界面

2. 显示 MySQL 的系统变量

单击该链接，将提供关于 MySQL 服务器变量和设置，这些变量和设置在进行高级编程的时候很有用。

3. 显示进程

单击该链接，将显示当前服务器的进程，目前可以看到只有一个进程，是因为当前仅处于调试环境。在实际的网络运行中，显示进程的功能是非常有用的，它可以用来监视数据库的操作，以防止过多的操作或者非法者的入侵。显示进程的界面如图 9-4 所示。

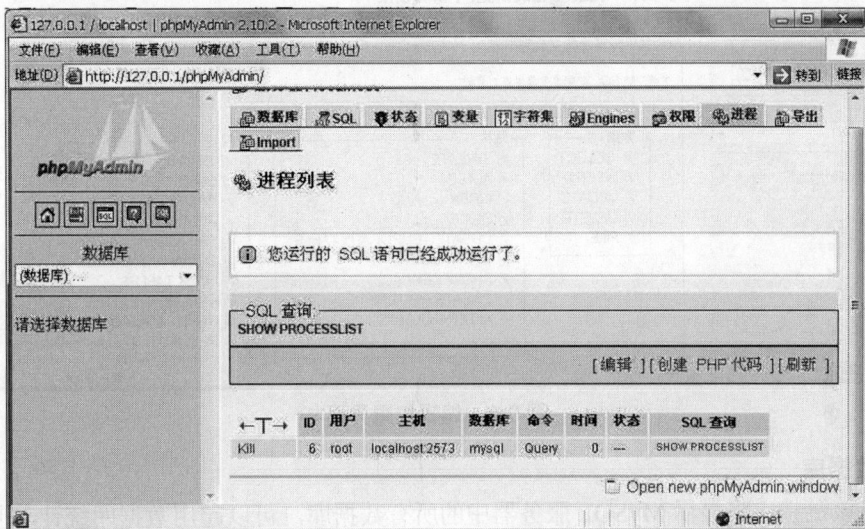

图 9-4　MySQL 的进程列表界面

4. 重启 MySQL

单击该链接，phpMyAdmin 将重新装入 MySQL 的内容，这是因为 phpMyAdmin 不能进行动态的刷新，只能通过这个选项手工进行刷新。如果修改了数据库需要用 phpMyAdmin 及时进行管理，就必须使用这个选项进行刷新。单击链接后，页面中会显示"MySQL 重新启动完成"。

5. 权限

单击该链接，将显示 MySQL 服务器用户一览表，列出 MySQL 服务器的所有用户，如图 9-5 所示。

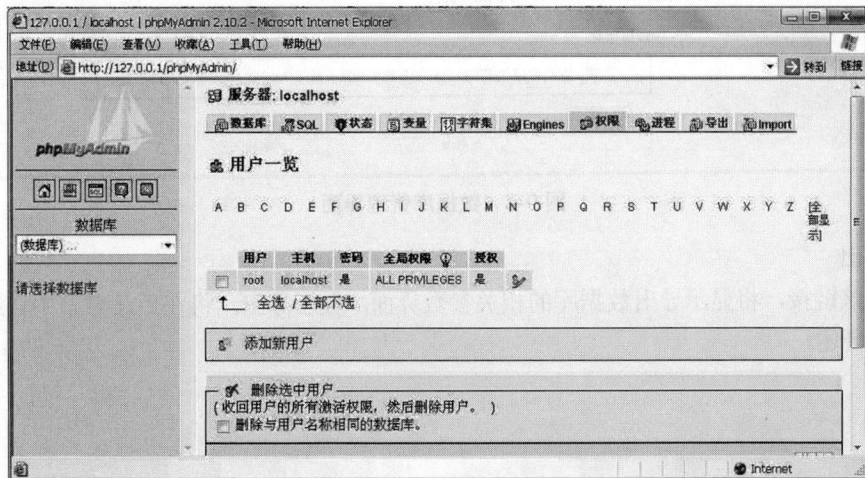

图 9-5　MySQL 的权限界面

在用户一览表中，单击最后列的编辑图标 ，将弹出编辑权限窗口，对该用户的权限可以做相应修改。如图 9-6 所示。

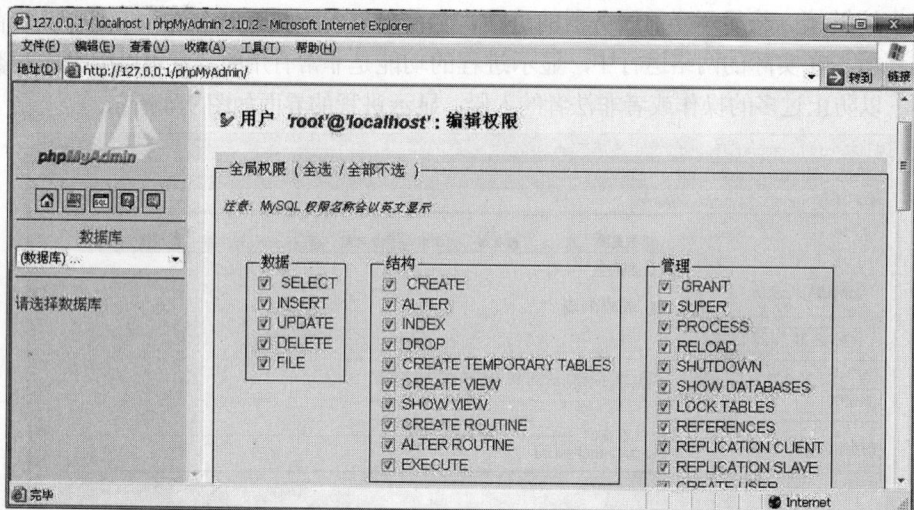

图 9-6　编辑权限界面

6. 数据库

单击该链接，将显示 MySQL 服务器中的所有数据库，可以起用数据库统计，也可以删除选中的数据库。如图 9-7 所示。

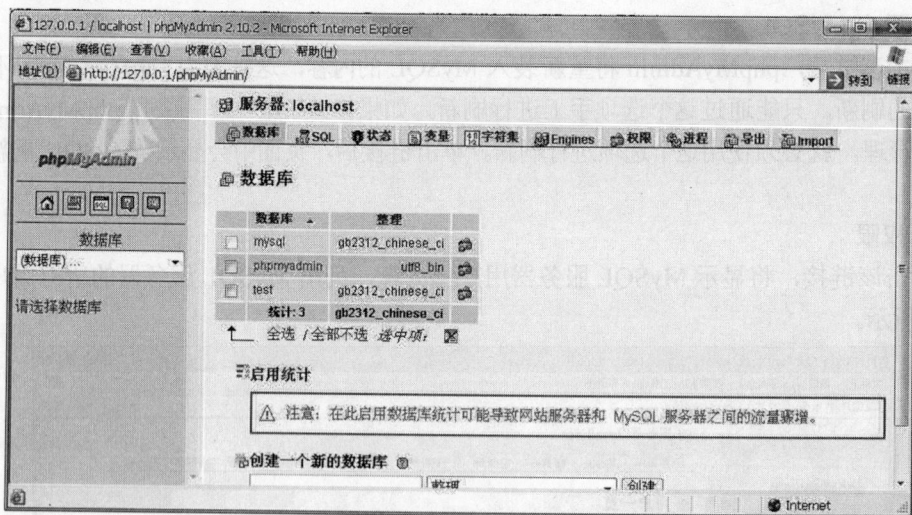

图 9-7　数据库管理界面

7. 导出

单击该链接，将显示导出数据库的相关参数界面，关于导出，将在后续章节中详细介绍，本节不再赘述。

9.3　用 phpMyAdmin 创建数据库

在本章中，将利用 phpMyAdmin 建立部分数据表，这些数据表隶属于一个数据库，该数据库取名叫做"xinfei"，该数据库是本书 PHP 编程的基础数据库，后续章节将会频繁使用到"xinfei"数据库。把该数据库称做"新飞"虚拟社区。

9.3.1　xinfei数据库基本结构

一个社区，用户将会是中心，用户的各种信息的保存尤为重要，因此，建立了 3 个与用户有关的数据表，依次排列如下：

（1）用户基本信息表；

（2）用户详细信息表；

（3）在线用户表。

下面依次对它们进行简单介绍。

用户基本信息表用于存放用户的基本信息，如昵称、密码、性别和经验值等信息。实际上，有了用户的基本信息，社区的工作就可以运转起来了。用户基本信息表的内容如表 9-1 所示。

表9-1　用户基本信息表 (user_log)

属性	字段名	类型	长度
标识号	log_id	int	10
昵称	nicker	varchar	20
密码	password	varchar	10
登录次数	log_count	int	10
最后登录时间	last_time	varchar	20
最后登录 IP	last_ip	varchar	30
发表的文章数	arc_count	int	10
用户的性别	gender	enum('M','W')	1
用户的等级	level	int	1
用户的权限	right	varchar	10
用户的经验值	exp_count	int	10

用户详细信息表用于存放用户的进一步信息，如真实姓名、电子邮件及学历、通信地址等信息。在社区的运作过程中不需要用户的这些信息，但它便于进行交友等活动，本信息表的内容如表 9-2 所示。

表9-2　用户详细信息表 (user_attr)

属性	字段名	类型	长度
标识号	log_id	int	10
真实姓名	realname	varchar	20
电子邮件地址	email	varchar	40
通信地址	address	varchar	50
生日	birthday	varchar	20
OICQ 号	oicq	int	15
最后登录时间	last_time	varchar	20
主页地址	homepage	varchar	50
婚否	marriage	enum ('Y','N')	1
学历	edu_level	varchar	8
毕业院校	edu_school	varchar	30
省份	province	varchar	20
城市	city	varchar	20
邮政编码	postalcode	int	6
爱好	fond	varchar	8
说明	present	text	不限

在线用户表用于存放当前所有登录后在线的用户信息，如昵称、登录次数、本次登录的时间和经验值等信息。它主要是为了进行网络管理和对在线用户的查找所用。本信息表的内容如表 9-3 所示。

表9-3　在线用户信息表 (user_online)

属性	字段名	类型	长度
标识号	log_id	int	10
昵称	nicker	varchar	20
登录次数	log_count	int	10
本次登录时间	log_time	varchar	20
本次登录 IP	log_ip	varchar	30
发表的文章数	arc_count	int	10
用户的性别	gender	enum('M','W')	1
用户的等级	level	int	1
用户的权限	right	varchar	10
用户的经验值	exp_count	int	10

在以上 3 个信息表中，存在一些重复的字段，比如 log_id 和 nicker 等，这主要是为了在这些表中建立起对应的联系。另外，为了尽量少地打开相关数据表，也有必要增加这些冗余信息。

9.3.2 用phpMyAdmin建立用户基本信息表

1. 建立 xinfei 数据库

在如图 9-2 所示的主界面中有一个选项，名字叫做"创建一个新的数据库"。现在就利用这个选项来创建 xinfei 数据库。在主界面中找到这个选项，在其下面的文本框中输入"xinfei"，然后单击该文本框右侧的"创建"按钮，这样就完成了 xinfei 数据库的建立，这时浏览器会出现如图 9-8 所示的窗口。

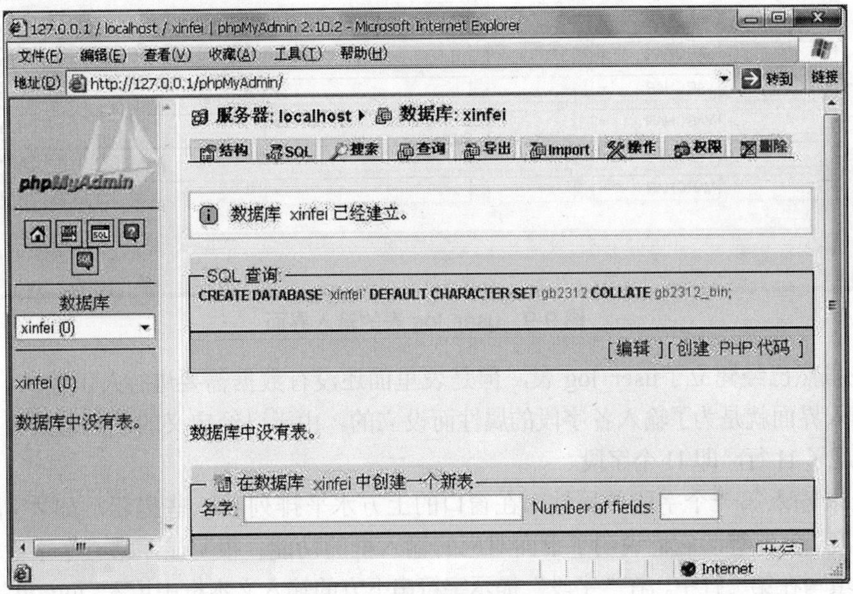

图 9-8　建立数据库界面

从图 9-8 的页面左侧可以看到，在数据库下拉菜单中，增加了"xinfei（-）"项，说明刚刚建立的 xinfei 数据库已经生效，括号中的减号说明该数据库没有一个数据表。在右侧窗格中，可以看到"数据库 xinfei 已经建立"的说明文字，并且附有建立数据库的 SQL 查询语句：

```
CREAET DATABASE 'xinfei';
```

这是 phpMyAdmin 的特色功能，在进行数据库的操作后，附以对应 SQL 语句说明的操作。

在页面右侧还可以看到"数据库中没有表"的提示，说明这里仅仅是建立了一个全空的数据库，没有任何数据表。下面首先添加用户基本信息表，即"user_log"。

2. 建立用户基本信息表

在建立 xinfei 数据库后，出现如图 9-8 所示的页面，在该页面中，在"名字"域中输入"user_log"，这是将要建立的数据表的名字，然后在"字段数"域中输入"11"，这是要建立的 user_log 表中的字段个数。

填写表名及字段个数后，单击"字段数"右侧的"执行"按钮，这时 phpMyAdmin 就生成了 1 个数据表，名字叫做"user_log"，同时浏览器出现了如图 9-9 所示的页面。

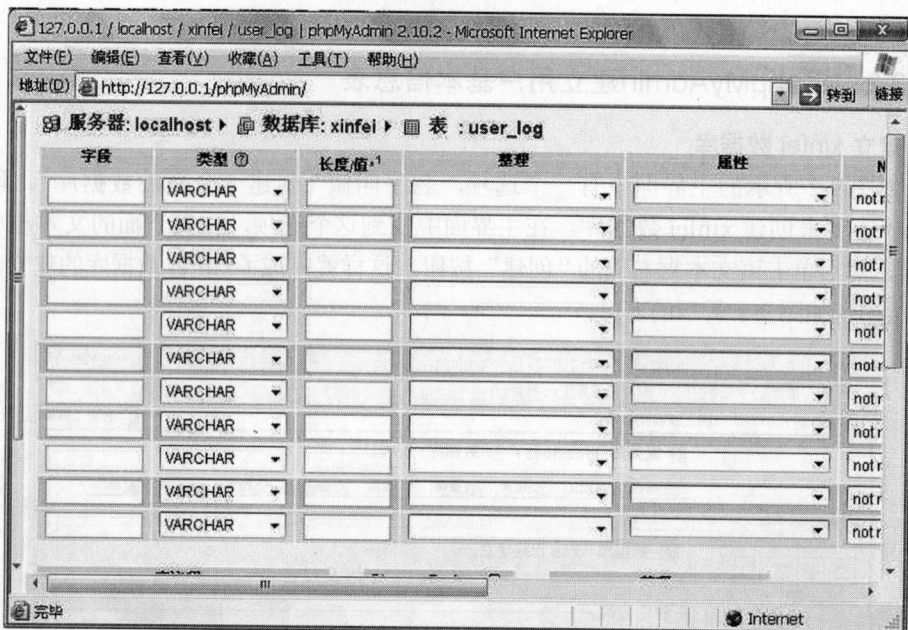

图 9-9　user_log 表的输入界面

现在虽然已经建立了 user_log 表，但是表里面还没有数据需要进行人工输入。如图 9-9 所示的输入界面就是为了输入各字段的属性而设立的。由于已经定义的字段总数为 11，所以在这里出现了 11 行，即 11 个字段。

首先来输入第一个字段的属性。在窗口的上方水平排列着一些提示，如"字段"、"类型"、"长度/值"等，它们说明了下面对应的输入框的功能。很明显，第一个字段的所有属性都应该填写在第一行中。在"字段"提示字符串下方的输入文本框中填入"log_id"，以表明第一个字段的名字叫做"log_id"。在"类型"提示字符串下方是一个下拉列表，里面包括了MySQL 所支持的所有数据类型。单击下拉按钮，在弹出的选项中选择 INT，说明 log_id 字段的类型是 INT。

然后依次在"长度值"文本框中输入"10"，说明标识号的长度最大不能超过 10。"属性"空白不填。在"Null"下拉列表中选择"not null"，说明标识号不能为空，即录入数据时必须填写标识号。"默认"空白不填。在"额外"下拉列表中选择"auto_increment"（自动增量），说明的 id 号由系统自动增加，无须手工录入，并且也不能手工录入 id 号或修改 id 号，并且 id 号不会重复。最后在界面的右侧有 3 个单选按钮，它们分别是"主键"、"索引"和"唯一"。这里选择"主键"，主键在关系数据库中就是索引，同时主键一定是唯一值，所以选择了主键，就等于拥有了索引和唯一的属性。现在第一个字段就建立起来了。

在输入第一个字段的所有属性后，就可以依次输入后面 10 个字段的属性了，注意其他字段无须"不能为空"，即在"Null"域中选择"Null"（可以为空）。当全部的字段属性输入完毕后，整个数据表字段属性表如图 9-10 所示。

图 9-10 user_log 表的建立界面

单击页面左下方的"保存"按钮，就会出现如图 9-11 所示的浏览器窗口。在图 9-11 所示的窗口中，上部是一条对应的 SQL 语句，它的内容如下：

```
CREATE TABLE'user _ log'('log _ id'INT(10)NOT NULL
AUTO _ INCREMENT,'nicker'VARCHAR(20),'password'INT(10),'log _ count'
INT(10),'last _ time'VARCHAR(20),'last _ ip'VARCHAR(30),'arc _ count'
INT(10),'gender'ENUM('M','W'),'level'INT(1),'right'VARCHAR(10),'exp _ count'
INT(10),PRIMARY KEY('log _ id'));
```

该语句即是建立数据表的 SQL 语句，phpMyAdmin 的 SQL 显示功能让你对自己的操作一目了然。

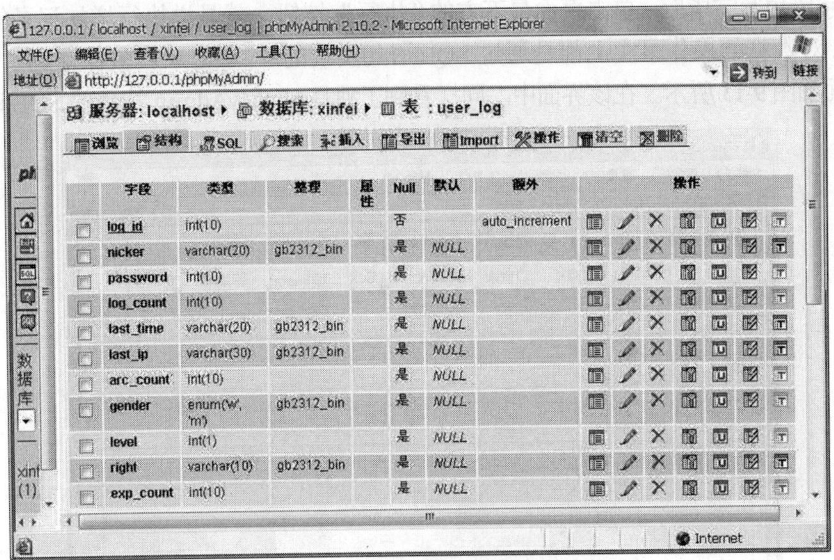

图 9-11 user_log 表的建立完成界面

3. 增加、浏览和删除记录

到此为止，user_log 表就建立起来了，但是表里面还没有任何记录。在建立新飞虚拟社区的时候，最好先输入一些初始数据，把这些数据放到数据库中，然后就可以使用这些数据来进行社区的运转了。

在图 9-11 所示的窗口中，在字段属性列表的上方找到蓝色的"插入"超链接，单击该按钮，就可以进入了记录的添加界面，如图 9-12 所示。在该界面中，在"值"下面对应的文本框中输入各个字段值，如图 9-12 所示，因为 log_id 为自动增量，可以不填写值，性别"gender"用单选按钮选择。

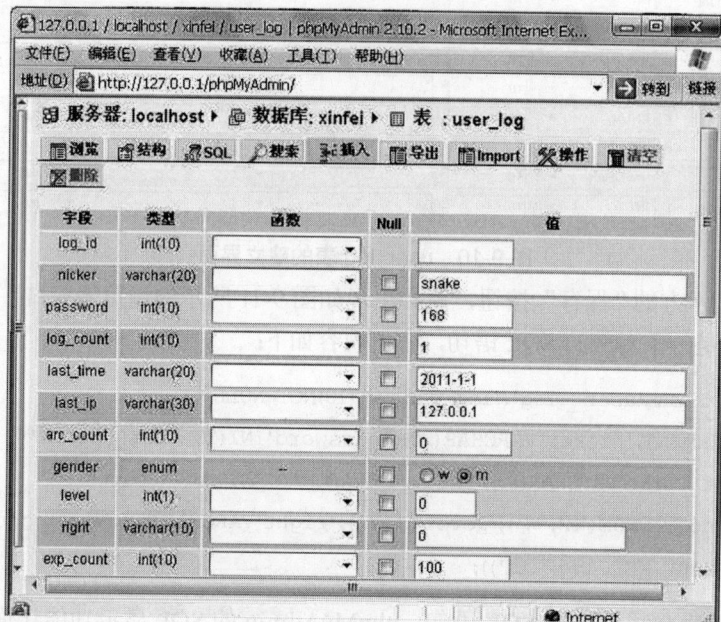

图 9-12　记录的添加界面

所有字段填写完毕后，单击页面最下方的"执行"按钮，就是说执行增加记录的查询（因为 MySQL 对数据的操作事实上都是通过 SQL 语句实现的），该记录就被保存到了数据库中，出现的界面如图 9-13 所示。在该界面中，同样看到了独具 phpMyAdmin 特色的 SQL 语句：

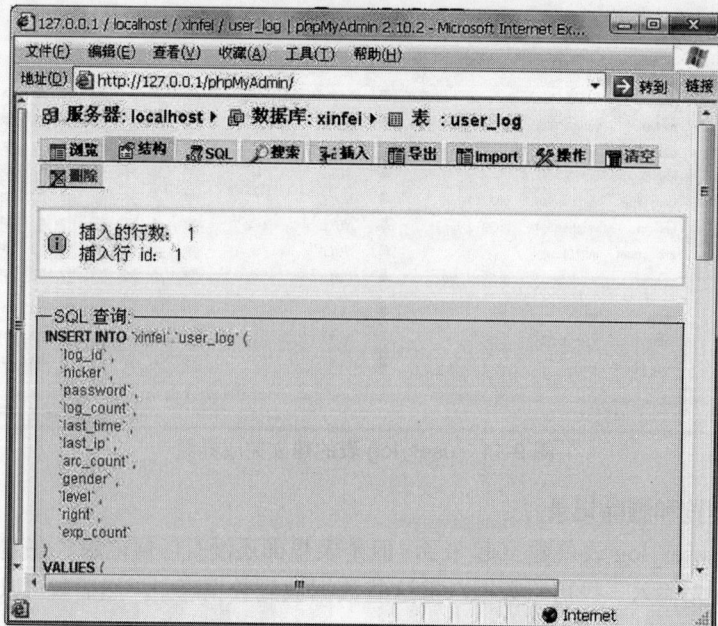

图 9-13　记录添加成功界面

```
INSERT INTO'user_log'('log_id','nicker','password','log_count','last_time',
'last_ip','arc_count','gender','level','right','exp_count')
VALUES('','snake','168','1','2005-11-1','127.0.0.1','0','M','0','0','100');
```

该语句的出现，说明数据插入成功了。这时，社区中出现了一个昵称叫做 snake 的成员。那么怎么才能看到已经录入的完整记录呢? 怎么知道数据库中都有哪些内容? 在如图 9-13 所示的界面中，页面中部有个非常明显的导航栏，该导航栏以后会经常用到，在导航栏中找到第 2 项"浏览"并单击它，可以浏览该数据表中的所有记录，打开的页面如图 9-14 所示。

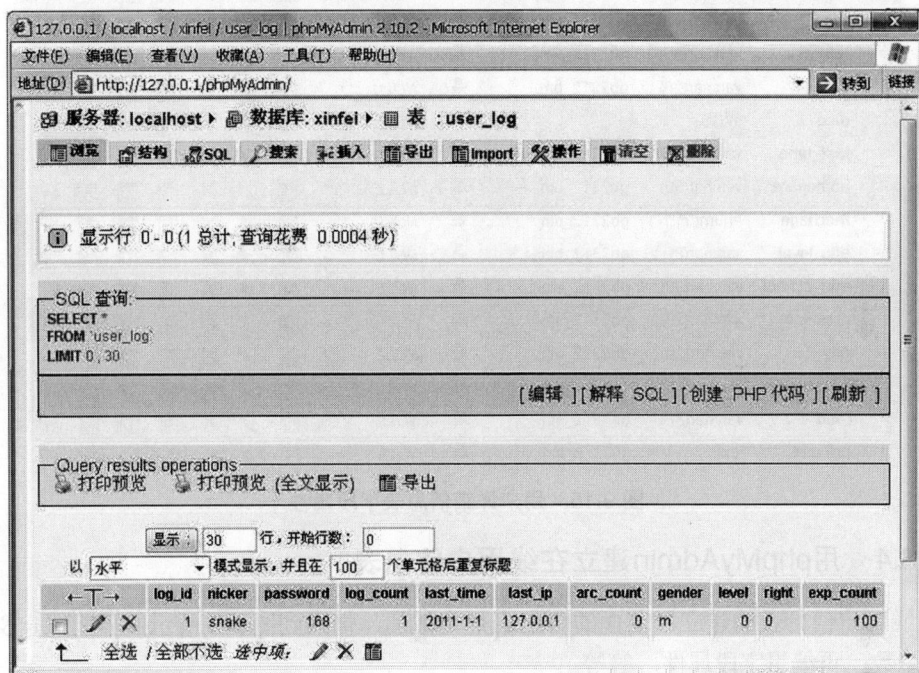

图 9-14　user_log 表的浏览界面

"浏览"的作用就是查询对应数据表的详细内容，并把它们显示在浏览器窗口中，操作对应的 SQL 语句是:

```
SELECT * FROM 'user_log' LIMIT 0,30;
```

这条 SQL 语句的作用是显示当前数据表的内容，"*"代表所有的记录。SELECT 是 SQL 语言中最常用、最经典的语句，它的作用是进行数据库的查询工作。"LIMIT 0，30"代表仅显示数据表的前 30 条记录。

如果需要删除记录，可以直接单击每条记录最前方的✗，该差号即删除该记录的意思。注意，删除记录是无法撤销的，一定要慎重操作，删除时，系统会提示用户是否确实要删除，这在一定程度上保证了数据的安全。

9.3.3　用phpMyAdmin建立用户详细信息表

有了建立第 1 个表的基础，再来建立其他的表就容易多了。在界面左侧单击"xinfei"，或在"数据库"下拉列表中选择"xinfei"，就回到了如前图 9-8 所示的界面。重复第 1 个表的操作，在"名字"文本框中填写第 2 个表名"user_attr"，在"字段"文本框中填写 16，这是要建立的用户详细信息表的字段总数。然后单击"执行"按钮，完成表名定义。

以后的操作就是各个字段属性的定义及记录的添加了，可以参照 9.3.2 节的做法完成后续工作，该表和用户基本信息表的建立是非常类似的，限于篇幅，这里就不再重复了。

当详细信息表建立起来后，数据表的结构应该如图 9-15 所示。

字段	类型	整理	属性	Null	默认	额外	操作
log_id	int(10)			否			
realname	varchar(20)	gb2312_bin		是	NULL		
email	varchar(40)	gb2312_bin		是	NULL		
address	varchar(50)	gb2312_bin		是	NULL		
birthday	varchar(20)	gb2312_bin		是	NULL		
oicq	int(15)			是	NULL		
last_time	varchar(20)	gb2312_bin		是	NULL		
homepage	varchar(50)	gb2312_bin		是	NULL		
merriage	enum('Y', 'N')	gb2312_bin		是	NULL		
edu_level	varchar(8)	gb2312_bin		是	NULL		
edu_school	varchar(30)	gb2312_bin		是	NULL		
province	varchar(20)	gb2312_bin		是	NULL		
city	varchar(20)	gb2312_bin		是	NULL		
postalcode	varchar(6)	gb2312_bin		是	NULL		
fond	varchar(8)	gb2312_bin		是	NULL		
present	text	gb2312_bin		是	NULL		

图 9-15　用户详细信息表字段属性

9.3.4　用phpMyAdmin建立在线用户信息表

在线用户信息表的建立和前面的两个表是类似的，仍回到图 9-8 所示的界面，定义表名及字段总数，再编辑字段属性，等等。

当在线用户信息表建立起来后，数据表的结构应该如图 9-16 所示。

字段	类型	整理	属性	Null	默认	额外	操作
log_id	int(10)			否			
nicker	varchar(20)	gb2312_bin		是	NULL		
log_count	int(10)			是	NULL		
log_time	varchar(20)	gb2312_bin		是	NULL		
log_ip	varchar(30)	gb2312_bin		是	NULL		
arc_count	int(10)			是	NULL		
gender	enum('w', 'm')	gb2312_bin		是	NULL		
level	int(1)			是	NULL		
right	varchar(10)	gb2312_bin		是	NULL		
exp_count	int(10)			是	NULL		

图 9-16　在线用户信息表字段属性

在后两个表建立的过程中，要注意 log_id 字段不再定义为自动增量，否则会给数据库带来致命的错误。详细原因请参考关系数据库的参照完整性，这里不再赘述。

9.4　数据库、表的删除

在实际的 MySQL 数据库的管理中，不仅要增加数据库和数据表，而且要进行它们的动态删除工作，那么 phpMyAdmin 是怎么完成这些工作的呢？下面一起来看一看。

9.4.1　数据表的删除操作

在 phpMyAdmin 的界面中，单击"数据库"下拉按钮，选中"xinfei"，就出现了如图 9-17 所示的浏览器窗口。

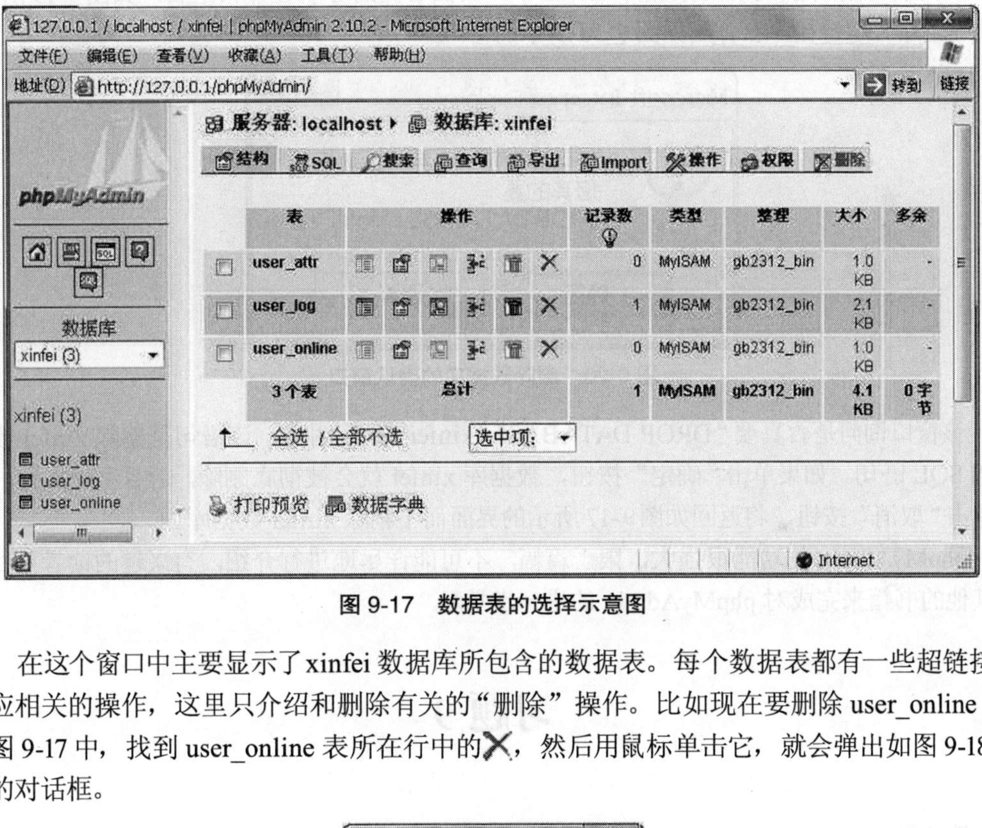

图 9-17　数据表的选择示意图

在这个窗口中主要显示了 xinfei 数据库所包含的数据表。每个数据表都有一些超链接来对应相关的操作，这里只介绍和删除有关的"删除"操作。比如现在要删除 user_online 表，在图 9-17 中，找到 user_online 表所在行中的✕，然后用鼠标单击它，就会弹出如图 9-18 所示的对话框。

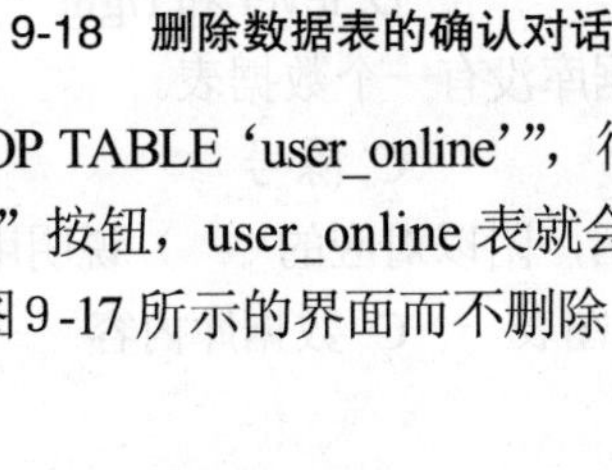

图 9-18　删除数据表的确认对话框

该对话框询问是否真要"DROP TABLE 'user_online'"，很明显，该语句是删除 user_online 表的 SQL 语句。如果单击"确定"按钮，user_online 表就会被彻底删除，并且不能撤销，如果单击"取消"按钮，将返回如图 9-17 所示的界面而不删除 user_online 表。

9.4.2　数据库的删除操作

9.4.1 节介绍的是数据表的操作，有时候要对数据库进行清理操作，把整个数据库的内容全部删除，使 MySQL 数据库中不包含任何 xinfei 社区的数据，那应该怎么做呢? 这就是数据库的删除操作。

图 9-19　数据库主界面导航栏

在选择数据库后出现的数据库主界面中，页面右侧的导航栏非常醒目，如图 9-19 所示，单击"删除"超链接，会弹出如图 9-20 所示的窗口。

图 9-20　删除数据库的确认窗口

该窗口询问是否真要"DROP DATABASE 'xinfei'"，很明显，该语句是删除 xinfei 数据库的 SQL 语句。如果单击"确定"按钮，数据库 xinfei 就会被彻底删除，并且不能撤销，如果单击"取消"按钮，将返回如图 9-17 所示的界面而不删除 xinfei 数据库。

phpMyAdmin 的功能很强大，限于篇幅，不可能详尽地进行介绍，有兴趣的读者可以参考其他的书籍来完成对 phpMyAdmin 的进一步学习。

习题 9

一、选择题

1. 在用户基本信息表、用户详细信息表和在线用户表中，存在一些重复的字段，比如
（　）等，这主要是为了在这些表中建立起对应的联系。

    A. password 和 last_time　　　　　　B. log_id 和 nicker

    C. gender　　　　　　　　　　　　　D. level 和 right

2. 括号中的（　）说明该数据库没有一个数据表。

    A. 加号　　　　B. 乘号　　　　C. 除号　　　　D. 减号

3. 在用户进行数据库的操作后，附以对应的（　）说明用户的操作。

    A. SQL 语句　　B. 数据库图表　　C. 数据库内容　　D. 数据表内容

4. 段属性列表的上方找到蓝色的（　　），单击它，进入了记录的添加界面。

    A. 操作　　　　　　B. 清空　　　　　　C. 插入　　　　　　D. 导出

二、填空题

1. 在 PHP 编程的过程中，使用_____来管理 MySQL 数据库是一种非常流行的方法，同时也是比较明智的选择。

2. phpMyAdmin 提供了一个简洁的图形界面，该界面不同于普通的运行程序，而是以 Web 页面的形式体现，在相关的一系列 Web 页面中，完成对_____数据库的所有操作。

3. 在 phpMyAdmin 的主界面中，一条垂直的直线把整个窗口分为两大部分，左边是选择数据库的窗口，单击_____下拉按钮可以选择数据库，将来创建的所有数据库都将出现在此下拉列表中。

第 10 章
PHP 与 MySQL 的协同工作

10.1　PHP 的 MySQL 数据库函数
10.2　PHP 的记录操作

任务单十

项目 名称	在PHP网页中连接数据库
能力 目标	1. 会使用 PHP 的 MySQL 数据库函数； 2. 会使用 MySQL_connect 函数，打开 MySQL 服务器连接； 3. 会使用 MySQL_select_db 函数，选择一个数据库； 4. 会使用 MySQL_close 函数，关闭 MySQL 服务器连接； 5. 会使用 MySQL_create_db 函数，建立一个 MySQL 新数据库。
任务 描述	新建一个 PHP 网页，在网页中连接数据库并查询数据库中的信息： 1. 使用 MySQL_connect 函数，在网页中打开数据库； 2. 使用 MySQL_select_db 函数，在网页中选择数据库； 3. 使用 MySQL_close 函数，在网页中关闭数据库； 4. 使用 MySQL_create_db 函数，在网页中建立一个新数据库。

可以毫不夸张地说，没有后台数据库支持的网络应用程序只是一个空架子，实现的功能也非常简单，缺乏动态更新的内容。如果有了数据库的支持，情况就大不一样了，可以实现收集用户的信息、根据用户的要求定制页面内容、实时更新最新消息等丰富的功能。因此，学习网络语言，一定要同时注重数据库方面的知识。

本书的前面章节中陆续讨论了 HTML 和一些简单的 PHP 代码，并且讨论了 MySQL 数据库及其图形管理工具 phpMyAdmin，为本章的内容作了很好的铺垫。在本章中，将会讲述如何使用 PHP 操纵 MySQL 数据库。重点将会放在 PHP 的 MySQL 函数库上，着重介绍各个函数的使用方法，并会配有丰富、实用的范例程序辅助讲解。

10.1 PHP 的 MySQL 数据库函数

PHP 的 MySQL 数据库函数库中现有 48 个函数，具体列表见表 10-1。

表10-1　PHP的MySQL函数库

函 数 名	功 能
MySQL_affected_rows	取得前一次 MySQL 操作所影响的记录行数
MySQL_change_user	改变活动连接中登录的用户
MySQL_client_encoding	返回字符集的名称
MySQL_close	关闭 MySQL 连接
MySQL_connect	打开一个到 MySQL 服务器的连接
MySQL_create_db	新建一个 MySQL 数据库
MySQL_data_seek	移动内部结果的指针
MySQL_db_name	取得结果数据
MySQL_db_query	发送一条 MySQL 查询
MySQL_drop_db	丢弃（删除）一个 MySQL 数据库
MySQL_errno	返回上一个 MySQL 操作中的错误信息的数字编码
MySQL_error	返回上一个 MySQL 操作产生的文本错误信息
MySQL_escape_string	转义一个字符串用于 MySQL_query
MySQL_fetch_array	从结果集中取得一行作为关联数组，或数字数组，或二者兼有
MySQL_fetch_assoc	从结果集中取得一行作为关联数组
MySQL_fetch_field	从结果集中取得列信息并作为对象返回
MySQL_fetch_lengths	取得结果集中每个输出的长度
MySQL_fetch_object	从结果集中取得一行作为对象
MySQL_fetch_row	从结果集中取得一行为枚举数组
MySQL_field_flags	从结果中取得与指定字段关联的标志

函　数　名	功　　能
MySQL_field_len	返回指定字段的长度
MySQL_field_name	取得结果中指定字段的字段名
MySQL_field_seek	将结果集中的指针设定为指定的字段偏移量
MySQL_field_table	取得指定字段所在的表名
MySQL_field_type	取得结果集中指定字段的类型
MySQL_free_result	释放结果内存
MySQL_get_client_info	取得 MySQL 客户端信息
MySQL_get_host_info	取得 MySQL 主机信息
MySQL_get_proto_info	取得 MySQL 协议信息
MySQL_get_server_info	取得 MySQL 服务器信息
MySQL_info	取得最近一条查询的信息
MySQL_insert_id	取得上一步 INSERT 操作产生的 ID
MySQL_list_dbs	列出 MySQL 服务器中所有的数据库
MySQL_list_fields	列出 MySQL 结果中的字段
MySQL_list_processes	列出 MySQL 进程
MySQL_list_tables	列出 MySQL 数据库中的表
MySQL_num_fields	取得结果集中字段的数目
MySQL_num_rows	取得结果集中行的数目
MySQL_pconnect	打开一个到 MySQL 服务器的持久连接
MySQL_ping	ping 一个服务器连接，如果没有连接，则重新连接
MySQL_query	发送一条 MySQL 查询
MySQL_real_escape_string	转义 SQL 语句中使用的字符串中的特殊字符，并考虑到连接的字符集
MySQL_result	取得结果数据
MySQL_select_db	选择 MySQL 数据库
MySQL_stat	取得当前系统状态
MySQL_tablename	取得表名
MySQL_thread_id	返回当前线程的 ID
MySQL_unbuffered_query	向 MySQL 发送一条 SQL 查询，并不获取和缓存结果的行

这 48 个函数可分为数据库连接函数、数据库查询函数、返回值处理函数、其他函数等四

大类，功能相当丰富，可以实现各种关于数据库的操作。这组 MySQL 数据库函数是 PHP 非常有特色同时也是非常重要的一个函数库。下面将具体讲解各函数，并配以相关的示例程序帮助理解。

10.1.1 数据库连接函数

顾名思义，本部分函数的功能就是实现 PHP 与 MySQL 数据库的连接。大家知道，当需要对数据库进行操作时，所要做的第一件事就是建立与数据库的连接。没有这个连接，PHP 与 MySQL 之间就没有交互的通道，当然也就不用提对数据库的操作了。现在要讲的就是建立这个连接。

1. MySQL_connect 函数

打开 MySQL 服务器连接。

语法：int MySQL _ connect(string[hostname][:port],string[username], string[password]);

返回值：整数

函数种类：数据库功能

内容说明：本函数将建立与 MySQL 服务器的连接。其中所有的参数都可省略。当使用本函数却不加任何参数时，参数 hostname 的默认值为 localhost，参数 username 的默认值为 PHP 执行进程的拥有者，参数 password 则为空字符串（即没有密码）。参数 hostname 后面可以加冒号与端口号，代表使用哪个端口与 MySQL 连接。另外，在使用数据库时，早点使用 MySQL_close() 将连接关掉可以节省资源。

若与数据库的连接成功，则返回一个连接标识符（link_identifier）。若连接失败，则返回 false 值。

使用范例：

```php
<?php
require("config.inc.php");
@$con=MySQL _ connect($host,$dbuser,$dbpass)or die('无法连接服务器');
?>
```

其中 config.inc.php 的内容为：

```php
<?php
$host='localhost';
$dbuser='root';
$dbpass='';
?>
```

在这一段程序中，使用了一个用户名为 "root"、密码为空的账号连接到一台名为 localhost 的数据库服务器中。

其中 "@" 符号将控制系统的错误信息。当数据库连接失败时，MySQL 一般会给出如下

186

的错误信息:

```
Warning:MySQL connection Failed: Access denied
for user:'root@localhost'(Using password:YES)
```

通常来说,这样的错误信息被认为是非常不友好的,一般用户看不懂出现的错误。而如果给出一句提示性文字"无法连接服务器",则只要懂中文的用户都知道这是数据库的连接出错。为了控制系统的错误信息的出现,只要在容易出错的语句前加上"@"符号,并配合以"or die…"语句,就可以提高出错页面文件的友好度。

2. MySQL_pconnect

打开 MySQL 服务器持续连接。

语法: int MySQL _ pconnect(string[hostname][:port],string[username], string[password]);

返回值: 整数

函数种类: 数据库功能

内容说明: 本函数和 MySQL _ connect() 的功能基本相同。不同的地方在于,使用本函数打开数据库时,程序会先寻找是否曾经执行过本函数,若执行过,则返回先前执行的 ID。另一个不同的地方是本函数无法使用 MySQL _ close() 来关闭数据库的连接。

3. MySQL_close 函数

关闭 MySQL 服务器连接。

语法: int MySQL _ close(int[link _ identifier]);

返回值: 整数

函数种类: 数据库功能

内容说明: 本函数关闭与 MySQL 数据库服务器的连接。若无指定参数 link_identifier,则会关闭最后一次连接。用 MySQL_pconnect() 连接则无法使用本函数关闭。实际上本函数并不是一定需要的,当 PHP 整页程序结束后,将会自动关闭与数据库的非永久性(non-persistent)连接。成功返回 true,失败返回 false。

该函数的功能可以说只停留在理论上,实际中使用这个函数的场合非常少。在本书作者使用 PHP 的过程中,还没有真正使用这个函数。读者只要记得有这么一个函数就可以了。

4. MySQL_select_db 函数

选择一个数据库。

语 法: int MySQL _ select _ db(string database _ name,[int link _ identifier]);

返回值: 整数

函数种类: 数据库功能

内容说明: 本函数选择 MySQL 服务器中的数据库以供之后的数据查询(query)操作处理。成功返回 true,失败则返回 false。link_identifier 的参数可选,当没有指定时,系统默认使用最近的一个连接标识符。

本函数的功能就像 SQL 中的 use 命令一样,选择需要操作的具体的数据库名。

使用范例:

```
<?php
require("config.inc.php");/* config.inc.php 内容如前例 */
@$link=MySQL_connect($host,$dbuser,$dbpass)or die(" 无法连接服务器 ");
@MySQL_select_db(xinfei,$link) or die (" 无法连接 xinfei 数据库 ");
?>
```

现在的操作又比刚才进了一步，选择了名为 localhost 的数据库服务器中的 xinfei 数据库，相当于在 MySQL 中执行过命令 "use xinfei"。

类似服务器连接或数据库连接的 PHP 语句，执行后如果连接正确，在浏览器中是不会有任何显示的，倒是出错了才会有错误信息提示，这一点请读者注意。

5. MySQL_create_db 函数

建立一个 MySQL 新数据库。

语法:int MySQL_create_db(string database_name,[int link_identifier]);

返回值: 整数

函数种类: 数据库功能

内容说明: 本函数用来建立在当前服务器下的新数据库。在建立前，必须先使用 MySQL_connect 函数与服务器连接。

6. MySQL_drop_db 函数

删除数据库。

语法:int MySQL_drop_db(string database_name,[int link_identifier]);

返回值: 整数

函数种类: 数据库功能

内容说明: 本函数删除已存在的数据库，成功返回 true，失败则返回 false。

本函数与上面的 MySQL_create_db 函数功能相反。一般情况下，使用 phpMyAdmin 来进行对整个数据库的操作，然后对数据库的操作就限于当前数据库中。这两个函数一般不经常使用。

10.1.2 数据库查询函数

SQL 的查询功能是丰富多彩的，而在 PHP 中，通过一系列的函数同样可以执行任何 SQL 的查询语句，并得到完整的返回结果，下面就来介绍这些函数。

1. MySQL_query 函数

送出一个 query 字符串。

语法: int MySQL_query(string query,[int link_identifier]);

函数种类: 数据库功能

内容说明: 本函数送出 query 字符串供 MySQL 做相关的处理或者执行。若没有指定 link_identifier 参数，则程序会自动寻找最近打开的 ID。query 字符串就是所要执行的标准 SQL 语句。

当 query 查询字符串是 UPDATE、INSERT 及 DELETE 时，返回的可能是 true 或者 false；查询的字符串是 SELECT，返回新的 ID 值。

使用范例：

```php
<?php
require("config.inc.php");
@$link=MySQL _ connect($host,$dbuser,$dbpass) or die(" 无法连接服务器 ");
@MySQL _ select _ db(xinfei,$link) or die (" 无法连接 xinfei 数据库 ");
$query="insert into example (name,age)
values('Jackey','24')";
MySQL _ query($query,$link);
?>
```

上面这段程序实现了将 "name" 为 "Jackey"，"age" 为 "24" 的记录插入表 example 的操作（前提是 xinfei 数据库中有这样的一个 example 表），执行了一段标准的 SQL 语句：

```
insert into example (name,age) values('Jackey','24')";
```

可以说初步实现了 PHP 对 MySQL 数据库的操纵。但如果只有本函数，就只能执行一些不要求取得返回值的语句，如 INSERT、UPDATE 及 DELETE 等。而如果希望使用 SELECT 语句，则还应加入取得返回值的函数，相关内容下面将要讲到。

2.MySQL_db_query 函数

送查询字符串 (query) 到指定的 MySQL 数据库。

语　法:int MySQL _db_query(string database,string query,[int link_ identifier]);

返回值：整数

函数种类：数据库功能

内容说明：本函数用来送出查询字符串 (query) 到后端指定的 MySQL 数据库中。可省略参数 link_identifier。若此参数不存在，则程序会自动寻找其他 MySQL_connect() 连接后的连接代码。发生错误时会返回 false，没出错则返回它的返回代码。

本函数实现的功能与 MySQL_query 函数相同，不同之处在于本函数需要指定所使用的数据库名。适用于那些没有适用 MySQL_select_db 函数选择数据库的情形。如果已经选择了数据库，则直接使用 MySQL_query 函数即可。

10.1.3　返回值处理函数

当使用 SELECT 语句作为 MySQL_query 函数的查询字符串时，必然会返回一系列符合条件的记录，这里的返回值处理函数就是用来处理这些查询语句的返回值。这部分函数无论从数量上还是从功能上看，都是非常丰富的，可以处理任意复杂的返回值。现在就来看一看它们的使用方法。

1. MySQL_fetch_array 函数

返回数组数据。

语法: array MySQL _ fetch _ array(int result,[int result _ type]);

返回值: 数组

函数种类：数据库功能

内容说明：本函数将查询结果 result 拆到数组变量中。若 result 没有数据，则返回 false 值。而本函数可以说是 MySQL_fetch_row() 的加强函数，除可以将返回列及数字索引放入数组之外，还可以将文字索引放入数组中。若是好几个返回字段都是相同的文字名称，则最后一个置入的字段有效。对此问题的解决方法是使用数字索引或者为这些同名的字段（column）取别名（alias）。注意，使用本函数的处理速度其实并不比 MySQL_fetch_row() 函数慢，要用哪个函数还应该依据使用的具体需求决定。参数 result_type 是一个常量值，有以下几种常量 MySQL_ASSOC、MySQL_NUM 与 MySQL_BOTH。

使用范例：

```php
<?php
require("config.inc.php");
@$link=MySQL_connect($host,$dbuser,$dbpass) or die(" 无法连接服务器 ");
@MySQL_select_db(xinfei,$link) or die (" 无法连接 xinfei 数据库 ");
$query="select * from example";
@$result=MySQL_query($query,$link) or die("MySQL 出错, 查询失败! ");
echo "<table border=1>";
while($row=MySQL_fetch_array($result){
echo "<tr>";
echo "<td> $row[ID] </td>";
echo "<td> $row[name] </td>";
echo "<td> $row[age] </td>";
echo "<td> $row[time] </td>";
echo "</tr>";
}
echo "</table>";
MySQL_free_result($result);
?>
```

这段程序实现了使用 HTML 表格列出 example 表中所有记录的详细信息的功能。使用 PHP，把 SQL 语句的查询结果与 HTML 的表格有机地结合了起来。

本函数可以说是 MySQL 函数库中，除了 MySQL_connect 和 MySQL_select_db 两个函数之外，使用次数最多的函数了。只要有 SQL 的查询语句，在处理返回结果时，就少不了使用本函数。当然，在某些情况下，可以使用 MySQL_fetch_row 函数来代替本函数，这点将在下面讲到。

2. MySQL_fetch_row 函数

返回单列的各字段。

语法：array MySQL_fetch_row(int result);

返回值：数组

函数种类：数据库功能

内容说明：本函数用来将查询结果 result 的每一列拆到数组变量中。数组的下标变量是数字，第1个的下标值是0，第2个的下标值是1，从此向下依次排列。若 result 没有值，则返回 false 值。

使用范例：

```php
<?php
require("config.inc.php");
@$link=MySQL _ connect($host,$dbuser,$dbpass)or die(" 无法连接服务器 ");
@MySQL _ select _ db(xinfei,$link) or die (" 无法连接 xinfei 数据库 ");
$query="select * from example";
@$result=MySQL _ query($query,$link)or die("MySQL 出错，查询失败! ");
echo"<table border=1>";
while($row=MySQL _ fetch _ row($result){
echo "<tr>";
echo "<td> $row[0] </td>";
echo "<td> $row[1] </td>";
echo "<td> $row[2] </td>";
echo "<td> $row[3] </td>";
echo "</tr>";
}
echo "</table>";
MySQL _ free _ result($result);
?>
```

这段范例程序实现了与上面 MySQL_fetch_array 函数范例相同的结果。由此看出，MySQL_fetch_row 与 MySQL_fetch_array 的唯一区别就是 MySQL_fetch_row 生成的数组中，下标变量是从0开始的正整数，而 MySQL_fetch_array 生成数组的下标变量是数据库表中列的名字（即各个字段名）。到底使用哪个函数来进行返回值的处理，需要针对具体的应用环境来进行具体的分析。

3. MySQL_fetch_lengths 函数

返回单列各栏数据最大长度。

语法：array MySQL _ fetch _ lengths(int result);

返回值：数组

函数种类：数据库功能

内容说明：本函数将 MySQL_fetch_row() 处理过的最后一列的各个字段数据最大长度放在数组变量之中，用于得到结果中各列的最大长度。若执行失败，则返回 false 值。返回数组的第一个元素下标值是0，以后依次增加。

以上讲的这3个函数都是对所有返回结果而言的，返回得到是存储有所有符合条件的查询信息的数组。接下来要讲的几个函数都是针对某个返回结果而言的，返回值大多是单一的字符串，请注意它们使用上的差别。

4. MySQL_data_seek 函数

移动内部返回指针。

语法：int MySQL _ data _ seek(int result _ identifier , int row _ number);

返回值：整数

函数种类：数据库功能

内容说明：本函数可移动内部返回的列指针到指定的 row_number。之后若使用 MySQL_ fetch_row() 可以返回指定列的记录值。若成功，则返回 true，若失败，则返回 false。

5. MySQL_field_name 函数

返回指定字段的名称。

语法：string MySQL _ field _ name(int result , int field _ index);

返回值：字符串

函数种类：数据库功能

内容说明：本函数用来取得指定字段的名称。

举例如下。

假设 $result 是一个数据库查询的返回结果，下面的语句就可以列出结果中第 2 列字段的名称：

```
MySQL _ field _ name($result,2);
```

6. MySQL_field_table 函数

获得目前字段的数据表（table）名称。

语法：string MySQL _ field _ table(int result , int field _ offset);

返回值：字符串

函数种类：数据库功能

内容说明：本函数可以得到目前所在字段的数据表名。

7. MySQL_field_len 函数

获得目前字段长度。

语法：string MySQL _ field _ len(int result , int field _ offset);

返回值：整数

函数种类：数据库功能

内容说明：本函数可以得到目前所在字段的长度。

8. MySQL_num_fields 函数

取得返回字段的数目。

语法：int MySQL _ num _ fields (int result);

返回值：整数

函数种类：数据库功能

内容说明：本函数可以得到返回列（也就是字段）的数目。

9. MySQL_num_rows 函数

取得返回行的数目。

语法：int MySQL _ num _ rows(int result);

返回值: 整数

函数种类: 数据库功能

内容说明: 本函数可以得到结果集中行的数目, 即返回了几条记录。

本函数与前面的 MySQL_num_fields 函数在处理查询结果时是常用的两个函数, 用于控制返回值的长度。

10. MySQL_list_tables 函数

列出指定数据库的数据表 (table)。

语　法: int MySQL _ list _ tables(string database,[int link _ identifier]);

返回值: 整数

函数种类: 数据库功能

内容说明: 本函数可以得到指定数据库中的所有数据表名称。下面在讲解 MySQL_tablename 函数时, 会讲解本函数的具体用法。

11. MySQL_tablename 函数

获得数据表 (table) 名称。

语法: string MySQL _ tablename(int result,int i);

返回值: 字符串

函数种类: 数据库功能

内容说明: 本函数可取得数据表名称字符串, 一般配合 MySQL_list_tables() 函数使用。

举例如下:

table _ list.php

```php
<?php
MySQL _ connect("localhost", "root","");
$result = MySQL _ list _ tables("xinfei");
for($i = 0; $i < MySQL _ num _ rows($result); $i++){
echo "Table _ ".$i.":".MySQL _ tablename($result,$i)."<br>";
}
MySQL _ free _ result($result);
?>
```

执行结果如图 10-1 所示。

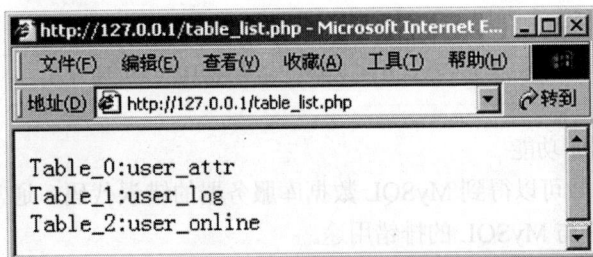

图 10-1　数据表名称列表

本段程序的功能就是取出 xinfei 数据库中可用的表的名称。其中使用了 MySQL_num_rows 和 MySQL_list_table 两个函数与本函数相配合，来实现所需要的功能。

到这里，就讲完了 MySQL 的返回值处理函数，本书出于篇幅考虑，仅列出了部分高频使用的函数。可以看到，有了这些返回值处理函数，PHP 可以非常方便地对数据库查询结果进行任意操作，从返回值的内容到数据库中表的名称等，都可以非常方便地得到。PHP 虽然也支持很多其他类型的数据库，比如 Oracle、Informix 等，但对于其他任何数据库系统，在 PHP 中从来没有过如此多的函数支持，这就是为什么说 PHP 是 MySQL 黄金搭档的原因之一，另外，PHP 与 MySQL 的免费特性，也是它们迅速走红的重要原因。

如果希望在以上 11 个函数中选出更为精华的内容，本书认为非常常用的函数有以下几个：

MySQL_fetch_array 函数——返回数组数据；

MySQL_fetch_row 函数——返回单列的各字段；

MySQL_num_fields 函数——取得返回字段的数目；

MySQL_num_rows 函数——取得返回行的数目。

这几个函数几乎在每次查询中都要用到，在前面也进行了重点讲解。读者可以回到前面的章节，再次熟悉一下关于它们的内容。

10.1.4 其他函数

除了上面的三类功能明确的函数之外，MySQL 函数库中，还有一些涉及错误处理、数据指针的函数。把这些函数都归为其他函数，在这里做一简单介绍。

1. MySQL_affected_rows 函数

得到 MySQL 最后操作影响的列数目。

语法：int MySQL _ affected _ rows([int link _ identifier]);

返回值：整数

函数种类：数据库功能

内容说明：本函数可得到 MySQL 最后查询操作 INSERT、UPDATE 或 DELETE 所影响的列（row）数目。

若最后的查询（query）是使用 DELETE 而且没有使用 WHERE 命令，则会删除全部资料，本函数将返回 0。若最后使用的是 SELECT，则用本函数不会得到预期的数目，因为要改变 MySQL 数据库，本函数才有效，欲得到 SELECT 返回的数目，则需使用 MySQL_num_rows() 函数。

2. MySQL_errno 函数

返回错误信息代码。

语法：int MySQL _ errno([int link _ identifier]);

返回值：整数

函数种类：数据库功能

内容说明：本函数可以得到 MySQL 数据库服务器的错误代码。通常用在 PHP 网页程序开发阶段，作为 PHP 与 MySQL 的排错用途。

3. MySQL_error 函数

返回错误信息。

语法：string MySQL _ error([int link _ identifier]);

返回值：字符串

函数种类：数据库功能

内容说明：本函数可以得到 MySQL 数据库服务器的错误。通常用在 PHP 网页程序开发阶段，与 MySQL_errno( ) 一起作为 PHP 与 MySQL 的排错用途。

使用范例：

```
<?php
MySQL _ connect("remote _ host");
echo MySQL _ errno().":".MySQL _ error()."<br>";
MySQL _ select _ db("no _ exists _ db");
echo MySQL _ errno().":".MySQL _ error()."<br>";
$result=MySQL _ query("select * from no _ exists _ table");
echo MySQL _ errno().":".MySQL _ error()."<br>";
?>
```

上面的程序故意让 PHP 代码去连接根本不存在的数据库服务器"remote_host"，在根本不存在的数据库"no_exists_db"中查询根本不存在的表"no_exists_table"，然后来看看 MySQL 到底会出现什么样的错误提示信息。

4. MySQL_insert_id 函数

返回最后一次使用 INSERT 指令的 ID。

语法：int MySQL _ insert _ id([int link _ identifier]);

返回值：整数

函数种类：数据库功能

内容说明：本函数可以得到最后一次使用 INSERT 到 MySQL 数据库的执行 ID。

10.2 PHP 的记录操作

在本书第 9 章中使用 phpMyAdmin 进行 MySQL 的数据库管理，感觉无论是查看数据，还是插入新记录、修改记录，很是方便，但是 phpMyAdmin 是从数据库管理员和程序员角度出发设计的数据库管理程序，对数据库拥有非常高的权限，在商业环境下，不能让普通用户接触。所以，关于数据库的操作，应该给普通用户提供若干页面，来完成记录的查询、插入、修改、删除操作，使用本章中讲解的 MySQL 数据库函数，将很容易达到以上效果。

为了便于演示效果，首先使用 phpMyAdmin 制作如表 10-2 所示的数据表，并且先录入部分记录，制作过程不再赘述。在该数据表的基础上，分别讨论记录的查询、插入、修改、删除操作。

假定一个学校环境，数据库名称为 school，数据表名称为 user，插入 5 条数据，字段 id 为自动增加。

表10-2　school数据库中的user数据表

id	name	gender	age	class
1	小强	男	22	04331
2	阿乐	男	18	04332
3	小王	女	19	04333
4	小军	男	21	04333
5	小霞	女	19	04332

10.2.1　查询记录

利用 phpMyAdmin 录入数据库和数据表后，下面的工作就是编写 PHP 页面了。首先利用 PHP 的 MySQL 数据库函数实现数据的浏览操作。

程序的基本思路是这样的，首先建立与 MySQL 数据库的连接，其次执行 SQL 查询，最后处理查询结果，以循环形式将数据输出在 HTML 页面中。程序代码如下：

```
link.php
<html><head><title></title></head>
<body>
    <table border="1" bordercolor="red" cellpadding="1" cellspacing="1"    align=center
    width="400"><tr>
    <td align="center"> 编号 </td>
    <td align="center"> 姓名 </td>
    <td align="center"> 性别 </td>
    <td align="center"> 年龄 </td>
    <td align="center"> 班级 </td>
    </tr>
    <?php
MySQL _ connect("localhost","root","");
MySQL _ select _ db("school");
$sql="select * from user";
$result=MySQL _ query($sql);
//$result 返回值需要做进一步处理
while($row=MySQL _ fetch _ array($result)){
echo
"<tr><td>".$row[id]."</td><td>".$row[name]."</td><td>".$row[gender]."</td><td>"
$row[age]."</td><td>".$row[ 'class' ]."</td></tr>";
}
/*
```

196

注意，$row['class'] 中的 class 加了单引号，而其他的数组下标并没有加单引号，是因为 class 是 PHP 中的一个关键字。避免此类混淆的最好方法是不用 class 做字段名，本程序这样使用也是为了说明问题。本章后续的程序请继续注意该问题。

```
*/
?>
</table>
</body>
</html>
```

将以上页面编辑完毕，放置到 AppServ 安装目录中的 www 子目录下，在 IE 浏览器的地址栏中输入：http://127.0.0.1/link.php，将会看到如图 10-2 所示的效果。

编号	姓名	性别	年龄	班级
1	小强	男	22	04331
2	阿乐	男	18	04332
3	小王	女	19	04333
4	小军	男	21	04333
5	小霞	女	19	04332

图 10-2　数据查询页面 link.php 执行结果

该页面显示了所有学生的信息，而在实际情况下，并不是对所有的学生都感兴趣，而只是想知道某个学生的信息，所以有必要重新做一个页面来实现有选择地查看学生信息。

程序代码如下：

query.php

```
<?php
MySQL _ connect("localhost","root","");
MySQL _ select _ db("school");
// 以上为头部数据库连接部分，为以下公用的部分
if(!$id){
$result=MySQL _ query("select * from user");
while($row=MySQL _ fetch _ array($result)){
echo $row[id].".". "<a href=query.php?id=".$row[id].">".$row[name]."</a><br>";
}
}
else{
    $sql="select * from user where id=$id";
    $result=MySQL _ query($sql);
    $row=MySQL _ fetch _ array($result);
echo
$row[id]."<br>".$row[name]."<br>".$row[gender]."<br>".$row[age]."<br>".$row
['class'];
```

```
echo"<br><br><br><a href=query.php> 继续查询 </a>";
    }?>
```

将以上页面编辑完毕，放置到 AppServ 安装目录中的 www 子目录下，在 IE 浏览器的地址栏中输入：http://127.0.0.1/query.php，将会看到如图 10-3 所示的效果。

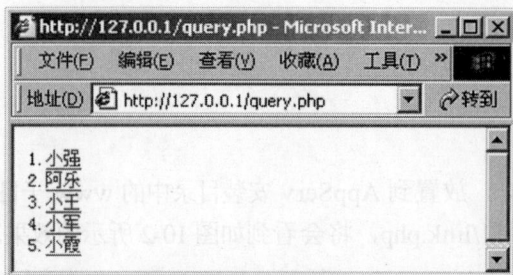

图 10-3　数据查询页面 query.php 执行结果

在如图 10-3 所示的页面中，单击其中一个超链接，比如单击"小王"，将会打开小王的详细信息，如图 10-4 所示。

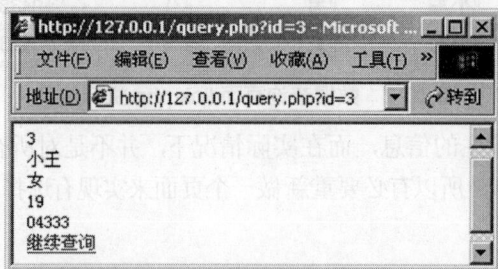

图 10-4　单击"小王"后的显示结果

为理解该程序段，需要首先理解一种利用 http 地址头送出变量的特殊用法。下面看一个 http 地址头：

```
http://127.0.0.1/query.php?id=3
```

在 IE 地址栏中输入以上地址头后，将打开本机的 Web 发布目录 www 中的 query.php 页面，同时将值为 3 的变量 id 送入该页面。这种方法可以灵活地运用变量控制页面显示结果，是 PHP 编程中非常常用的方法。事实上，一次可以送出多个变量，比如下面的例子：

```
http://127.0.0.1/query.php?db=6482&id=7&pw=2
```

这个地址头在打开 query.php 页面的同时，送出了 db、id 和 pw 三个变量，值分别是 6482、7 和 2。

有了在地址栏送出变量的基础，就可以理解上面的程序段了。该程序被明显地分成了两块，第一块是"if(!$id)"分支部分，该部分完成名字列表的显示工作。"!$id"说明变量 $id 未出现，或为假值。

```
if(!$id)
    {
```

```
$result=MySQL _ query("select * from user");
while($row=MySQL _ fetch _ array($result))
{
echo $row[id]."."."<a href=query.php?id=".$row[id].">".$row[name]."</a><br>";
}
}
```

当在地址栏中输入 http://127.0.0.1/query.php 时，变量 id 并不存在，所以首先执行上面的判断体，由于采用了 while 循环，显示出了用户名字的列表，同时每个名字的超链接指向了该名字所对应的 id，因为每次循环取出的 $row[id] 和 $row[name] 是对应的。

当用户单击某个名字的超链接时，如图 10-4 所示，单击了"小王"超链接，对应的 id 是 3，地址头是 http://127.0.0.1/query.php?id=3，这时重新打开 query.php 页面，但是同时送出了变量 id，值为 3，所以重新打开的 query.php 页面不再执行上半部分判断体，而是直接执行 else 部分，根据送出的变量 id=3，查询出对应的学生详细信息，由于此次查询的结果值只可能有一个值（为什么？请读者自己思考），所以不再采用循环，而是直接进行查询返回值的处理：$row=MySQL_fetch_array($result)。

该程序的思想被广泛应用在新闻、论坛等领域内，读者一定要牢固掌握本程序中变量的传送方法。

10.2.2　插入记录

数据库中的数据需要不断充实，使用 phpMyAdmin 来插入数据无疑是很不方便、不安全的，所以现在需要了解怎样使用自己制作的页面来插入数据。程序如下：

insert.php

```
<?php
MySQL _ connect("localhost","root","");
MySQL _ select _ db("school");
if($ok){
$sql="insert into user values('','$name','$gender','$age','$class')";
$result=MySQL _ query($sql);
echo " 记录已经成功插入 <br><a href='modify.php'> 继续插入记录 </a>";
}
else{
?>
<form method="post" action="insert.php">
姓名 <input type="text" name="name"><br>
性别 <input type="text" name="gender"><br>
年龄 <input type="text" name="age"><br>
班级 <input type="text" name="class"><br>
```

```
        
<input type="submit" name="ok" value=" 提交 ">
</form>
<?
}// 此处 PHP 与 HTML 的灵活结合可以让您充分体验 PHP 的优越性
?>
```

将以上页面编辑完毕，放置到 AppServ 安装目录中的 www 子目录下，在 IE 浏览器的地址栏中输入：http://127.0.0.1/insert.php，将会看到如图 10-5 所示的效果。

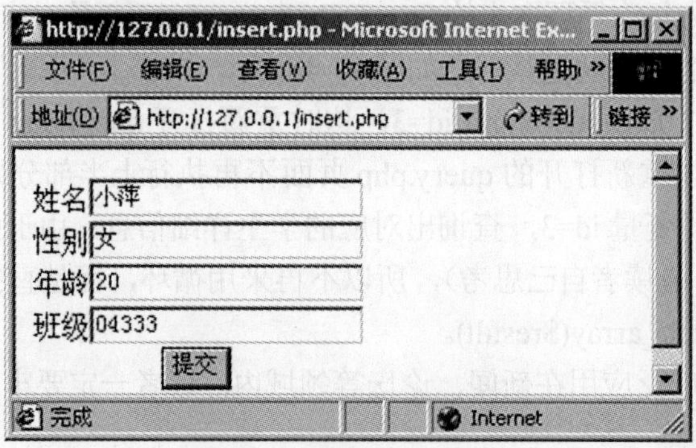

图 10-5　数据插入表单

该页面比较简单，一般的思路是先做出表单，然后添加 PHP 代码部分。当打开表单时，因为"提交"按钮未被单击，按钮所对应的变量 $ok 未被赋值，便执行 if 判断体的 else 部分，即表单的显示部分，当填写完所有的表单项后，单击"提交"按钮，变量 $ok 被赋值，页面被提交时，重新打开 insert.php（即自己打开自己），由于 $ok 已被赋值，所以直接执行 if 判断体的前半部分，即：

```
$sql="insert into user values('','$name','$gender','$age','$class')";
$result=MySQL _ query($sql);
```

该语句将填写的 name、gender、age、class 四个数据送入 school 数据库中的 user 表，因为字段"id"为自动增加字段，所以无须输入数据，而是写了一对空白的引号，所以总共向 user 表送入了 5 个字段。

10.2.3　修改记录

你将数据写入数据库后，可能会突然发现某些数据写错了，或者有意识地想修改某个或某些数据，如果进入 phpMyAdmin 来修改，固然是可以的，但是这样会对数据库的安全带来威胁，并且并不是每个用户都能进入 phpMyAdmin 的。所以我们现在要讨论如何制作独立的页面来实现数据表的修改。

回顾一下 10.2.1 节中的记录浏览页面。首先看到一个如图 10-3 所示的页面，出现所有学生的名字列表，当单击某个学生名字的超链接时，会出现如图 10-4 所示的该学生详细信息。记录数据的修改和浏览有类似之处，也是先列出学生的名字列表，当单击某学生时，弹出一个表单页面，在该表单中，可以修改该学生的原始数据，修改后，再单击"提交"按钮，将数据表中的数据作相应修改。代码如下：

modify.php

```php
<?MySQL _ connect("localhost","","");

MySQL _ select _ db("school");

if(!$id){

$result=MySQL _ query("select * from user");

while($row=MySQL _ fetch _ array($result)){

echo $row[id].".".."<a href=modify.php?id=".$row[id].">".$row[name]."</a><br>";

}

}// 显示列表的内容

else{

if(!$ok){

$sql="select * from user where id=$id";

$result=MySQL _ query($sql);

$row=MySQL _ fetch _ array($result);

?>

<form method="post" action="modify.php?id=<? echo $id;?>">

<?

echo $row[id]."<br>";

?>

姓名 <input type="text" name="name" value=<?echo $row[name];?>><br>

性别 <input type="text" name="gender" value=<?echo $row[gender];?>><br>

年龄 <input type="text" name="age"  value=<?echo $row[age];?>><br>

班级 <input type="text" name="class" value=<?echo $row['class'];?>><br>

<input type="submit" name="ok" value=" 提交 ">

</form>

<?

}//if(!$ok 部分 )

//下面处理 ok 被激活后更新数据表中的数据

else{// 针对 $ok 被激活后的处理：

$sql="update user set name='$name',gender='$gender',age='$age',class='$class'where

id='$id'";// 此处的多对单引号必不可少，因为均为文本字段！

MySQL _ query($sql);

echo" 记录已经成功修改 <br><a href='modify.php'> 继续修改记录 </a>";

}

}//else($id 部分 )

?>
```

将以上页面编辑完毕，放置到 AppServ 安装目录中的 www 子目录下，在 IE 浏览器的地址栏中输入：http://127.0.0.1/modify.php，将会看到如图 10-6 所示的效果。

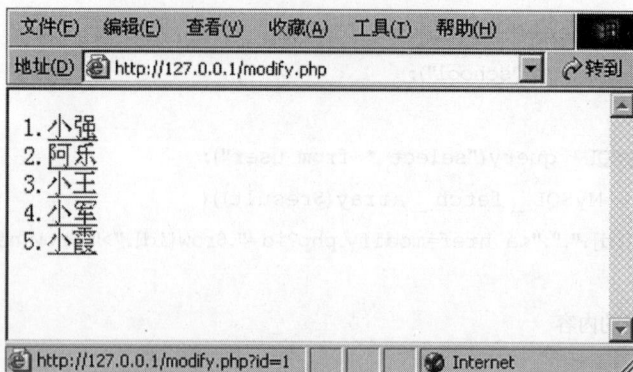

图 10-6　待修改的学生姓名列表

对学生信息的修改页面和学生信息的查询页面相似，仅由一段代码实现，图 10-6 和图 10-7 页面的显示是由代码中的判断结构来实现的。在该代码中，同样利用了超链接送出变量值的方法，具体的语句如下：

```
while($row=MySQL _ fetch _ array($result)){
    echo $row[id].".".."<a href=modify.php?id=".$row[id].">".$row[name]."</a><br>";
    }
```

图 10-7　学生信息修改表单

该句循环，实现了所有学生姓名，在姓名的超链接上，各自附带着姓名所对应的学生 ID，当鼠标指向某个学生的超链接时，id 值随即显示在 IE 浏览器的状态栏，比如指向"小强"时，其超链接如下：

http://127.0.0.1/modify.php?id=1

10.2.4　删除记录

记录的删除可以在 phpMyAdmin 中进行，但是正如前所述，存在风险，并且不方便，下面讨论如何制作 PHP 页面来删除选定的记录。

代码如下：

```
<?MySQL _ connect("localhost","","");
MySQL _ select _ db("school");
if(!$id){
echo    " 请选择要删除的学生: <br>";
$result=MySQL _ query("select * from user");
while($row=MySQL _ fetch _ array($result)){
        echo $row[id]."."."<a href=delete.php?id=".$row[id].">".$row[name]."</a><br>";
    }
}// 显示列表的内容
else{// 根据 ID 删除记录:
$sql="delete from user where id=$id";
MySQL _ query($sql);
echo " 已经删除该同学的记录, <a href=delete.php> 返回 </a>";
}
?>
```

将以上页面编辑完毕，放置到 AppServ 安装目录中的 www 子目录下，在 IE 浏览器的地址栏中输入：http://127.0.0.1/delete.php，将会看到如图 10-8 所示的效果。

在该页面中，选择要删除的学生姓名，单击链接，即可以删除该学生的记录。该页面也由判断结构分为两块，第一块当刚刚打开页面时，由于尚未单击学生姓名链接，所以直接显示学生姓名的链接列表，第二块当单击某个学生的链接时，链接所对应的变量 id 被激活，重新打开本页面，运行判断结构的 else 部分，即删除记录的 SQL 语句：

```
delete from user where id=$id
```

图 10-8　待删除的学生姓名列表

根据学生名字的超链接送出的 id，删除该 id 所对应的记录，删除后，出现如图 10-9 所示的页面，单击"返回"，可以继续删除特定的记录。

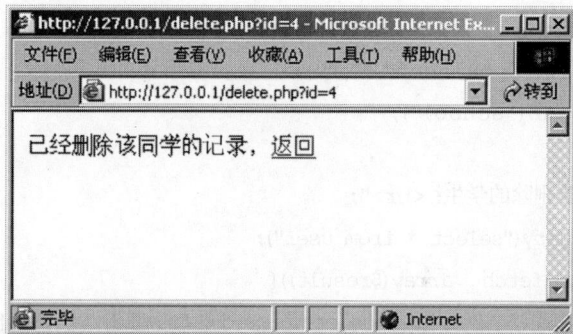

图 10-9 删除记录后出现的提示页面

总结以上对数据库记录的操作，无外乎包括查询、插入、修改、删除，这些操作完全依赖 SQL 语句，在后续的章节中，会不断用到本章讲述的内容，希望读者能够牢固掌握。

习题 10

一、选择题

1. SQL 的查询功能是丰富多彩的，而在（　　）中，通过一系列的函数同样可以执行任何 SQL 的查询语句，并得到完整的返回结果。

 A. Jave   B. CSS   C. HTML   D. PHP

2. 我们知道，当需要对数据库进行操作时，所要做的第一件事就是（　　）。

 A. 建立数据库连接   B. 执行查询

 C. 处理结果   D. 输出在页面

3. 对数据库记录的操作，无外乎包括查询、插入、修改、删除，这些操作完全依赖（　　）语句。

 A. SQL   B. HTML   C. CSS   D. JAVASCRIPT

二、填空题

1. 可以毫不夸张地说，没有后台数据库支持的网络应用程序只是一个空架子，实现的功能也只能是非常简单，缺乏动态更新的内容。如果有了数据库的支持，情况就大不一样了，可以＿＿＿＿、＿＿＿＿、＿＿＿＿。因此，学习网络语言，一定要同时注重学习数据库方面的知识。

2. 使用 phpMyAdmin 进行 MySQL 的数据库管理，感觉无论是查看数据，还是＿＿＿＿、＿＿＿＿，很是方便，但是 phpMyAdmin 是从数据库管理员和程序员角度出发设计的数据库管理程序，对数据库拥有非常高的权限，在商业环境下，不能让普通用户接触。

3. 将数据写入数据库之后，可能会突然发现某些数据写错了，或者有意识地想修改某个或某些数据，如果进入 phpMyAdmin 来修改，固然是可以的，但是这样会对＿＿＿＿的安全带来威胁，并且并不是每个用户都能进入 phpMyAdmin 的。

第 11 章
用户注册与登录

任务单十一

项目 名称	用户注册与登录系统
能力 目标	1. 会使用 phpMyAdmin 新建数据库； 2. 会使用数据库函数，在网页中连接数据库，并进行相关操作； 3. 会使用画图工具理解注册登录系统的工作原理； 4. 会使用 PHP 语法，利用表单向数据库中插入数据； 5. 会使用虚拟服务器，在浏览器中测试用户注册与登录系统。
任务 描述	为企业网站设计一个注册登录系统，用来记录注册会员的信息： 1. 使用 phpMyAdmin 新建数据库； 2. 使用 Dreamweaver CS3 或 Dreamweaver CS4，建立相关 PHP 网页； 3. 使用 AppServ-win32-2.5.9，测试系统。

在网络中，你会经常遇见论坛、社区、邮箱的用户注册和登录，在注册和登录中，大量的用户账号和密码及用户信息被井然有序地保管着，用户账号和密码的一一对应确保了论坛、社区和邮箱的安全。本章就讨论如何制作用户注册和登录系统。

11.1　数据库的准备

11.1.1　数据库结构

为了实现用户的注册和登录，管理大量的用户数据，有必要创建一个专门的数据库。在创建数据库的过程中，先重温 phpMyAdmin 的使用。

出于便于管理及尽量简化的考虑，本章中服务于注册和登录的数据表仅有两个，分别是用户基本信息表（login）和在线用户表（online）。用户基本信息表的内容如表 11-1 所示。

表11-1　用户基本信息表（login）

字段名	说明	类型	长度
id	自动编号	int	10
_nick	昵称	varchar	20
_gender	性别	enum('M','W')	1
_password	密码	varchar	20

用户基本信息表的内容非常简单，这是为了便于学习，在实际的应用当中，应该适当丰富基本信息表的字段内容，比如用户邮箱、QQ 号码、联系地址、职业、爱好等其他信息。该信息表最主要的功能是存储用户的 ID 和密码，便于登录时作判断。

在线用户表（online）用于存放当前所有登录后在线的用户的信息，如昵称、密码、用户 IP、登录时间等信息。它主要是为进行网络管理和对在线用户的查找所用。在线用户信息表的内容如表 11-2 所示。

表11-2　在线用户信息表（online）

字段名	说明	类型	长度
id	自动编号	int	10
_nick	昵称	varchar	20
_password	密码	varchar	20
_ip	用户 IP	varchar	20
_time	登录时间	datatime	20

在以上两个表中，存在一些重复的字段，比如 id 和 _nick，这主要是为了在这些表中建立起对应的联系。另外，为了尽量少地打开数据表，也有必要增加这些冗余信息。

11.1.2 用phpMyAdmin创建用户数据库

按照前述章节中关于用phpMyAdmin创建数据库的方法，在 IE 地址栏中输入 http://127.0.0.1，在弹出的如图 11-1 所示的页面中，选择第一项：phpMyAdmin Database Manager，进入 phpMyAdmin 的管理页面。

图 11-1　AppServ 页面中的 phpMyAdmin 链接

在 phpMyAdmin 的管理页面中，创建一个新的数据库 userinfo，然后分别创建 login 表和 online 表，创建的结果如图 11-2 和图 11-3 所示。

	字段	类型	整理	属性	Null	默认	额外
☐	**id**	int(10)			否		auto_increment
☐	_nick	varchar(20)	gb2312_chinese_ci		是	NULL	
☐	_gender	enum('M', 'W')	gb2312_chinese_ci		是	NULL	
☐	_password	varchar(20)	gb2312_chinese_ci		是	NULL	

图 11-2　login 表

	字段	类型	整理	属性	Null	默认
☐	id	int(10)			是	NULL
☐	_nick	varchar(20)	gb2312_chinese_ci		是	NULL
☐	_password	varchar(20)	gb2312_chinese_ci		是	NULL
☐	_ip	varchar(20)	gb2312_chinese_ci		是	NULL
☐	_time	datetime			是	NULL

图 11-3　online 表

以上两个数据表创建完毕后，数据记录是全空的，待制作注册和登录页面之后，用户通过注册和登录等操作，数据自然就录入到数据库中去了。到此为止，数据库的准备就完成了，在此基础上，可以进一步编辑 PHP 页面。

11.1.3　数据库的连接

为了读取和写入数据库，PHP 需要使用 MySQL 函数进行数据库连接，这样一来，每个页面凡是要连接数据库的，都需要重复写一遍连接语句，造成了代码的冗余。为了减少重复的代码，可以考虑把这些经常用到的代码放在一个公共的 PHP 程序中。当需要建立数据库连接的时候，只需要把这个程序用 include 或 require 包含进来就可以了。使用此种方法，不仅代码简洁，而且便于使用和修改，可读性较强。

在 PHP 程序设计的时候有一个约定，这些文件的扩展名都是 .inc.php，以此说明这些文件是公用的，应该包含在 include 或 require 语句里面，而不应该作为主要的程序存在。下面就创建一个数据库连接的文件，名字叫做 common.inc.php。这个包含文件的作用主要是创建与数据库的连接，同时将两个数据表的表名赋值给两个变量，便于函数操作。

common.inc.php

```
<?
$LOGIN="login";
$ONLINE="online";
MySQL _ connect("localhost","","");// 连接数据库服务器，账号密码均为空
MySQL _ select _ db("userinfo");// 连接 userinfo 数据库
?>
```

当建立了这个 PHP 的包含文件之后，在页面需要建立数据库连接时，只需要使用 PHP 的 include "common.inc.php" 语句就可以完成和 MySQL 数据库的连接工作了。在大型网站的建设过程中，广泛地采用了这种使用包含文件的技术，它充分地体现了模块化的编程思想。

11.2　注册页面

基于数据库的结构十分简单，注册页面需要用户填写的内容也十分简洁，可以想象，一个复杂的注册页面会把多少满怀热情的网友拒之门外。如果实在需要用户填写大量注册信息，可以考虑把其他信息作为备选项，由用户自由选择是否填写，在此，就不再赘述。

用户注册的过程实际上就是填写一张用户申请表，然后系统根据用户的申请信息进行判断，如果用户信息符合条件就添加此用户，同时分配给用户一个 ID 号（即标识号），作为用户的唯一标识。如果用户的信息不符合条件，比如两次输入的密码不相同，或者昵称不合法，系统会自动报错。用户申请表的界面如图 11-4 所示。

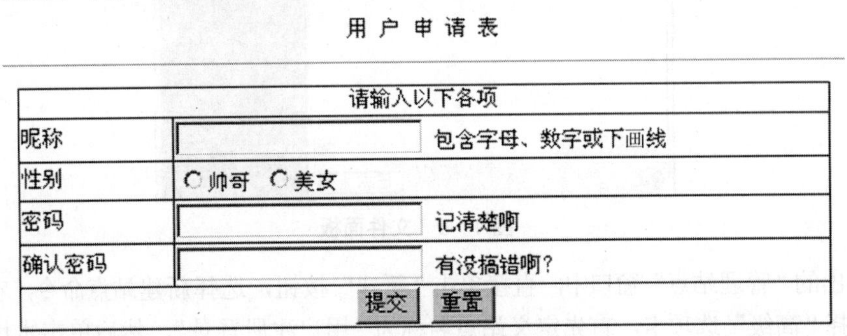

图 11-4　用户申请表

在前面章节中，大多数的 PHP 页面都是用 EditPlus 文本编辑软件手工输入代码完成的，而在一个完整的网站开发过程中，实际分工是这样的：前台 Web 页面由网页设计师使用专业软件 Dreamweaver 完成，主要是页面结构及构图等，后台数据库由 PHP 程序员独立完成，而后，前台页面需要修改成 PHP 代码，以完成与后台数据库的沟通，该工作由 PHP 程序员完成。所以，一个 PHP 程序员应该十分熟悉 HTML 语言，同时为了节省人力，某些时候 PHP 程序员也应该熟练掌握 Dreamweaver 的使用。

如图 11-4 所示的用户申请表，内容固然简单，但是手工书写全部的代码，效率肯定比使用 Dreamweaver 要低得多。所以下面使用 Dreamweaver 先开发前台页面，而后再修改 HTML 代码为 PHP 代码。

11.2.1 制作前台Web页面

在制作用户申请表之前，首先在 C:\appserv\www 目录下新建一个文件夹，命名为 register，此文件夹为注册和登录页面专用的文件夹，同时也便于 Dreamweaver 定义站点。将刚刚写好的 common.inc.php 页面复制到该文件夹内，便于以后直接引用。

1. 定义站点

在任务栏单击"开始"|"程序"|"Adobe Dreamweaver CS4"，打开网页编辑软件 Dreamweaver CS4。

为了便于管理 CSS 样式表和其他页面文件，在制作申请表之前，可以定义一个站点，专门用于存放注册和登录的一系列页面。在 Dreamweaver CS4 工作区右侧的"文件"面板中，单击"管理站点"，如图 11-5 所示。

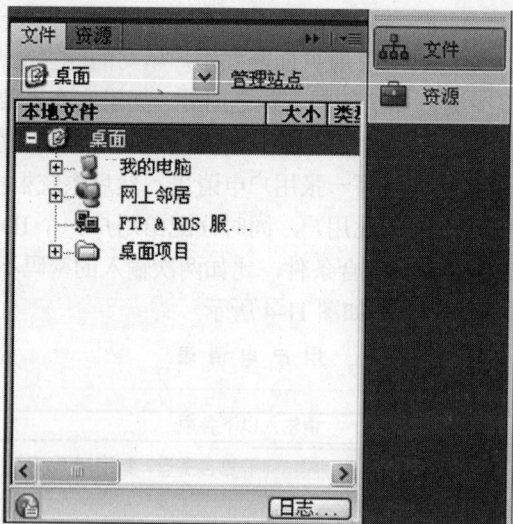

图 11-5 文件面板

在弹出的"管理站点"窗口中，直接单击"新建"按钮，选择新建站点命令，在站点定义窗口中选择"高级"选项卡，首先定义站点名称为"用户注册登录"，然后单击本地根文件夹域中的▭图标，选择 C 盘中的 appserv 文件夹中的 www 文件夹下的 register 文件夹，从而将根文件夹路径修改为 C:\appserv\www\register，其余信息不用更改，单击"确定"按钮，完成站点定义。如图 11-6 所示。

本地信息

站点名称(N)：用户注册登录

本地根文件夹(F)：C:\AppServ\www\register\

图 11-6 站点本地信息

2. 制作页面

新建一个页面，首先保存，命名为 reg.html，保存在 C:\appserv\www\register 内，即刚定义的站点文件夹内。

为方便起见，预先定义样式表。本页面需要两个样式，一个是文字的大小：12px，一个是表单文本域的样式，拟使用如图 11-4 所示的下画线样式。这两个样式使用 Dreamweaver CS4 的样式表定义功能将非常便捷。

选择工作区右侧"设计"面板中的"CSS 样式"选项卡，单击"新建样式表"按钮，弹出"新建 CSS 规则"对话框，如图 11-7 所示。在"选择器类型"域中选择"类（可应用于任何 HTML 元素）"，在"选择器名称"域中输入"text"，在"规则定义"域中选择"（新建样式表文件）"。弹出如图 11-8 所示的保存样式表文件对话框，将样式表文件保存在 C:\appserv\www\register 文件夹中，命名为 css，如图 11-8 所示。

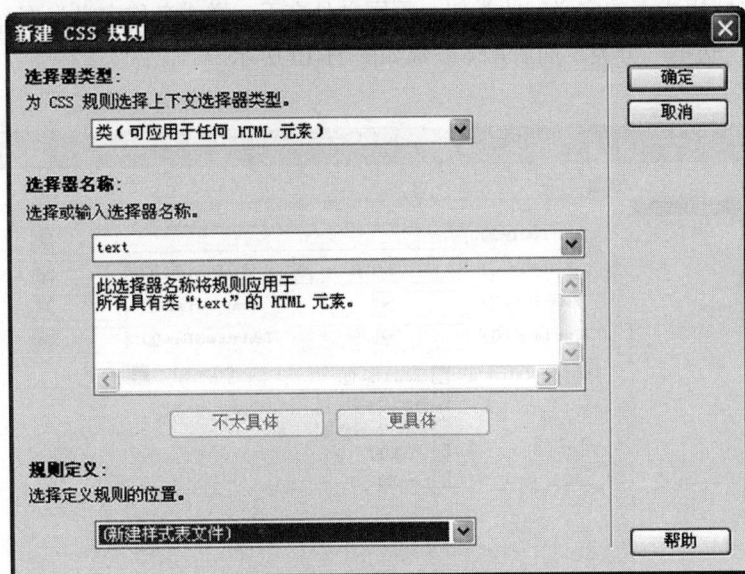

图 11-7 新建 text 样式

样式表命名并单击"保存"按钮后，将弹出样式表的定义窗口，如图 11-9 所示，在"类型"组合框中，将"Font-size"定义为 12px，将"Color"定义为黑色，然后单击"确定"按钮，从而完成文字样式表的定义。

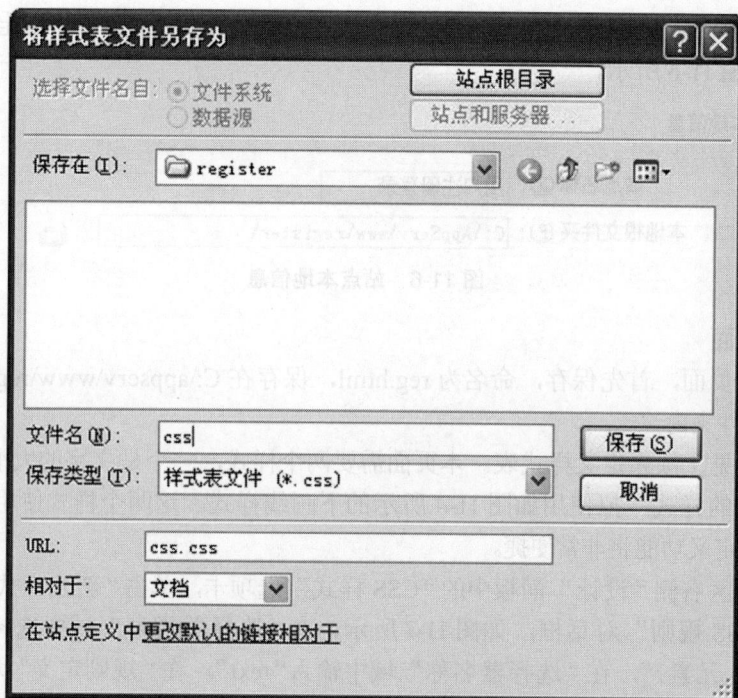

图 11-8　保存自定义样式表文件

　　表单文本域样式表的定义与此类似，不同之处在于，样式名称定义为"input1"，样式定义的参数选择"边框"分类，而后具体参数如图 11-10 所示。

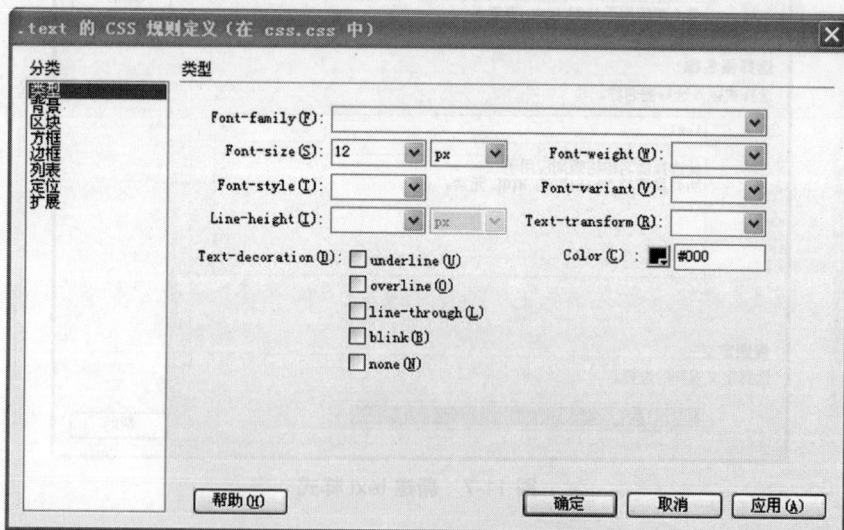

图 11-9　text 的样式表定义项目

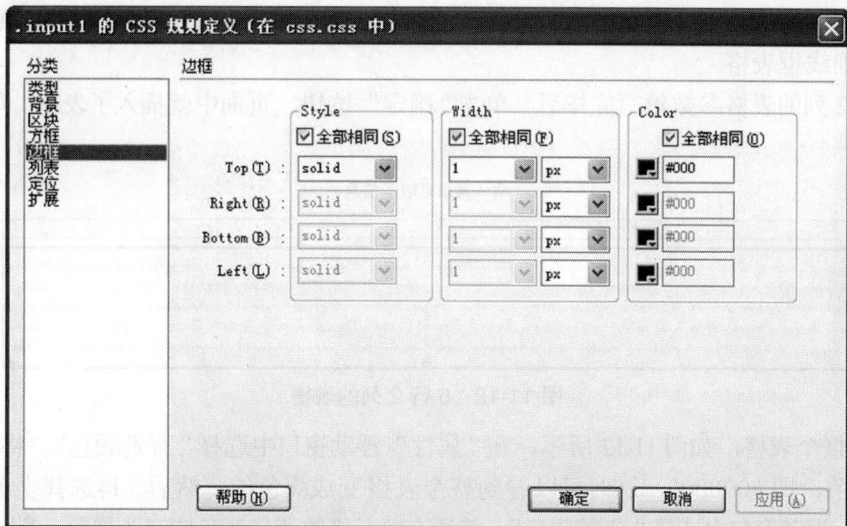

图 11-10 表单文本域样式表 input1 定义窗口

如图 11-10 所示的参数，其目的是为了在一个矩形的文本域中，显示一条上下左右都为 1 像素的黑色实线边框。

两个样式表定义完成后，就可以继续制作 reg.html 页面了。

首先在页面第一行居中书写：请认真填写以下信息，选中第 1 行，套用样式表"text"；然后在第 2 行绘制一条直线，宽度为 600 像素，高度为 1 像素，无阴影。

在直线下方，单击"插入"|"表单"命令，在页面中出现一个红色虚线包围的矩形区域。该区域内用于存放所有表单元素，比如文本域、单选按钮、复选框、按钮等。

用鼠标单击红色矩形区域内部，在表单域内插入表格。单击"插入"|"表格"命令，在弹出的对话框中填写参数，如图 11-11 所示。

图 11-11 插入表格的参数

213

注意，在这里"单元格间距"填写 1，而"单元格边距"和"边框粗细"都填写 0，是为了生成细线框表格。

6 行 2 列的表格参数填写完毕后，单击"确定"按钮，页面中就插入了表格，如图 11-12 所示。

请认真填写以下信息

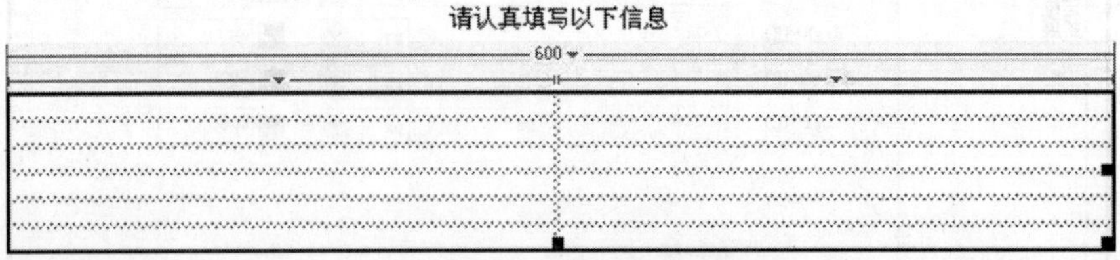

图 11-12　6 行 2 列的表格

选中整个表格，如图 11-12 所示，在"属性"浮动窗口中选择"背景颜色"，将背景颜色定义为黑色，即 #000000，这时可以看到整个表格变成黑色的。然后，再选择全部单元格，在"属性"浮动窗口中选择"背景颜色"，将所有单元格的背景颜色定义为黑色，即 #000000。这时，已经可以看到，表格变成了细线框表格，如图 11-13 所示。

请认真填写以下信息

图 11-13　细线框表格

事实上，这里的技巧就在于单元格的间距为 1 像素。将整个表的背景颜色设为黑色后，又将所有单元格的背景颜色设为白色，此时单元格的间距将保持黑色背景，所以，就出现了黑色的细线框表格。所以说，你所看到的其实并不是表格线，而是表格的单元格间隔颜色。

此种细线框表格的制作方法被广泛应用在 Web 页面设计中，比起使用 CSS 样式表，此种方法更简单，更容易控制。

选中该表格，套用样式表 text，使填入表格的文字可以直接套用该样式。将第 1 行和第 6 行的两个单元格合并，将第 2~5 行的表格中线向左适当移动，便于填写表单文本域。

按照图 11-14 所示，在表格中分别插入各个需要用户填写的信息，注意在最后一行插入两个按钮，分别用于提交信息和重新输入信息。

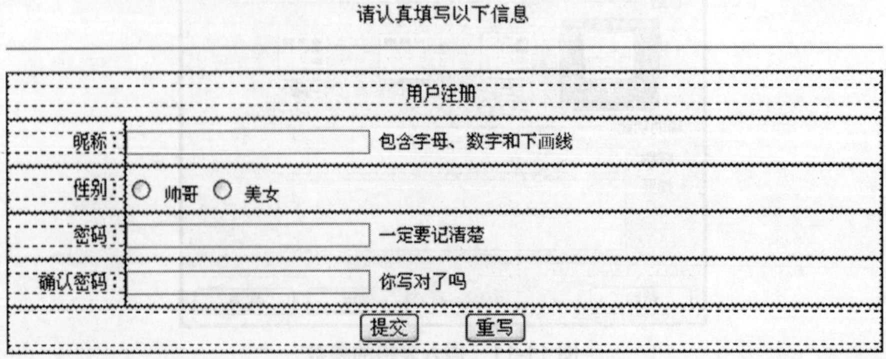

请认真填写以下信息

用户注册	
昵称	包含字母、数字和下画线
性别	○ 帅哥　○ 美女
密码	一定要记清楚
确认密码	你写对了吗
提交　重写	

图 11-14　表单信息

214

　　在该表单中，文本域的样式过于呆板，这时可以使用预先定义的样式表 form01，分别选中三个文本域，单击 CSS 样式面板中的 input1，在 Dreamweaver CS4 中不能看到文本域样式效果，必须预览才可以看到如图 11-15 所示的效果。

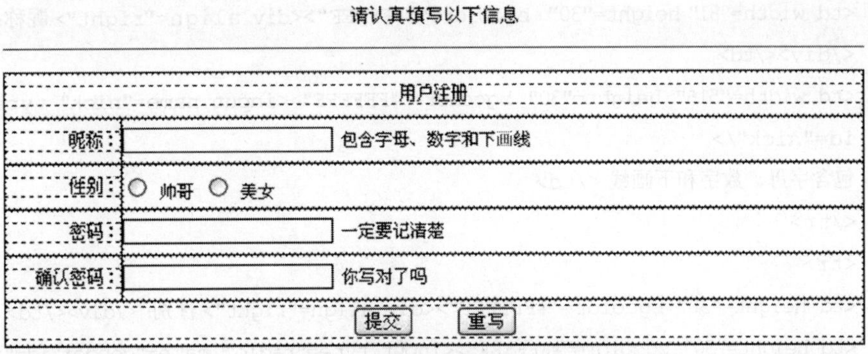

图 11-15　套用样式后的表单

　　按如上步骤完成页面的前台设计后，就可以保存页面，然后逐步修改为 PHP 代码。可以直接修改的是 form 标签的 action 参数和 input 标签的 name 参数。因为该 reg.html 文件终究将被修改为 reg.php 文件，所以 form 的 action 不妨直接设为 action="reg.php"，下面几个 input 标签的 name 参数可以根据数据表中的字段名，分别定义为 nick、gender、password、password2 等，其中 password2 并不保存到数据表中，而仅仅是作为用户输入密码时确保密码无误的一个手段。另外，"提交"按钮的 name 参数定义为 name="ok"。

　　经过简单修改后，reg.html 面变成了以下的代码：

```
reg.html
<!DOCTYPE html PUBLIC "-//W3C//DTD XHTML 1.0 Transitional//EN"
"http://www.w3.org/TR/xhtml1/DTD/xhtml1-transitional.dtd">
<html xmlns="http://www.w3.org/1999/xhtml">
<head>
    <meta http-equiv="Content-Type" content="text/html; charset=gb2312"/>
    <title>用户注册与登录</title>
    <link href="css.css" rel="stylesheet" type="text/css"/>
</head>
<body>
    <center>
    请认真填写以下信息
    <hr width="600" size="1" color="#000000" noshade />
    <form id="form1" name="form1" method="post" action="reg.php">
    <table width="600" border="0" cellpadding="0" cellspacing="1" bgcolor="#000000"
    class="text">
    <tr>
    <td height="30" colspan="2" bgcolor="#FFFFFF"><div align="center">
```

用户注册 </div></td>

　　　</tr>

　　　<tr>

　　　<td width="81" height="30" bgcolor="#FFFFFF"><div align="right"> 昵称:

　　　</div></td>

　　　<td width="516" height="30" bgcolor="#FFFFFF"><input name="nick" type="text"

　　　id="nick"/>

　　　包含字母、数字和下画线 </td>

　　　</tr>

　　　<tr>

　　　<td height="30" bgcolor="#FFFFFF"><div align="right"> 性别: </div></td>

　　　<td height="30" bgcolor="#FFFFFF"><input type="radio" name="gender"id=" radio"

　　　value="M"/>

　　　帅哥 <input type="radio" name="gender" id="radio2" value="W"/>

　　　美女 </td>

　　　</tr>

　　　<tr>

　　　<td height="30" bgcolor="#FFFFFF"><div align="right"> 密码: </div></td>

　　　<td height="30" bgcolor="#FFFFFF"><input name="password" type="password"

　　　　　id="password1"/>

　　　一定要记清楚 </td>

　　　</tr>

　　　<tr>

　　　<td height="30" bgcolor="#FFFFFF"><div align="right"> 确认密码: </div></td>

　　　<td height="30" bgcolor="#FFFFFF"><input name="password2 "type="password"

　　　　　id="password2"/> 你写对了吗 </td>

　　　</tr>

　　　<tr>

　　　<td height="30" colspan="2" bgcolor="#FFFFFF"><div align="center">

　　　<input type="submit" name="ok" value=" 提交 "/>

　　　 <input type="reset" value=" 重写 "/>

　　　</div></td>

　　　</tr>

　　　</table>

　　　</form>

　　　</center>

　　</body>

　　</html>

11.2.2　制作后台PHP页面

上面的页面主要用来完成用户的信息填写，填写完毕后，就需要 PHP 程序来判断填写的正确性了。

1. 用户昵称的判断

在一个网上社区或论坛或邮件空间内，有各种各样的用户，而昵称如果有重复的，势必会带来一系列的麻烦，所以，一般推荐昵称不能重复。如何确保昵称不会重复呢？这就要求用户在打开的页面中注册昵称时，访问数据库，通过数据表中是否已经有该昵称来判断是否重复，有重复就拒绝注册，否则就允许注册，这样就不会出现重复的昵称了。

代码如下。

程序段 01

```php
<?php

include"common.inc.php";
```

/*common.inc.php 文件为数据库连接的代码，在本章 11.1.3 节 "数据库的连接" 中有具体描述，使用 include 引用该文件后，即完成了数据库的连接，这种方法使程序代码更为简洁，省略了重复的代码 */

```php
function Checknick($nick)
{
    global $LOGIN;
    $sql="select _ nick from $LOGIN where _ nick='$nick'";//$nick 为函数形式参数
    $a=MySQL _ query($sql);
    $row=MySQL _ fetch _ array($a);
    $nicker=$row [" _ nick"];
    return $nick;
}
?>
```

以上的程序段用于检查用户的昵称是否已经被注册了，如果已经被注册，就返回该昵称，否则，就返回空值。用户应该已经注意到，该程序段就是一个函数，即 Checknick($nick)，该函数根据提供的参数 $nick，判断数据库表 $LOGIN（即表 login）中是否存在昵称 $nick，如果存在，就返回昵称；如果不存在，语句 return $nick; 就会返回一个空值，亦即假值。该函数将在后续的代码中使用。

2. 用户输入信息的判断

程序段 02

```php
<?php

    if($ok)
    {
```

```
if(!$nicker) $error="用户昵称不能空着啊!";
// 用户提交的表单中如果没有 $nicker，就提示不能为空
if((!isset($error)) and (!ereg("^[ _ 0-9a-z]*$",$nicker))) $error=" 昵称需要由字母、数
    字和下画线构成 ";
// 该语句用到了正则表达式 ereg，要求昵称的构成元素
if((!isset($error))and (strlen($nicker)<=3)) $error="昵称要大于 3 位 ";
if((!isset($error))and (Checknicker($nicker))) $error=" 用户名已经存在 ";
// 该语句调用上文定义的函数 Checknicker()来判断用户昵称的存在与否
if((!isset($error)) and (!$password)) $error=" 无密码 ";
if((!isset($error)) and($password!=$password2)) $error=" 两次输入密码不同，呵呵 ";
// 如果密码通过检查就开始添加用户
if(!isset($error))
{
AddUser();// 该函数将在下文中介绍，功能为添加一个用户
header("Location:on _ ok.php?id=$id&pws=$password");
// 利用 header 送出成功注册的提示页面
}
else
{
header("Location:on _ error.php?error=$error");
// 利用 header 送出注册失败的提示页面
}
exit;
}
?>
```

这段代码的作用是判断用户在表单中输入的信息是否符合要求，对所有信息的合法性判断都包括在一个 if 判断结构中，判断的依据是 $ok，即表单的提交按钮，如果该按钮被单击，$ok 即被赋值，开始进行输入信息的判断。

在该段代码中，共进行了 6 项判断，每项判断的用法在代码中已经注释。需要特别指出的是函数 isset() 的使用，在代码中，出现了大量的"!isset($error)"语句，该语句作为判断条件出现，用法如下。

当 $error 被赋值后，isset($error) 为真，那么 !isset($error) 为假，就不用进行"!isset($error)"语句的判断了。这样可以避免前面出错，报错却在后面。只要前面的检查有错，$error 立即被赋值，后面的检查就不会再进行了。

ereg("^[_0-9a-z]*$",$nicker) 是一个正则表达式的函数调用，判断变量 $nicker 是否符合正则表达式的定义。该正则表达式的说明是 ^[_0-9a-z]*$，表示字符串包含的字符为 a-z、0-9 或 "_"，当变量 $nicker 满足这个条件时，不给 $error 赋值，接着进行下一项判断，否则就报错，给 $error 赋值。

当以上 6 项判断都执行完毕后，就可以根据 $error 的值进行判断，决定下一步该完成的

工作。如果以上 6 项检测过程中没有出现报错，$error 就不会被赋值，就执行 AddUser() 函数操作，接着打开 on_ok.php 页面，在打开页面的同时送出变量 id=$id 和 pws=$password。如果检测过程中出现了报错，就给 $error 赋值，打开页面 on_error.php，同时将变量 error=$error 赋给该页面，在打开的页面中，显示出错的具体信息。

3. 用户的添加

当前述 6 项判断都顺利通过后，就要将用户填写的信息写入数据库了。写入数据库的操作同样是一个函数，代码如下所示：

程序段 03

```
<?
// 在数据库中增加一个用户，并填写用户的基本信息，返回用户的 ID 号作为其标识
//
function AddUser()
{
    global $LOGIN;
    global $id,$nick,$gender,$password;
    $sql= "insert into $LOGIN values('','$nick','$gender','$password') ";
    // 因为 login 表中字段 id 为自动增加，所以插入记录时 id 字段对应的值为空值 " "
    MySQL _ query($sql);
    $b="select * from $LOGIN where _ nick='$nick'";
    $result=MySQL _ query($b);
    $row=MySQL _ fetch _ array($result);
    $id=$row[id];// 取出用户分配的 ID 号，作为标识
    $password=$row[password];// 取出用户的密码
}


?>
```

4. 用户申请程序的结构

将以上程序段按照程序段 01、程序段 02、程序段 03 的顺序合并到一起，最后附上 reg. htm 代码段，将合并后的文件改名为 reg.php，就完成了用户申请程序的所有代码。

将 reg.php 文件保存到 C:\appserv\www\register 文件夹内，在 IE 浏览器的地址栏中输入：http://127.0.0.1/register/reg.php，将会看到如图 11-15 所示的效果，似乎和 reg.html 的显示效果是一模一样的，事实的确如此。但是当用户填写完信息，并且单击"提交"按钮后，该页面就会有变化了。

11.2.3　申请结果的显示

当在网上递交了申请后，系统可以对填写的相关信息进行检查，并返回结果，告知是否申请成功。这个过程是通过 PHP 程序来完成的，如果申请成功了，就调用 right.php 程序来显示成功的信息；如果申请失败了，比如昵称已经有人用了，就调用 error.php 程序来显示有关

的错误信息。

1. 申请成功信息的显示

当申请成功后，系统不仅应该显示欢迎信息，重要的是要记录下该用户的唯一标识——ID号，以便于以后的程序使用它。

```
right.php
<!DOCTYPE html PUBLIC "-//W3C//DTD XHTML 1.0 Transitional//EN"
"http://www.w3.org/TR/xhtml1/DTD/xhtml1-transitional.dtd">
<html xmlns="http://www.w3.org/1999/xhtml">
<head>
    <meta http-equiv="Content-Type" content="text/html; charset=gb2312"/>
    <title>恭喜您成功注册! </title>
</head>
<body>
    <?php
    echo "<center>";
    echo "用户注册成功!";
    echo "<hr size=1 align=center color=red>";
    echo "<br>您的 id 是".$id;
    echo "<br>您的密码是".$pws;
    echo "</center>";
    ?>
</body>
</html>
```

将以上页面编辑完毕，放置到 C:\appserv\www\register 子目录下。该页面将在用户注册成功后显示。

现在打开注册（申请）页面。在 IE 浏览器的地址栏中输入：http://127.0.0.1/register/reg.php。在用户注册表单中输入账号 admin 和密码 123456，并且确认密码，然后单击"提交"按钮，将会出现如图 11-16 所示的页面，提示用户已经注册成功。

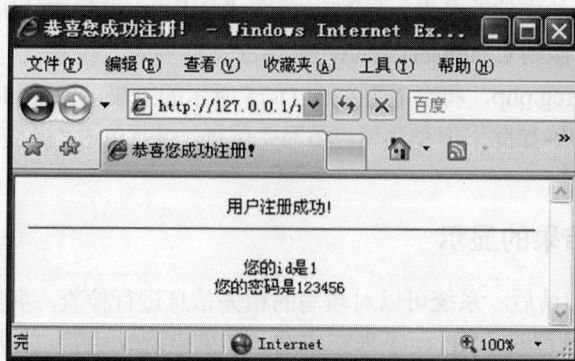

图 11-16 用户注册成功后的界面

✕ 说明:

在用户注册成功后,一般都应该让用户直接以注册后的身份进入社区、论坛等,本书的思路有所不同,需要用户再进行一次登录,关于登录的内容将在11.3节讲到。

2. 申请失败信息的显示

当用户申请失败后,系统不仅应该简单地提示用户申请失败,更重要的是显示具体的错误。这些错误在 reg.php 中已经存放在变量 $error 中了。现在要做的是显示出变量 $error 中的错误信息。

error.php

```
<!DOCTYPE html PUBLIC "-//W3C//DTD XHTML 1.0 Transitional//EN"
"http://www.w3.org/TR/xhtml1/DTD/xhtml1-transitional.dtd">
<html xmlns="http://www.w3.org/1999/xhtml">
<head>
    <meta http-equiv="Content-Type" content="text/html; charset=gb2312"/>
    <title>对不起注册失败! </title>
</head>
<body>
    <?
    echo "<center>";
    echo "注册出错!";
    echo "<hr size=1 align=center color=red>";
    echo "错误提示: ".$error;
    echo "<br><br>";
    echo "<a href=reg.php>重新注册 </a>";
    echo "</center>";
    ?>
</body>
</html>
```

将以上页面编辑完毕,放置到 C:\appserv\www\register 子目录下。该页面将在用户注册失败时显示。

现在打开注册(申请)页面。在 IE 浏览器的地址栏中输入: http://127.0.0.1/register/reg.php。在输入用户信息时,不小心两次输入的密码不一样,这时,当单击"提交"按钮后,系统给出了如图 11-17 所示的出错信息。

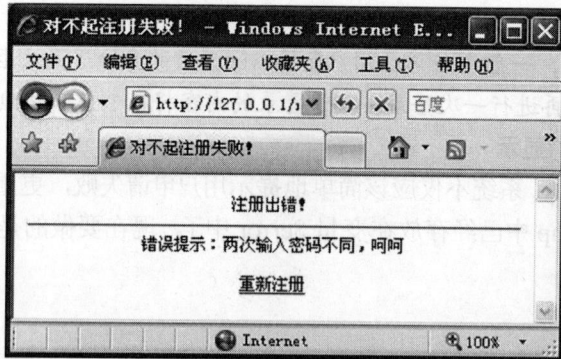

图 11-17　用户注册失败时的界面

11.3　登录页面

在前面的一部分，制作出了用户的注册页面，当用户注册成功后，就要进入社区、论坛了。为了识别用户的身份，有必要制作一个登录页面，供用户输入昵称和密码，进行确认后才允许用户进入社区、论坛。由于功能的关联非常紧密，将这一部分页面也归属在 C:\appserv\www\register 目录中。

11.3.1　登录页面的实现

登录页面的制作，和本章中注册页面的制作如出一辙，可以利用 Dreamweaver CS4 快速制作，在这里就不再赘述。唯一需要说明的是，登录页面和注册页面共用了同一个样式表文件，即 css.css。

```
log.html
<!DOCTYPE html PUBLIC "-//W3C//DTD XHTML 1.0 Transitional//EN"
"http://www.w3.org/TR/xhtml1/DTD/xhtml1-transitional.dtd">
<html xmlns="http://www.w3.org/1999/xhtml">
<head>
    <meta http-equiv="Content-Type" content="text/html; charset=gb2312"/>
<title>用户登录</title>
    <link href="css.css" rel="stylesheet" type="text/css">
</head>
<body>
    <center>
    请正确输入昵称和密码
    <hr width="600" size="1" color="#000000" noshade />
    </center>
    <form name="form1" method="post" action="log.php">
    <table width="400" bgcolor="#000000" border="0" cellspacing="1" cellpadding="0"
```

222

```
class="text" align="center">
<tr height="30">
<td bgcolor="#ffffff"><div align="right"> 昵称: </div></td>
<td bgcolor="#ffffff"> <input name="nicker" type="text" class="input1"></td>
</tr>
<tr height="30">
<td bgcolor="#ffffff"><div align="right"> 密码: </div></td>
<td bgcolor="#ffffff"> <input name="password" type="password"
class="input1"></td>
</tr>
<tr height="30">
<td bgcolor="#ffffff"  colspan="3"><div align="center"><input type="submit"
name="ok" value=" 提交 "></div></td>
</tr>
</table>
</form>
</body>
</html>
```

将以上页面编辑完毕，放置到 C:\appserv\www\register 子目录下，暂时命名为 log.html，然后在 IE 浏览器地址栏中输入 http://127.0.0.1/register/log.html，将会看到初步做好的登录页面，如图 11-18 所示。

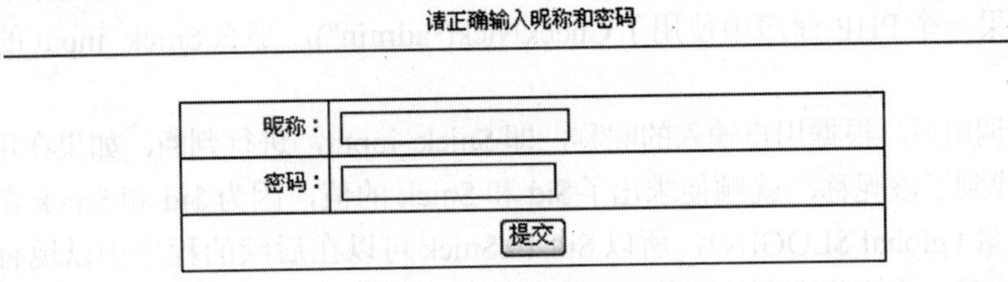

请正确输入昵称和密码

图 11-18 用户登录界面

该页面比较简单，它以表格为基础，实现了一个供用户输入的表单，在表单中需要用户输入的只有两项：昵称和密码。昵称即用户在注册时起的昵称，而密码就是用户在注册时两次重复输入的密码。

页面的代码书写到这里，只能说实现了页面的表现形式，并不能完成真正的昵称和密码的判断。和数据库的交互需要后续代码的继续支持，下面继续讨论怎样判断昵称和密码的正确性，这时按照注册时的思路，将工作拆分成几个小的任务，然后再合并。

11.3.2 后台程序的完成

1. 用户昵称的检查

当用户输入完毕后，系统应该检查用户的输入是否有误。实现的方法是：根据用户输入的昵称，在用户基本信息表（login）中查找该昵称，如果有这个昵称就说明用户已经申请过了，这时系统就不返回任何值，反之，如果在用户基本信息表中找不到这个昵称，说明该昵称还未被注册或注册未成功，这时系统返回错误信息。

为方便起见，这个检查过程封装在一个函数中，该函数命名为 CheckNick，它的整个源程序如下：

程序段 01

```php
<?php
function CheckNick($nick_input)
{
global $LOGIN;
global $nick,$id;
$sql="select * from $LOGIN where _nick='$nick_input'";
$result=MySQL_query($sql);
$row=MySQL_fetch_array($result);
/*下面将要求出两个变量，这两个变量在函数开始部分已被声明为全局变量，该函数调用结束
   后 $id 和 $nick 仍然可以保持现有值 */
$id=$row["id"];
$nicker=$row["_nick"];
if(!$row["_nick"]) return"error!";
}
?>
```

在这个函数中，使用了一个形式参数 $nick_input，它的值随着调用它的程序的改变而改变。例如，如果一个 PHP 程序中使用了 CheckNick("admin")，那么 $nick_input 的值就是字符串 "admin"。

该函数被调用后，根据用户输入的昵称，即 $nick_input，进行判断，如果在用户基本信息表 login 中找到了该昵称，就顺便求出了 $id 和 $nick 的值，因为 $id 和 $nick 在函数中被声明为全局变量（global $LOGIN），所以 $id 和 $nick 可以在后续的程序中以现有值继续使用。如果在用户基本表中找不到该昵称（if(!$row["_nick"])），就返回一个值 "error"。

仔细观察，要注意，该函数的作用机理是这样的：如果找到该昵称，没有返回值，但是求出了 $id 和 $nick 的值，并且可以被下文引用；如果找不到该昵称，有返回值，值为字符串 "error"。读者在使用时一定要加以注意。

2. 用户密码的检查

上面的函数完成了对昵称的判断，但是即使用户的昵称是正确的，也不能说明他就是合法的用户。如果出现了一个假冒用户，该怎么进一步判断呢？我们记得，在进行用户注册的时候，每个用户都要输入密码，这个密码只有用户自己知道。其他的用户想假冒该用户的时候，因为不知道密码，也只好放弃了。下面的程序段就是用来检验用户密码的。

程序段 02

```php
<?php
function User_Password($id)
```

```
{
    global $LOGIN;
    $sql="select _ password from $LOGIN where id='$id'";
    $result=MySQL _ query($sql);
    $row=MySQL _ fetch _ array($result);
    return ($row[" _ password"]);
}
?>
```

该程序段就是一个函数：User_Password（），该函数将根据用户的标识号 id 查询出用户的密码是什么，并且返回该密码值。读者可能会疑惑，该函数的参数 id 将从哪里来呢？在上一个函数 CheckNick（）中，已经获取了 $id 和 $nick 两个变量值，所以，只要调用 CheckNick（）函数，就可以使用参数 id。具体的调用在下面的程序段中会有所交代。

3. 用户输入信息的检查

上面的两个函数分别完成了用户昵称和密码的判断，但是函数不被调用是不会起作用的，并且，用户在输入登录信息时，还有可能出现诸如昵称、密码未填写等各种各样的错误，登录系统应该能对大部分错误作出反应，提醒用户改进。下面的程序段即将调用 User_Password（）和 CheckNick（）两个函数，对用户输入的信息进行详细检查。

程序段 03

```
<?php
if($ok)
{
// 程序开始运行的入口,根据变量 $ok 的值进行判断,$ok 即登录页面中的提交按钮
if(!$nick)  $error=" 请填写昵称 ";
// 如果表单中未提交变量 nick, 就提示用户输入昵称
if((!isset($error))and CheckNick($nick))  $error=" 该昵称不存在 ";
/* 如果函数 CheckNick($nick) 有返回值,说明昵称不存在,参见《用户昵称的检查》,
    如果没有返回值,继续向下判断,并且得出了 $id 和 $nick 两个全局变量的值,供后续
    程序使用,主要是下面的函数 User _ Password(),将要使用 $id*/
if((!isset($error)) and(!$password))  $error=" 请填写密码 ";
if(!isset($error))
{
$p=User _ Password($id);
//User _ Password() 函数调用,根据前面得出的 $id,查出该 id 对应的密码
if($password!=$p)  $error=" 密码不正确 ";
// 如果登录表单中输入的密码和查出的密码不相等,报错
}
if(!isset($error))
{
```

```
Add _ OneUser();// 没有出错，添加用户到在线用户表，该函数在后面将专门说明
header("Location:log _ ok.php?ok _ info= 恭喜您登录成功! ");
}
else
{
header("Location:log _ error.php?error=$error");
}
}
?>
```

这段程序的控制过程相对比较复杂，在程序段中以程序注释的形式加以说明。如果没有出错，就添加用户，同时打开登录成功页面；如果出错，就在报错页面中提示用户出错的信息。登录成功页面 log_ok.php 和报错页面 log_error.php 将在后面专门说明。

4. 在线用户的添加

前面的检查通过以后，用户就登录成功了，这时候，系统应该将该用户加入到在线用户表（online）中，以便和其他的用户进行实时的交流。把登录成功的用户添加到在线用户表中的程序如下：

程序段 04

```php
<?php
function Add _ OneUser()
{
global $LOGIN;
global $ONLINE;
global $id,$nick,$password,$log _ ip,$log _ time,$REMOTE _ ADDR;
$log _ time="now()";
$log _ ip=$REMOTE _ ADDR;
$sql="delete from $ONLINE where id='$id'";
MySQL _ QUERY($sql);
// 上面删除老记录
// 下面添加新记录
$sql="insert into $ONLINE values('$id','$nick','$password','$log _ ip',$log _ time)";
MySQL _ query($sql);
}
?>
```

在线用户的添加过程比较复杂，首先，需要删除原有的该用户信息，这些信息可能是用户很久前的登录信息，必须删除；然后，从用户基本信息表中找到用户的昵称 _nick、标识号 id 和密码 _password 等，好在这些数据都已经由程序段 03（用户输入信息的判断）得出了，这里可以直接引用。

IP 的记录使用了预定义服务器变量 $REMOTE_ADDR，该变量将返回正在浏览当前页

面用户的 IP 地址。由于页面是在个人主机上编辑并使用本机配置的 Apache 服务器调试，所以用户 IP 和服务器 IP 是同一个值：127.0.0.1，（127.0.0.1 是任何一台计算机的本地 IP，该 IP 作为保留 IP，不用于互联网）也就是说，个人主机既充当了客户端，又充当了服务端。

需要注意的是，$REMOTE_ADDR 预定义变量必须大写，其他预定义变量请参考 PHP 手册。

5. 用户登录的完整程序

现在读者已经掌握了登录的各个环节，但需要的是一个完整的程序。为此，在文本编辑器中把前面介绍的程序段和登录页面 log.html 按照下列顺序组合起来，同时，去掉程序中的注释，然后将组合后的完整程序取名为 log.php，并保存到 C:\appserv\www\register 目录下。

在组合前，为调用数据库和数据表，在程序的开始，需要加入该句：

include "common.inc.php";

以下为程序组合顺序：

（1）程序段 01；

（2）程序段 02；

（3）程序段 04；

（4）程序段 03；

（5）log.html。

组合后，打开 IE 浏览器，在地址栏输入 http://127.0.0.1/register/log.php，将会看到如图 11-18 所示的登录表单。在表单中输入昵称和密码后，就可以进行判断了。

11.3.3　提示程序的建立

在 log.php 中判断用户输入的信息时，如果没有出错，就添加用户，同时打开登录成功页面 log_ok.php；如果出错，就在报错页面 log_error.php 中提示用户出错的信息。这两个页面事实上还没有制作出来，下面是这两个页面的源代码。

```
log _ ok.php
<!DOCTYPE html PUBLIC "-//W3C//DTD XHTML 1.0 Transitional//EN"
     "http://www.w3.org/TR/xhtml1/DTD/xhtml1-transitional.dtd">
<html xmlns="http://www.w3.org/1999/xhtml">
<head>
     <meta http-equiv="Content-Type" content="text/html; charset=gb2312"/>
     <title> 登录成功 </title>
</head>
<body>
     <center>
     <?php
     echo $ok _ info;
     ?>
     </center>
```

```
    </body>
    </html>

log _ error.php
<!DOCTYPE html PUBLIC"-//W3C//DTD XHTML 1.0 Transitional//EN"
        "http://www.w3.org/TR/xhtml1/DTD/xhtml1-transitional.dtd">
<html xmlns="http://www.w3.org/1999/xhtml">
<head>
    <meta http-equiv="Content-Type" content="text/html; charset=gb2312" />
    <title>错误提示</title>
</head>
<body>
<center>
    <?php
    echo $error;
    ?>
    <br><br>
    <a href=log.php> 重新填写 </a>
    </center>
</body>
</html>
```

可以看出，这两个页面和注册时的提示页面非常类似，只需在页面中利用 echo 输出一个错误信息 error 或者成功信息 ok_info。

将以上两个页面编辑完毕，保存到 C:\appserv\www\register 目录下，下面来体验一下用户的登录过程。

打开 IE 浏览器，在地址栏输入 http://127.0.0.1/register/log.php，将会看到如图 11-18 所示的登录表单。在表单中输入昵称 123456，不输入密码，直接单击"提交"按钮，会出现如图 11-19 所示的错误提示页面。

图 11-19 昵称不存在错误提示页面

单击"重新填写"，回到登录页面，在昵称中填写"admin"，在密码中填写"12345"，单击"提交"按钮，会出现如图 11-20 所示的错误提示页面。大家应该还记得，在注册"admin"用户的时候，输入的密码是"123456"，这里输入密码"12345"，查询数据库后，发现输入的密码与数据表中的密码不一致，就肯定会出错。

图 11-20　密码错误提示页面

再次单击"重新填写"，回到登录页面，在昵称中填写"admin"，在密码中填写"123456"，单击"提交"按钮，因为昵称和密码都正确，所以可以打开登录的欢迎界面，如图 11-21 所示。

图 11-21　登录成功页面

习题 11

一、选择题

1. 为了实现用户的注册和登录，管理大量的用户数据，有必要创建一个专门的（　　）。

　　A. 数据库　　　　B. 数据表　　　　C. 数据页　　　　D. 数据集

2. 在线用户表（　　）用于存放当前所有登录后在线的用户的信息，如昵称、密码、用户 IP、登录时间等信息。

　　A. login　　　　B. online　　　　C. admin　　　　D. test

3. 该信息表最主要的功能是存储用户的 ID 和密码，便于（　　）时作判断。

　　A. 登录　　　　B. 注册　　　　C. 留言　　　　D. 上传

二、填空题

1. 为了读取和写入数据库，PHP 需要使用 MySQL 函数进行数据库连接，这样一来，每个页面凡是要连接数据库的，都需要重复写一遍连接语句，造成了代码的冗余。为了减少重复的代码，可以考虑把这些经常用到的代码放在一个公共的 PHP 程序中。当需要建立数据库连接的时候，只需要把这个程序用_____或_____包含进来就可以了。

2. 在 PHP 程序设计的时候有一个约定，这些文件的扩展名都是_____，以此说明这些文件是公用的，应该包含在 include 或 require 语句里面，而不应该作为主要的程序存在。

3. 当建立了这个 PHP 的包含文件之后，在页面需要建立数据库连接时，只需要使用 PHP 的 include "common.inc.php" 语句就可以完成和_____数据库的连接工作了。在大型网站的建设过程中，广泛地采用了这种使用包含文件的技术，它充分地体现了模块化的编程思想。

第 12 章
网上调查

任务单十二

项目名称	网上调查
能力目标	1. 会使用 HTML 设计网上调查页面； 2. 会使用 CSS 配合网页布局； 3. 会使用 PHP 和 MySQL 配合工作； 4. 会使用 PHP 语法，利用表单向数据库中插入数据； 5. 会使用虚拟服务器，在浏览器中测试网上系统。
任务描述	为企业网站设计一个网上调查系统，用来统计调查数据： 1. 使用 phpMyAdmin 新建数据库； 2. 使用 Dreamweaver CS3 或 Dreamweaver CS4，建立相关 PHP 网页； 3. 使用 AppServ-win32-2.5.9，测试系统。

你会经常在网站中见到网上调查，网上调查是听取网友意见的一个很好的途径，同时也是一些商业调查经常采用的非常方便的手段。如图 12-1 所示是一个网上调查的表格。

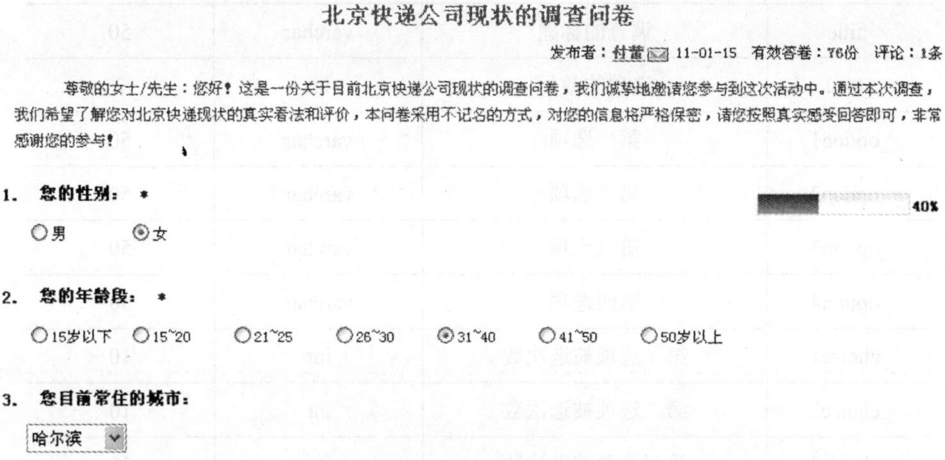

图 12-1　网上调查示例

说明：
网上调查一般都提供给网友一个题目和一系列选择项，就像考试做选择题一样，你只需找到自己感兴趣的，选中后提交就可以了。在本章中，就讨论如何制作这样的调查表。

12.1　调查数据表的建立

12.1.1　网上调查的框架

为了实现网上调查，必须解决以下几个问题。

（1）要建立一个用来存放调查内容和调查结果的数据表；

（2）调查的选择项数目是可变的，不一定必须是 4 个，也可以是 2 个、3 个，但不能只有 1 个。

（3）调查的结果最好能够以数字和百分比的形式显示出来，以便网友能够明显地注意到投票的结果。

（4）调查可以管理，即可以随时添加或者随时删除，在某些情况下，并不要求这一点，比如网站上临时有了调查的任务，就可以直接写出调查的表单，不必考虑管理目的。

首先需要解决的问题是数据表。

12.1.2　数据表的建立

出于便于管理和提高查询效率的考虑，在实现网上调查时仅用了一个数据表，把选择项目和每项被选择的次数全部放入该表中，并且把选项的数目也放入了该表。具体的结构如表 12-1 所示。

表12-1　网上调查的数据表（research）

字段名	说　明	类　型	长　度
_title	调查的标题	varchar	50
_total	选项的数目	int	2
_option1	第一选项	varchar	50
_option2	第二选项	varchar	50
_option3	第三选项	varchar	50
_option4	第四选项	varchar	50
_choice1	第一选项被选次数	int	10
_choice2	第二选项被选次数	int	10
_choice3	第三选项被选次数	int	10
_choice4	第四选项被选次数	int	10

　　分析一下调查表的结构。_title 用于存放调查的标题；_total 用于存放选项的数目，可能值为 2、3、4，该值在管理员加入调查题目时由调查管理系统统计得出，后有详述；_option1 至 _option4 用于存放备选的项目；_choice1 至 _choice4 分别用于存放 4 个选项被网友选择的次数。

　　建立该数据表，仍使用 phpMyAdmin 创建。首先创建数据库 research，再创建数据表 research，然后创建上述 10 个字段，具体过程不再赘述。在该数据库中，数据库名和数据表名都是 research，这是允许的。创建完成的数据表如图 12-2 所示。

	字段	类型	属性	Null	默认	额外	操作					
☐	_title	varchar(50)		否			✎	✗	🔡	📝	U	T
☐	_total	int(2)		是	NULL		✎	✗	🔡	📝	U	T
☐	_option1	varchar(50)		是	NULL		✎	✗	🔡	📝	U	T
☐	_option2	varchar(50)		是	NULL		✎	✗	🔡	📝	U	T
☐	_option3	varchar(50)		是	NULL		✎	✗	🔡	📝	U	T
☐	_option4	varchar(50)		是	NULL		✎	✗	🔡	📝	U	T
☐	_choice1	int(10)		是	NULL		✎	✗	🔡	📝	U	T
☐	_choice2	int(10)		是	NULL		✎	✗	🔡	📝	U	T
☐	_choice3	int(10)		是	NULL		✎	✗	🔡	📝	U	T
☐	_choice4	int(10)		是	NULL		✎	✗	🔡	📝	U	T

图 12-2　phpMyAdmin 中的调查数据表结构

12.2 网上调查的添加和删除

为了加强对网上调查的管理，希望在网上调查系统中有一个管理系统，可以添加和删除调查项目。下面来讨论该管理系统的实现过程。网上调查管理界面如图 12-3 所示。

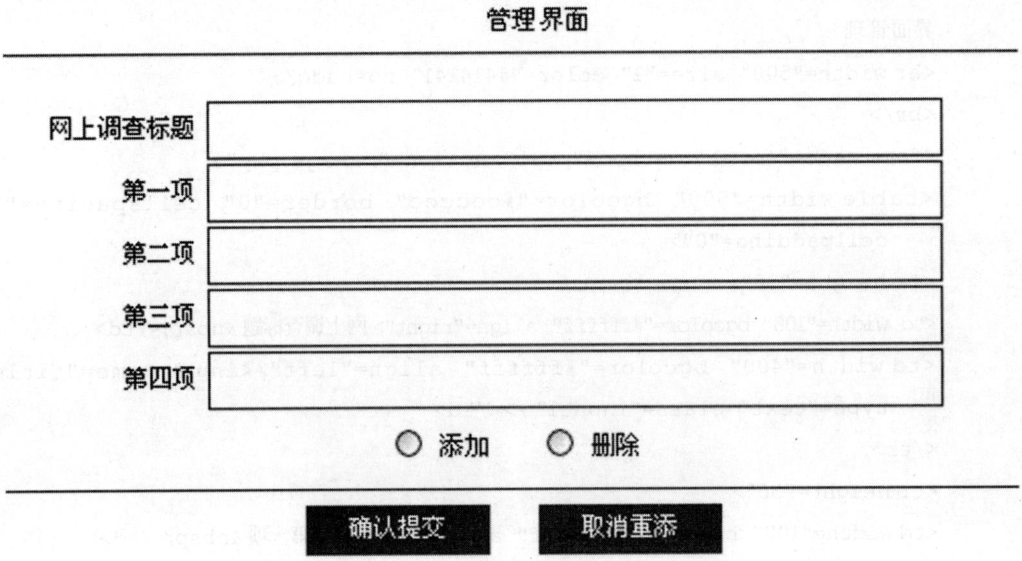

图 12-3 网上调查的管理界面

12.2.1 网上调查管理界面的实现

管理界面代码如下：

```
/*******************************manage.html*******************************/
<!DOCTYPE html PUBLIC"-//W3C//DTD XHTML 1.0 Transitional//EN"
"http://www.w3.org/TR/xhtml1/DTD/xhtml1-transitional.dtd">
<html xmlns="http://www.w3.org/1999/xhtml">
<head>
    <meta http-equiv="Content-Type" content="text/html; charset=gb2312"/>
    <title> 管理界面 </title>
    <style type="text/css">
    <!--
    *{font-size:12px;padding:0px;margin:0px;}
    .input1{width:360px;height:26px;border:1px solid #414141;}
    .input2{width:90px;height:24px;background-color:#414141;color:#fff;
            border:0px;}
    -->
    </style>
```

```
  </head>
  <body>
    <center>
    <br/>
    <br/>
    界面管理
    <hr width="500" size="1" color="#414141" noshade/>
    <br/>
    <form name="form1" method="post" action="manage.php">
    <table width="500" bgcolor="#cccccc" border="0" cellspacing="0"
        cellpadding="0">
    <tr height="30">
    <td width="100" bgcolor="#ffffff" align="right">网上调查标题 </td>
    <td width="400" bgcolor="#ffffff" align="left"><input name="title"
        type="text" class="input1" /></td>
    </tr>
    <tr height="30">
    <td width="100" bgcolor="#ffffff" align="right">第一项 </td>
    <td width="400" bgcolor="#ffffff" align="left"><input name="option1"
        type="text" class="input1" /></td>
    </tr>
     <tr height="30">
    <td width="100" bgcolor="#ffffff" align="right">第二项 </td>
    <td width="400" bgcolor="#ffffff" align="left"><input name="option2"
        type="text" class="input1"/></td>
    </tr>
    <tr height="30">
    <td width="100" bgcolor="#ffffff" align="right">第三项 </td>
    <td width="400" bgcolor="#ffffff" align="left"><input name="option3"
        type="text" class="input1" /></td>
    </tr>
    <tr height="30">
    <td width="100" bgcolor="#ffffff" align="right">第四项 </td>
    <td width="400" bgcolor="#ffffff" align="left"><input name="option4"
       type="text" class="input1"/></td>
    </tr>
    <tr height="30">
    <td width="500" bgcolor="#ffffff" colspan="2"><input name="choice"
       type="radio" value="add"/>  添加     <input
```

```
name="choice" type="radio" value="del"/>  删除 </td>
    </tr>
    </table>
    <hr width="500" size="1" color="#414141" noshade/>
    <input name="ok" type="submit" value=" 确认提交 "  class="input2"/> 
           <input type="reset" value=" 取消重添 " class="input2"/>
    </form>
    </center>
</body>
</html>
```

将该页面编辑完毕后，保存为 manage.htm，供后续使用。因为该页面仅实现了表单的前台表现的代码，所以还有很多后续工作需继续完成。

该页面提供了一个供用户输入信息的表单，表单中，5 个文本框被实施了样式表 input1，表现为 5 个带有 1 像素灰色边框的文本框，在一定程度上增强了美感。

在表单的下方给用户提供了一对"添加"/"删除"单选按钮，两个按钮的名字都是"choice"，当选中"添加"按钮时，按钮值为"add"，当选中"删除"按钮时，按钮值为"del"。

在表单最后，给出了"确定提交"和"取消重添"按钮，单击"确认提交"按钮后，页面会打开 manage.php 页面处理表单信息，该 manage.php 页面尚未完成。

12.2.2　网上调查的添加和删除

前面完成的 manage.html 页面提供了一个用户输入或删除调查题目的界面，但是并不具有处理功能，数据的插入或删除还是需要 PHP 后台程序的支持。注意到在管理界面中有一对"删除"或"添加"的单选按钮，还有一个名为"确认提交"的提交按钮。调查的添加和删除就是靠这 3 个关键元素进行判断的。

下面先看看完整的代码：

```
/***************** 程序段 01*****************************/
<?
include"data.php";
/* 调用连接 research 数据库和数据表 research 的页面，后有详述 */
    if($ok)
    {
        if($choice=='add')
        {
        if($title=="")
        {
        header("location:message.php?msg= 调查标题不能为空 ");
        exit;
```

```
    }
    if(($option1=="")||($option2==""))
    {
    header("location:message.php?msg= 调查前两项不能为空 ");
    exit;
    }
    $no=2;
    if($option3!="")  $no++;//n=3
    if($option4!="")  $no++;//n=4

    $sql="select _ title from research where _ title='$title'";
    @$a=mysql _ query($sql) or die('; 错误 1');
    $check _ num=mysql _ num _ rows($a);
    if($check _ num==0)
    {
    $sql="insert into research values('$title','$no','$option1','$option2',
        '$option3','$option4',0,0,0,0)";
    @mysql _ query($sql)  or die('无法添加调查项目');
    header("location:message.php?msg= 成功添加调查项目 ");
    }
    else
    {
    header("location:message.php?msg= 不能重复添加调查项目 ");
    }
    }
// 以上为用户单击"添加"单选按钮时的数据插入操作
// 以下为用户单击"删除"单选按钮时的数据插入操作
    if($choice=='del')
    {
        $sql="select _ title from research where _ title='$title'";
        @$a=mysql _ query($sql) or die('错误 2');
        $check _ num=mysql _ num _ rows($a);
        if($check _ num==0)
        {
            header("location:message.php?msg= 您要删除的项目不存在!");
        }
        else
        {
            $b="delete from research where _ title='$title'";
```

238

```
            mysql _ query($b) or die(' 呵呵，不能删除啊 ');
            header("location:message.php?msg= 您已经成功删除所选项目");
        }
    }
}
?>
```

可以看出，本段程序由变量 $ok 引出，即单击"提交"按钮后，执行本段程序。并且，本段程序又被变量 $choice 是等于"add"还是"del"明显地分为两段，即选中"添加"单选按钮时执行前半部分，选中"删除"单选按钮时执行后半部分。

下面先看看单击"添加"按钮的情况。先用 if($title=="") 判断标题是否为空，如果是，转而打开提示页面 message.php ；然后用 if(($option1=="")||($option2=="")) 判断前两项选择项目是否有空值，如果是，同样打开报错页面 message.php。如果不存在以上错误，就将变量 $no 赋值为 2，随后判断项目 3 即 $choice3 是否为空。如果不是，将变量 $no 赋值为 3，同理，判断 $choice4 是否为空，如果不是，将变量 $no 赋值为 4，$no 的值将最终赋给字段 total。

$no 判断完毕后，检查输入的调查题目是否已经存在。如果不存在，即查询返回的记录数 $check_num==0，就可以正常添加记录了。添加记录时，用了下面的 SQL 语句：

```
insert into research values('$title','$no','$option1','$option2','$option3',
    '$option4',0,0,0,0)
```

后面的 4 个 0 是给选择项的次数赋初值，说明 4 个项目都没有被选择。为安全起见，也可以将 4 个值全部赋为 1。运行该 SQL 语句后，在"系统提示"页面 message.php 提示用户成功添加调查项目。

如果存在同样的题目，即 $check_num 不等于 0，就报错，显示"不能重复添加调查项目"。

再来看看单击"删除"按钮的情况。根据用户提交的调查标题 $title，查找数据表中是否有该题目，如果没有，即查询的返回值为 0，就报错："您要删除的项目不存在；"如果有，就用以下的 SQL 语句删除该调查：

```
delete from research where _ title='$title'
```

运行该 SQL 代码，将删除该调查，并且打开"操作成功"页面提示你已经成功删除所选项目。

12.2.3 网上调查管理界面的完整程序

在调查管理的后台程序中，调用了 data.php，该页面用于连接数据库和数据表，代码如下：

```
/*******************data.php*********************************/
<?
mysql _ connect("localhost","","");
mysql _ select _ db("research");
?>
```

将该页面编辑完毕，保存到 C:\appserv\www\research 目录中，后续程序还要经常用到。

将前述程序段 01 和 manage.html 代码先后连接在一起，重命名为 manage.php，保存到

C:\appserv\www\research 目录中，即完成了网上调查的完整程序。

另外，信息提示页面代码如下：

```
/********************************message.php********************************/
<?php
    $msg=$ _ REQUEST["msg"];
?>
<!DOCTYPE html PUBLIC"-//W3C//DTD XHTML 1.0 Transitional//EN
"http://www.w3.org/TR/xhtml1/DTD/xhtml1-transitional.dtd">
<html xmlns="http://www.w3.org/1999/xhtml">
<head>
    <meta http-equiv="Content-Type" content="text/html; charset=gb2312"/>
    <title> 系统提示页 </title>
    <style type="text/css">
    <!--
    *{font-szie:12px;color:#fff;padding:0px;margin:0px;}
    body{margin-top:120px;}
    #massage{width:500px;height:300px;background-color:#ff0033;margin:0px
        auto;}
    #massage
    #info{width:500px;height:20px;line-height:20px;text-align:center;
        margin-top:140px;}
    #massage
    #link{width:500px;height:20px;line-height:20px;text-align:right;
        margin-top:115px;}
    -->
    </style>
</head>
<body>
<div id="massage">
    <div id="info"><?php echo $msg;?></div>
    <div id="link"><a href="admin.php">[返 回]</a>  </div>
    </div>
</body>
</html>
```

将以上两个页面编辑完成后，分别保存到 C:\appserv\www\research 目录中，辅助管理界面。

下面体验一下调查的添加过程。在 IE 地址栏输入 http://127.0.0.1/research/manage.php，打开管理界面，在标题中输入："您最喜欢的歌手是谁?"，在第一项、第二项、第三项和第四项中分别输入许飞、梁静茹、樊凡和李慧珍，然后选择"添加"按钮，单击"提交"按钮，会弹出如图 12-4 所示的提示页面。

图 12-4 成功添加的提示

　　然后在 IE 浏览器中打开 phpMyAdmin，选择 research 数据库中的数据表 research，单击"浏览"按钮，如图 12-5 所示，会看到刚才输入的调查题目和选项都已经录入了数据表 research。

　　再来看看出错的情况。重新打开管理界面，在标题中输入："你你认为 2011 年春晚好看吗?"，在第一项中输入"好看"，其他三项什么也不填，直接单击"添加"铵钮，然后单击"提交"按钮，会弹出如图 12-6 所示的错误提示页面。

　　因为调查不能只有一个备选答案，所以系统提示"调查前两项不能为空"，保证了调查题目的可用。

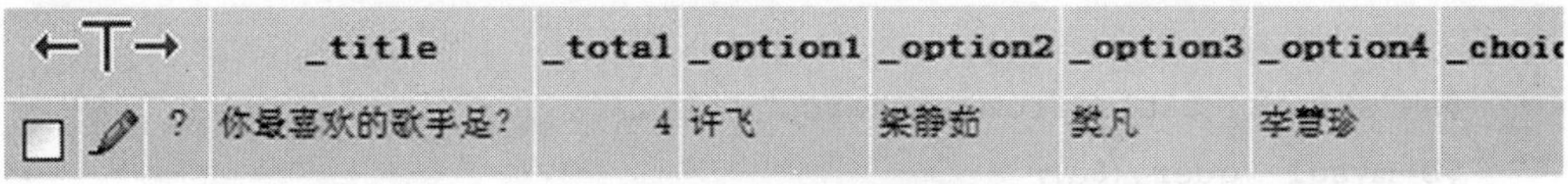

←T→	_title	_total	_option1	_option2	_option3	_option4	_choic
□ ✎ ?	你最喜欢的歌手是?	4	许飞	梁静茹	羿凡	李慧珍	

图 12-5 插入的数据

图 12-6 错误提示

12.3 网上调查的开始

前面已经将部分调查题目录入了数据库，现在就要将调查题目列出来，供你选择自己感兴趣的问题了。

下面为调查开始页面的完整源代码：

```
/*************************index.php*****************************/
<!DOCTYPE html PUBLIC "-//W3C//DTD XHTML 1.0 Transitional//EN""http://www.
    w3.org/TR/xhtml1/DTD/xhtml1-transitional.dtd">
<html xmlns="http://www.w3.org/1999/xhtml">
<head>
    <meta http-equiv="Content-Type" content="text/html; charset=gb2312"/>
    <title>开始调查</title>
    <style type="text/css">
    <!--
    body{font-size:12px;}
    -->
    </style>
</head>
<body>
    <?
    include "data.php";// 连接数据库和数据表

    $a="select _ title from research";
    $b=mysql _ query($a);
    $check _ num=mysql _ num _ rows($b);
    if($check _ num==0)
    {
        header("location:message.php?msg= 出错了");
        /*********************************
        如果在数据库中找不到该标题，就报错
        *********************************/
    }
    else
    {
        echo date(Y)." 年 ".date(m)." 月 ".date(d)." 日的调查项目 :";
        echo "<br />";
        echo "<hr color='#414141' size='1' />";
        $n=1;/* 调查题目前面的序号，初值 1*/
```

242

```
$next="research.php?title=";
while($row=mysql _ fetch _ array($b))
{
echo"$n.<a href=\"".$next.$row[" _ title"]."\"> ".$row[" _ title"].
    "</a><br/><br/>";
/***********************************************
```

该处循环语句为本段代码精华。

此种用法常用于新闻、调查等标题的超链接。

如果将该代码实现，输入的 HTML 代码如下所示：

1.<a href=research.php?title= 调查标题 > 调查标题 </a>

要注意连接符 "." 和转义符 "\" 的用法。

```
***********************************************/
$n++;
}
}
?>
```

```
</body>
</html>
```

将以上代码编辑完毕，命名为 index.php，保存到 C:\appserv\www\research 目录中。然后打开 IE 浏览器，在地址栏中输入"http://127.0.0.1/survey/index.php"，将看到调查题目列表的页面，如图 12-7 所示。

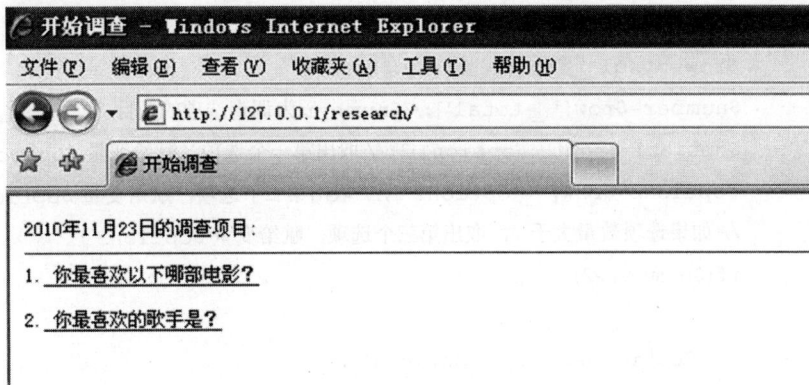

图 12-7　调查题目列表

该页面中列出了所有的调查题目，每个调查题目都是一个超级链接，指向该题目的调查表格页面 research.php。

下面重点讨论一下生成超链接的 while 循环。

第一次循环，变量 $n 的值是 1，从数据库中取出第一个网上调查的标题，是"您喜欢以下哪部电影？"，输出变成了：

1.<a href=research.php?title= 您喜欢以下哪部电影 ?> 您喜欢以下哪部电影 ?</a>

此次循环结束时，变量 $n 加 1，值为 2。

第二次循环，从数据库中取出第二个网上调查的标题，是"您最喜欢的歌手是 ?"，输出变成了：
2.<a href=research.php?title= 您最喜欢的歌手是 ?> 您最喜欢的歌手是 ?</a>

当单击其中的一个超链接后，就会执行程序 research.php，在打开 research.php 页面的时候同时送出变量 title，即根据 title 的值确定打开的调查表格。

12.4 网上调查表格的生成

上节所述的调查题目列表被单击后，将弹出该题目的调查表格，如图 12-1 所示。调查表格的制作相对比较复杂，下面一步一步来讲解。

12.4.1 生成网上调查的数据

为了显示调查表格，需要预先准备好表格中要显示的标题、可选项目，并且还要考虑表格有几行，行数应该是由选项的数目决定的。

下面是生成调查数据的程序段：

```
/****************************** 程序段 01 ******************************/
<?
include"data.php";// 连接数据库 research 和数据表 research
    if(!$ok)
    {
        $a="select * from research where _title='$title'";
        $b=mysql _ query($a);
        $row=mysql _ fetch _ array($b);
        $number=$row[' _ total'];//$number 为调查选项的数目
        $option1=$row[' _ option1'];// 取出第一个选项，赋给变量 $option1
        $option2=$row[' _ option2'];// 取出第二个选项，赋给变量 $option2
        // 如果选项数量大于 2，取出第三个选项，赋给变量 $option3
        if($number>2)
        {
            $option3=$row[' _ option3'];
        }
        // 如果选项数量大于 3，取出第四个选项，赋给变量 $option4
        if($number>3)
        {
            $option4=$row[' _ option4'];
        }
    }
    ?>
```

该段程序完成后,保存备用。在变量 $ok 未激活的情况下,即用户尚未选择选项并单击"提交"按钮时,该段程序得出了选项的数量 $number,还得出了该调查标题对应的选项内容,下面就该显示调查的内容了。

12.4.2 网上调查的页面

要显示的数据准备好后,就可以在表单中显示相关数据了。下面就是显示网上调查数据的代码段:

```
/***************************** 程序段 02*****************************/
<!DOCTYPE html PUBLIC"-//W3C//DTD XHTML 1.0 Transitional//EN"
"http://www.w3.org/TR/xhtml1/DTD/xhtml1-transitional.dtd">
<html xmlns="http://www.w3.org/1999/xhtml">
<head>
    <meta http-equiv="Content-Type" content="text/html; charset=gb2312"/>
    <title> 调查问卷 </title>
    <style type="text/css">
    <!--
    body,table{font-size:12px;}
    .submit{width:90px;height:24px;background-color:#414141;color:#fff;border
      :0px;}
    -->
    </style>
</head>
<body>
    <form name="form1" method="post" action="research.php?title=<?php echo
      $title?>">
    <!--
    *********************************
```

该处 form 中的 action 指向 research.php,即完成后的网上调查表格页面,是为了处理用户选择的项目,处理的代码随后详述,主要是将用户选择的选项所对应的次数加 1,即将 _ choice1 或 _ choice2 或 _ choice3 或 _ choice4 加 1。

```
    *********************************
    -->
    <table width="500" bgcolor="#414141" border="0" cellspacing="1" cellpadding="0"
        align="center">
    <tr height="30">
    <td bgcolor="#ffffff" align="center">欢迎参加网上调查 </td>
    </tr>
    <tr height="30">
    <td bgcolor="#ffffff"><?php echo $title;?></td>
```

```
</tr>
<?
$n=1;
while($n<=$number)
{
$option_now="option".$n;
/********************************
  以第一次循环为例，$n=1，则 $option_now="option1"
    该 $option_now 即 "option1" 将用作下面的间接变量名
********************************/
echo"<tr height='30'>\n";
echo"<td bgcolor='#ffffff'><input type='radio'name='choice' value=".$n;
 echo"/>";
/********************************
以第一次循环为例，$n=1，
则该单选按钮的名字为 choice，值为 1
以后的循环中，$n 会递增，即 choice 单选按钮的值将分别为 2、3、4
********************************/
 echo $$option_now;
/********************************
以第一次循环为例
该处用到间接变量，即变量的变量，$option_now 的值为 "option1"，
则 echo $$option_now 即为 echo $option1，即显示程序段 01 中得出的第 1 个选项
********************************/
echo "</td>\n";
 echo "</tr>\n";
$n++;
/*$n 等于 2、3、4 的情况可以以此类推，最终显示所有的选项 */
}
?>
<tr height="30">
<td bgcolor="#ffffff" align="center"><input type="submit" name="ok" value=" 提交 "
    class="submit"/></td>
</tr>
</table>
</form>
</body>
</html>
```

将程序段 02 编辑完成后，保存备用。该段代码显示了一个表单，表单中以 while 循环结构显示了调查标题和所有的选项，并且在选项前面放置了单选按钮，单选按钮命名为 choice，值可能是 1、2、3 或 4。

在表单中，可以看到单击"提交"按钮后，会将你选择的数据提交给页面 research.php 进行处理，这里就在一步一步地制作 research.php 页面，下面就该完成 research.php 页面中调查数据的处理了。

12.4.3 网上调查数据的修改

下面的程序段将要根据你选中的选项，修改数据表 research 中的 _choice 值，代码如下：

```
/***************************** 程序段 03*****************************/
<?
if($ok)
{
$a="select * from research where _title='$title'";
$b=mysql _ query($a);
$choice _ now=" _ choice".$choice;
/*********************************
```

这里以用户选择了第二项为例，在程序段 02 中，第二个单选框 choice 的值为 2，所以通过表单提交过来的 $choice 值为 2，那么 $choice_now=" _choice".$choice 即为 " _choice".2 所以此时 $choice_now=_choice2 该变量 $choice_now 将在下文中作为数组下标出现

```
*********************************/
$row=mysql _ fetch _ array($b);
$new _ value=$row[$choice _ now];
/*********************************
```

仍以选择第二项为例，经过上面的算法，得出：$choice _ now= _ choice2，正好与第二项对应次数字段名 _ choice2 相同，提出 research 表中字段 _ choice2 的现有值，然后加1，如下所示

```
*********************************/
$new _ value++;
/*********************************
```

$new _ value 加1后，将 $new _ value 的值重新写入 research 表
```
*********************************/
$sql="update research set $choice _ now='$new _ value' where _ title='$title'";
mysql _ query($sql);
/*********************************
```

运行以上 SQL 语句后，即完成了用户选择选项的数据处理
```
*********************************/
header("location:research _ view.php?title=$title");
/*********************************
```

该语句将打开调查结果页面 research _ view.php，后有详述

```
************************************/
}
?>
```

调查数据的处理，就是提取用户选择项目对应的次数值，加 1 后重新写入数据表。完成程序段 03 后，就可以将 3 个程序段合并了。

12.4.4　网上调查的完整程序

将前述程序段按照程序段 01、程序段 02、程序段 03 的顺序合并，命名为 research.php，保存至 C:\appserv\www\research 目录中，然后打开 IE 浏览器，在地址栏中输入 http://127.0.0.1/research/index.php，打开如图 12-7 所示的调查题目列表，然后单击感兴趣的题目，比如"你最喜欢的歌手是？"，即会弹出刚刚编辑完成的 research.php 页面，如图 12-8 所示。

当选择了其中的一项，单击"提交"按钮后，系统又应该做何动作呢？在上述程序段 03 的结束部分，打开了一个显示调查结果的页面 research_view.php，下面就讨论如何显示调查结果。

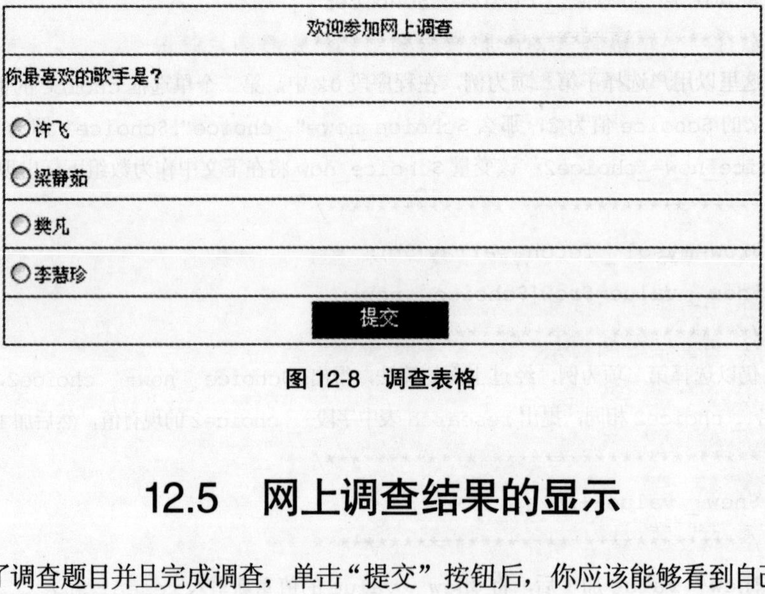

图 12-8　调查表格

12.5　网上调查结果的显示

当选择了调查题目并且完成调查，单击"提交"按钮后，你应该能够看到自己感兴趣的调查结果到底是怎样的。下面的代码就完成了调查结果的显示：

```
/**************************research _ view.php*************************/
<!DOCTYPE html PUBLIC "-//W3C//DTD XHTML 1.0 Transitional//EN" "http://www.
    w3.org/TR/xhtml1/DTD/xhtml1-transitional.dtd">
<html xmlns="http://www.w3.org/1999/xhtml">
<head>
        <meta http-equiv="Content-Type" content="text/html; charset=gb2312"/>
        <title> 调查结果 </title>
</head>
```

```
<body class= text01 >
        <?
    include"data.php";
    $a="select * from research where _ title='$title'";
    /**************************************
    本 SQL 语句的参数 $title 由页面 research.php 中的表单提交过来，对应的语句为：
        <form method="post" action="research.php?title=<?php echo $title?">>
    *************************************/
    $b=mysql _ query($a);
    $check _ num=mysql _ num _ rows($b);
    $row=mysql _ fetch _ array($b);
    $number=$row[" _ total"];
    $choice1=$row[' _ choice1'];
    $choice2=$row[' _ choice2'];
    $sum=$choice1+$choice2;// 取得前两项的被选次数，并且求和，赋值给 $sum
    // 取得前两项的选项内容，分别赋给 $option1 和 $option2
    $option1=$row[' _ option1'];
    $option2=$row[' _ option2'];

    if($number>2)
    {
    $choice3=$row[' _ choice3'];
    $option3=$row[' _ option3'];
    $sum+=$choice3;
    /* 如果选项总数大于 2，取第 3 项的内容以及被选次数，并且将第 3 项被选的次数加入 $sum
    */
    }

    if($number>3)
    {
    $choice4=$row[' _ choice4'];
    $option4=$row[' _ option4'];
    $sum+=$choice4;
    /* 如果选项总数大于 3，取第 4 项的内容及被选次数，并且将第 4 项被选的次数加入 $sum
    */
    }
    echo"<center><font color='red'> 调查题目: </font>".$title."</center>";
    echo"<hr width='800'color='#414141'size='1'align='center'/><br />";
    echo"<center><font color='red'> 当前调查结果 </font></center><br />";

    ?>
    <table width="400" bgcolor="#414141" border="0" cellspacing="1"
```

```
cellpadding="0" align="center">
    <tr height="30">
    <td bgcolor="#ffffff" align="center"> 序号 </td>
    <td bgcolor="#ffffff" align="center"> 选项 </td>
    <td bgcolor="#ffffff" align="center"> 票数 </td>
    <td bgcolor="#ffffff" align="center"> 比例 </td>
    </tr>
    <?
    $n=1;
    while($n<=$number)
    {
    $option _ now="option".$n;
    /* 以显示第一项为例，$n=1，则 $option _ now=option1
    */
    echo "<tr height='30'><td bgcolor='#ffffff' align='center'>$n</td>";
    echo "<td bgcolor='#ffffff' align='center'>";
    echo $$option _ now;
    /* 以显示第一项为例，$option _ now=option1，则 echo $$option _ now 即为：echo
        $option1，即显示在程序开头求出的第一项内容，此处用到间接变量
    */
    echo "</td>";
    $choice _ now="choice".$n;
    /* 以显示第一项为例，$choice _ now=choice1
    */
    echo "<td bgcolor='#ffffff' align='center'>";
    echo $$choice _ now;
    /*
    以 显 示 第 一 项 为 例，$choice _ now=choice1，则 echo $$choice _ now 即 为：echo
        $choice1，即显示在程序开始求出的第一项被选次数，此处再次用到间接变量
    */
    echo "</td>";
    echo "<td bgcolor='#ffffff' align='center'>";
    printf("(%.2f%%)",($$choice _ now*100/doubleval($sum)));
    /* 以显示第一项为例，用第一项被选的次数 $choice1 除以四项被选的次数和 $sum，
    在计算前，先利用函数 doubleval( ) 将次数和转换为浮点值。计算后，利用 printf() 函数
        将计算结果以 2 位浮点数输出
    */
    echo "</td></tr>";
    $n++;
    /*while 循环结构保证能将所有选项完整地输出，$n 等于 2、3、4 的情况可以以第一项类推
    */
    }
```

```
?>
</table>
<br />
<center>
<a href="index.php">回到调查首页 </a>
</center>
</body>
</html>
```

将以上代码编辑完毕，命名为 survey_view.php，保存到 C:\appserv\www\research 目录中。当用户在如图 12-8 所示的调查表格中选择项目并单击"提交"按钮后，就会弹出如图 12-9 所示的调查结果页面。

调查题目：你最喜欢的歌手是？

当前调查结果

序号	选项	票数	比例
1	许飞	1	(100.00%)
2	梁静茹	0	(0.00%)
3	樊凡	0	(0.00%)
4	李慧珍	0	(0.00%)

回到调查首页

图 12-9 调查结果页面

可以看到，由于其他歌手的票数默认值都是 0，只有第一项被选择了 1 次，所以第一项的比例为 100%。

习题 12

一、选择题

1.（   ）是听取网友意见的一个很好的途径，同时也是一些商业调查经常采用的非常方便的手段。

A. 客户留言   B. 聊天室

C. 图片上传   D. 网上调查

2. 要建立一个用来存放调查内容和调查结果的（   ）。

A. 数据表   B. 数据库

C. 数据集   D. 数据页

3. 出于便于管理和提高查询效率的考虑，在实现网上调查时仅用了（   ）个数据表。

A.1   B.2

C.3   D.4

二、填空题

1. _____一般都提供给网友一个题目和一系列选择项，就像考试做选择题一样，找到自己感兴趣的，选中后提交就可以了。

2. 调查的结果最好能够以_____和_____的形式显示出来，以便网友能够明显地注意到投票的结果。

3. 调查可以管理，即可以随时_____或者随时_____。在某些情况下，并不要求这一点，比如网站上临时有了调查的任务，就可以直接写出调查的表单，不必考虑管理目的。

第 13 章
用户留言系统

项目 名称	用户留言系统		
能力 目标	1. 会使用 HTML 设计网上留言页面； 2. 会使用 DIV 进行网上留言的功能布局； 3. 会使用 HTML 表单和 PHP 进行数据库的存储； 4. 会使用 PHP 的数据库语法操作数据的显示； 5. 会使用虚拟服务器，在浏览器中测试用户留言系统。		
任务 描述	为企业网站设计一个用户留言系统，用来保存客户与企业之间的交流互动： 1. 使用 phpMyAdmin 新建数据库并进行相应数据表的建立； 2. 使用 Dreamweaver CS3 或 Dreamweaver CS4，建立相关 PHP 网页； 3. 使用 AppServ-win32-2.5.9，测试留言系统。		

用户留言系统是网站中比较常见的功能模块，尤其是企业网站，网友将业务咨询的问题发表到网站中，在一定的时间内可以得到网站管理人员的回复。如图 13-1 所示，就是一个网上留言系统的表格。

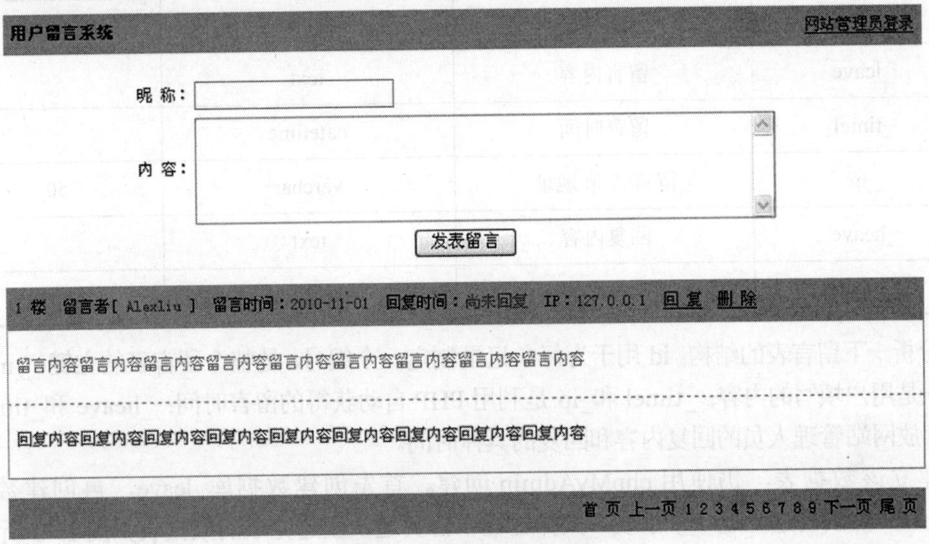

图 13-1　留言系统示例

用户留言系统一般都是由一个操作区和一个显示区构成的，留言者在操作区输入自己的昵称和留言内容，单击"提交"按钮，留言就会出现在显示区了。在本章中，就来讨论如何制作这样的留言系统。

13.1　留言数据表的建立

13.1.1　留言系统的框架

为了实现用户留言系统，必须解决以下几个问题。

（1）建立一个用来存放留言者昵称、留言内容和基本信息的数据表。

（2）只有网站的管理员才有权限删除和回复留言。

（3）没有回复留言之前，回复时间的位置显示"尚未回复"。

（4）用分页函数处理大量的留言记录。

13.1.2　留言表的建立

为了便于初学者理解，把留言信息和回复信息放在同一个表内，把相关的数据全部放在该表中。具体的结构如表 13-1 所示。

表13-1　留言系统的数据表（leaveinfo）

字段名	说　明	类　型	长　度
id	自动编号	bigint	
_nick	昵称	varchar	50
_leave	留言内容	text	
_timel	留言时间	datetime	
_ip	留言者 ip 地址	varchar	50
_heave	回复内容	text	
_timeh	回复时间	datetime	

分析一下留言表的结构。id 用于为每条记录制定一个编号，是整个留言表的主键；_nick 和 _leave 是用户填写的内容；_timel 和 _ip 是利用 PHP 自动获得的留言时间；_heave 和 _timeh 是用于存放网站管理人员的回复内容和回复的具体时间。

建立该数据表，仍使用 phpMyAdmin 创建。首先创建数据库_leave，再创建数据表 leaveinfo，然后创建上述 7 个字段，具体过程不再赘述。创建完成的数据表如图 13-2 所示。

	字段	类型	整理	属性	Null	默认	额外
☐	id	bigint(20)			否		auto_increment
☐	_nick	varchar(50)	gb2312_chinese_ci		是	NULL	
☐	_leave	text	gb2312_chinese_ci		是	NULL	
☐	_timel	datetime			是	NULL	
☐	_ip	varchar(50)	gb2312_chinese_ci		是	NULL	
☐	_heave	text	gb2312_chinese_ci		是	NULL	
☐	_timeh	datetime			是	NULL	

图 13-2　phpMyAdmin 中的调查数据表结构

13.2　网站管理员登录入口

为了对用户留言系统有较强的管理，希望在留言系统中增加一个验证管理员身份的页面。下面来讨论该页面的实现过程。

13.2.1　网站管理员登录入口的实现

如图 13-3 所示网站管理员登录入口页面代码如下。

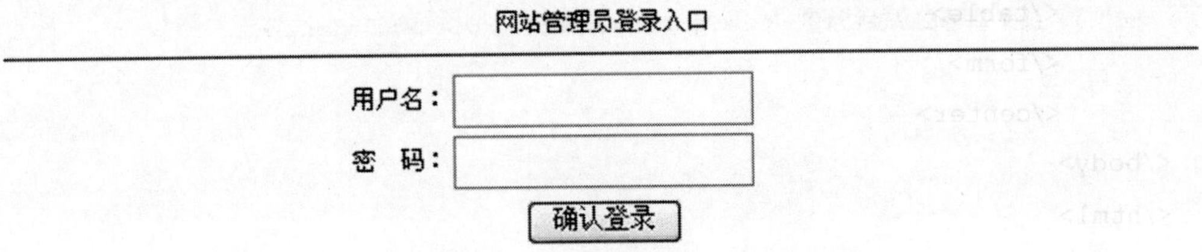

网站管理员登录入口

用户名：

密　码：

确认登录

图 13-3　网站管理员登录入口

```
/********************************login.htm********************************/
<html>
<head>
        <title>网站管理员登录入口 </title>
        <meta http-equiv="Content-Type" content="text/html; charset=gb2312"/>
        <style type="text/css">
<!--
body{font-size:12px;padding:0px;margin:0px;margin-top:20px;}
form{padding:0px;margin:0px;}
table{font-size:12px;}
.input1{width:150px;height:26px;}
        -->
        </style>
</head>
<body>
        <center>
        网站管理员登录入口
        <hr width="600" size="1" color="red" noshade/>
        <form name="form1" method="post" action="checklog.php">
        <table width="250" border="0" cellspacing="0" cellpadding="0">
        <tr height="30">
        <td width="50">用户名: </td>
        <td width="200"><input name="admin" type="text" class="input1"/></td>
        </tr>
        <tr height="30">
        <td width="50"> 密    码: </td>
        <td width="200"><input name="password" type="password" class="input1"/></td>
        </tr>
        <tr height="30">
        <td width="250" colspan="2" align="center"><input type="submit" value=" 确
                认登录 "/></td>
        </tr>
```

```
            </table>
            </form>
            </center>
      </body>
      </html>
```

将该页面编辑完毕后，保存为 login.htm，供后续使用。因为该页面仅实现了表单的前台表现的代码，所以还有很多后续工作需继续完成。

该页面提供了一个供用户输入用户名和密码的表单，表单中，两个文本框被实施了样式表 input1，表现为两个宽高大小一样的文本框，在一定程度上增强了美感。

在表单最后，给出了"确认登录"按钮，单击"确认登录"按钮后，页面会打开 checklog.php 页面处理表单信息，该 checklog.php 页面尚未完成。

13.2.2　管理员身份的验证

前面完成的 login.htm 页面提供了一个输入用户名和密码的界面，但是并不具有处理功能，数据的验证还需要与后台的 PHP 程序配合实现。注意到在管理员登录入口页面中有一个名为"确认提交"的提交按钮。用户填写的内容就是靠这个按钮元素把数据传递到 checklog.php 之后再进行判断的。

下面是完整的代码：

```
/***********************************checklog.php*********************************/
<?php
// 会话准备
        session _ start();
        // 获取 login.html 页传递进入的值
        $admin=$ _ REQUEST["admin"];
        $password=$ _ REQUEST["password"];
        // 判断用户名和密码为空时的操作
        if($admin==""||$password=="")
        {
        header("location:message.php?num=1");
        }
        // 判断用户名和密码正确时的操作
        else if($admin=="admin"&& $password=="123456")
        {
        // 建立会话，用来指明管理员身份
        $ _ SESSION["admin"]="yes";
        header("location:message.php?num=2");
        }
        // 判断用户名和密码错误时的操作
```

```
        else
        {
header("location:message.php?num=3");
        }
?>
```

可以看出，本段程序由变量 $admin 和 $password 引出，即由 login.html 传递进来的两个表单元素，执行本段程序。根据用户填写的数据内容进行判断，然后作出相应的提示。

下面先看看判断的第一种情况。if($admin=="" || $password=="") 判断用户名和密码为空时的操作，这里面用到了逻辑表达式中的或"||"，表示两个条件中只要有一个满足，结果就为真。这样就能够保证用户所输入的任何一项都不能空置。

然后再看看判断的第二种情况。else if($admin=="admin" && $password=="123456") 判断用户名和密码正确时的操作，为了简化程序，便于初学者理解，这里面并没有用到数据库，而是在 PHP 中预设了一个管理员的用户名和密码，而且也用到了逻辑表达式中的与"&&"，表示两个条件必须都满足，结果才能为真。这样就保证了用户所输入的任何一项都必须是你预设好的内容，才能执行大括号中的代码。这里面需要多说一点，大括号中用到了 SESSION 级会话的方法，是为了回到主页后，让主页能够得到管理员的身份，从而显示只有管理员才有的权限。

最后的判断比较简单，表示如果以上的情况都不是的话，就执行大括号中的代码。

说明：

其中 header("location:message.php?num=1"); 是 PHP 中用来实现跳转的函数，括号中的字符串就是执行跳转的链接地址，在地址中加入了 num 参数，用来传递给 message.php，然后再让 message.php 根据传递的参数作出相应的判断。

13.2.3 系统提示页

在管理员身份验证的后台程序中，调用了 message.php，该页面用于提示用户操作是否成功，具体代码如下：

```
/******************************message.php*******************************/
<?php
$num=$ _ REQUEST["num"];
    switch($num)
    {
case1:$str=" 对不起，请输入您的用户名和密码! ";break;
case2:$str=" 登录成功! <a href='index.php'>返回主页</a>";break;
case3:$str=" 登录失败! <a href='javascript:history.back(1);'>单击返回
    </a>";break;
case4:$str=" 对不起! 请输入您的昵称和留言内容! <a href='javascript:history.
    back(1);'>单击返回</a>";
break;
case5:$str=" 留言成功! <a href='javascript:history.back(1);'>单击返回
    </a>";break;
```

```
    case6:$str=" 删除成功! <a href='javascript:history.back(1);'> 单击返回
        </a>";break;
    case7:$str=" 删除失败! <a href='javascript:history.back(1);'> 单击返回
        </a>";break;
    case8:$str=" 对不起! 请输入回复内容! <a href='javascript:history.back(1);'>
        单击返回 </a>";break;
    case9:$str=" 回复成功! <a href='index.php'> 返回主页 </a>";break;
    case10:$str=" 回复失败! <a href='javascript:history.back(1);'> 单击返回
        </a>";break;
    default:$str=" 未知错误! ";
    }
    ?>
<html>
<head>
    <meta http-equiv="Content-Type" content="text/html; charset=gb2312"/>
    <title> 系统提示页 </title>
    <style type="text/css">
    <!--
    body{font-size:12px;}
    -->
    </style>
</head>
<body>
    <center>
系统提示页
    <hr width="600" size="1" color="red" noshade />
    <?php echo $str;?>
    </center>
</body>
</html>
```

将以上两个页面编辑完成后，分别保存到 C:\appserv\www\leave 目录中的系统提示页面。

下面体验一下管理员身份的验证过程。在 IE 地址栏输入 http://127.0.0.1/leave/login.html，打开验证页面，在"用户名"文本框中输入："admin"，在密码框中输入："123456"，然后单击"确认提交"按钮，会弹出如图 13-4 所示的提示页面。

系统提示页

登录成功! 返回主页

图 13-4 登录成功的提示

再来看看出错的情况。重新打开管理员身份验证页面，在"用户名"文本框中输入："admin"，在密码框中输入："666666"，然后单击"确认提交"按钮，会弹出如图13-5所示的提示页面。

因为密码输入的与预设的不一致，所以系统提示"登录失败"，这样就保证了验证的准确性。

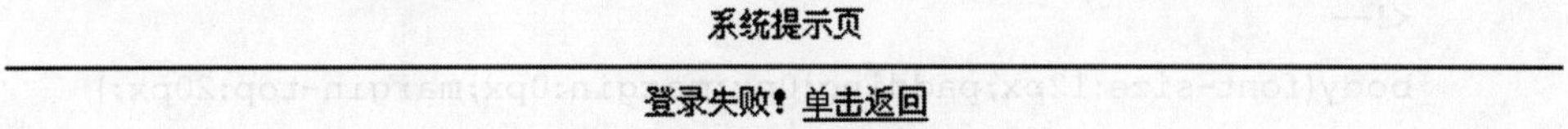

系统提示页

登录失败！ 单击返回

图13-5 登录失败的提示

13.3 留言页界面的设计

前面已经将管理员身份验证的页面制作完成，现在就来设计制作留言页的界面和功能代码。

下面为留言页界面的完整源代码：

```php
/*********************************index.php*********************************/
<?php
session _ start();// 会话准备
        include("page.php");// 将分页函数包含进来
        //-------------------------------------------------------------------- 连接数据库
        $link=mysql _ connect("localhost","","");
        mysql _ select _ db(" _ leave",$link);
        mysql _ query("set names 'GBK'");
        // 数据分页变量准备
        $page=$ _ REQUEST["page"];if($page=="")$page= 1;
        // 提取当前页数，默认情况是第1页
        $pagesize=4;// 每页显示多少条数据
          $total=0;$sql="select  * from leaveinfo";$result=mysql _
            query($sql);while($row=mysql _ fetch _ array($result))
            {$total++;}// 一共有多少条数据
          $pagecount=($total%$pagesize)?(int)($total/$pagesize)+1:
            $total/$pagesize;// 一共有多少页
        // 执行数据库查询
        $sql="select  * from leaveinfo order by _ time1 desc limit".$pagesize*
            ($page-1).",".$pagesize;
        $result1=mysql _ query($sql);
        $result2=mysql _ query($sql);
        ?>
<!DOCTYPE html PUBLIC"-//W3C//DTD XHTML 1.0 Transitional//EN""http://www.
    w3.org/TR/xhtml1/DTD/xhtml1-transitional.dtd">
<html>
<head>
        <title>用户留言系统</title>
```

261

```
<meta http-equiv="Content-Type" content="text/html; charset=gb2312"/>
<style type="text/css">
<!--
body{font-size:12px;padding:0px;margin:0px;margin-top:20px;}
form{padding:0px;margin:0px;}
table{font-size:12px;}
#conn{width:678px;height:auto;color:#919191;padding:10px;border-
    bottom:1px dashed #919191;}
#fonn{width:678px;height:auto;color:red;padding:10px;}
#msgn{width:678px;height:auto;text-align:center;color:red;padding:10
    px;margin:0px auto;}
-->
</style>
</head>
<body>
<table width="700" bgcolor="#aaaaaa" border="0" cellspacing="0" cellpadding="0"
    align="center">
<tr height="30">
<td width="200"> <b>用户留言系统</b></td>
<td width="500" align="right"><a href="login.html">网站管理员登录
    </a> </td>
</tr>
</table>
<br />
<form name="form1" method="post" action="saveleave.php">
<table width="510" border="0" cellspacing="0" cellpadding="0"
    align="center">
<tr height="3">
<td width="510" colspan="2"></td>
</tr>
<tr height="30">
<td width="50"> 昵 称:</td>
<td width="460"><input name="nick" type="text" maxlength="8"/></td>
</tr>
<tr height="30">
    <td width="50"> 内 容:</td>
    <td width="460"><textarea name="content" cols="60" rows="5">
        </textarea></td>
```

```
    </tr>
    <tr height="30">
        <td width="510"  colspan="2"  align="center"><input type="submit"
            value=" 发表留言 "/></td>
    </tr>
    </table>
    </form>
    <br/>
    <?php
    if(mysql _ fetch _ array($result2) == 0) echo "<div id='msgn'> 这里可真
        冷清，一条留言都没有! </div>";// 如果一条留言也没有
    $no= $total-$pagesize*($page- 1);
    while($row= mysql _ fetch _ array($result1))
    {
    $id=$row["id"];
    $nick=$row[" _ nick"];
    $leave=$row[" _ leave"];
    // 从数据库中获取时间并格式化
    $timel=$row[" _ timel"];$timel=date("Y-m-d");
    $ip=$row[" _ ip"];
    $heave=$row[" _ heave"];
    // 判断是否有回复，如果有，从数据库中获取并格式化
    $timeh=$row[" _ timeh"];if($heave==""){$timeh=" 暂  无  回  复 ";}else{$timeh=
        date("Y-m-d");}
    // 判断是否管理员身份
    if($ _ SESSION["admin"]=="yes") $aaaa="<a href='heave.php?id=$id'> 回
        复 </a>  <a href='delete.php?id=$id'> 删 除 </a>";
    $str=<<<UFO
    <table width="700" bgcolor="#aaaaaa" border="0" cellspacing="1"  cellpadding="0"
        align="center">
    <tr height="30">
        <td width="700"  bgcolor="#aaaaaa"> <span style="color:red;">$no</span>
            楼    留言者 [<span  style="color:red;">$nick</span>]  
            留言时间: <span style="color:red;">$timel</span>  
            回复时间: <span style="color:red;">$timeh</span>  IP :
            <span style="color:red;">$ip</span>  $aaaa
        </td>
    </tr>
    <tr>
```

```
            <td width="700" bgcolor="#ffffff" colspan="2">
                <div id="conn">$leave</div>
                <div id="fonn">$heave</div>
            </td>
        </tr>
    </table>
    UFO;
    echo $str;
    $no--;
    }
    ?>
    <table width="700" bgcolor="#aaaaaa" border="0" cellspacing="0"
      cellpadding="0" align="center">
    <tr height="29">
        <td width="700" align="right">
    <?php echo page("small","index.php","yellow",$page,$pagesize,$total,
        $pagecount);?>
     
    </td>
    </tr>
    </table>
</body>
</html>
```

将以上代码编辑完毕，命名为 index.php，保存到 C:\appserv\www\leave 目录中。然后打开 IE 浏览器，在地址栏中输入"http://127.0.0.1/leave/index.php"，将看到调查题目列表的页面，如图 13-6 所示。

图 13-6　留言页界面设计

由于该页面一条记录都没有，所以只显示了留言操作区和下面的信息提示，输入留言者昵称和留言内容页面会跳转到 saveleave.php 进行相关程序的操作。

```
/*********************************saveleave.php*********************************/
<?php
// 获取 index.php 页传递进入的值
$nick=$ _ REQUEST["nick"];
$content=$ _ REQUEST["content"];
// 获取客户端 Ip 地址
$ip=$ _ SERVER["REMOTE _ ADDR"];
// 判断昵称和留言内容为空时的操作
if($nick==""||$content=="")
{
header("location:message.php?num=4");
}
else
{
// 连接数据库并向数据表中添加数据
$link=mysql _ connect("localhost:3300","root","0000");
mysql _ select _ db(" _ leave",$link);
mysql _ query("set names 'GBK'");
$sql="insert into leaveinfo( _ nick, _ leave, _ timel, _ ip)values('$nick','$cont
      ent',now(),'$ip')";
mysql _ query($sql);
header("location:message.php?num=5");
}
?>
```

该页面主要的作用是将留言信息储存到数据库中。if($nick=="" || $content=="") 是用来判断留言者昵称和留言内容为空时的操作，header("location:message.php?num=5") 是用来跳转到系统提示页的。

13.4 删除、回复页的制作

前面讨论了留言功能和网站管理员身份验证功能的实现，当管理者以网站管理员的身份登录时，留言界面中就会显示只有管理员才具有的权限，下面就来讨论一下删除留言和回复留言的功能。

13.4.1　删除功能的实现

删除功能的实现相对比较简单，只要获取留言界面页传递进来的相关记录的 id 编号，就可以执行相关的操作了。

具体代码如下：

```
/*********************************delete.php*********************************/
<?php
$id=$_REQUEST["id"];
$link=mysql_connect("localhost","","");
mysql_select_db("_leave",$link);
mysql_query("set names 'GBK'");
$sql="delete from leaveinfo where id='$id'";
$result=mysql_query($sql);
if($result==true)
{
    header("location:message.php?num=6");
}
else
{
    header("location:message.php?num=7");
}
?>
```

该段程序完成后，保存备用。在留言界面页存在留言的前提下，以网站管理员的身份登录，然后选择具体的留言信息进行删除。

13.4.2　回复功能的实现

要想实现留言的回复功能，必须先准备好一个留言回复的界面页，该页面将利用获取来的留言信息的 id 编号对数据库进行数据更新。

具体代码如下：

```
/*********************************heave.php*********************************/
<?php $id=$_REQUEST["id"];?>
<html>
<head>
        <title> 用户留言系统 </title>
        <meta http-equiv="Content-Type" content="text/html; charset=gb2312"/>
        <style type="text/css">
         <!--
body{font-size:12px;padding:0px;margin:0px;margin-top:20px;}
```

```
    form{padding:0px;margin:0px;}
    table{font-size:12px;}
    #conn{width:698px;height:auto;color:#919191;padding:10px 0px;border-
        bottom:1px dashed #919191;}
    #fonn{width:698px;height:auto;color:red;padding:10px 0px;}
    -->
    </style>
</head>
<body>
<table width="700" bgcolor="#aaaaaa" border="0" cellspacing="0" cellpadding="0"
    align="center">
<tr height="30">
    <td width="350"> <b> 用户留言系统 </b></td>
    <td width="350" align="right"><a href="index.php"> 返回留言主页 </a> </td>
</tr>
</table>
<br/>
<form name="form1" method="post" action="saveheave.php?id=<?php echo
    $id;?>">
    <table width="510" border="0" cellspacing="0" cellpadding="0"
        align="center">
<tr height="3">
    <td width="510" colspan="2"></td>
</tr>
<tr height="30">
    <td width="50">  内 容: </td>
    <td width="460"><textarea name="content" cols="60" rows="5"></textarea></td>
</tr>
<tr height="30">
    <td width="510" colspan="2" align="center"><input type="submit" value=" 回
        复留言 "/></td>
</tr>
</table>
</form>
</body>
</html>
```

将程序大部分内容由静态页面构成，只有第一句话用 PHP 获取了传入的 id 参数，然后在
form 处将这个参数传递到 shavheave.php 中进行处理。如图 13-7 所示。

图 13-7　留言回复页界面的设计

在表单中，可以看到当单击"回复留言"按钮后，会将用户输入的数据提交给页面 saveheave.php 进行处理，而下面就在一步一步地制作 saveheave.php 页面，下面来完成 saveheave.php 页面中数据的更新处理。

```php
/********************************saveheave.php********************************/
<?php
// 获取 heave.php 页传递进入的值
$id=$ _ REQUEST["id"];
$content=$ _ REQUEST["content"];
// 判断回复内容为空时的操作
if($content=="")
{
header("location:message.php?num=8");
}
else
{
// 连接数据库并更新数据表中的数据
$link=mysql _ connect("localhost","","");
mysql _ select _ db(" _ leave",$link);
mysql _ query("set names 'GBK'");
$sql="update leaveinfo set _ heave='$content', _ timeh=now() where id='$id'";
$result=mysql _ query($sql);
if($result==true)
{
    header("location:message.php?num=9");
}
else
{
    header("location:message.php?num=10");
}
}
?>
```

留言内容的回复，就是对具体 id 编号的留言记录进行更新，到这里本实例的主体程序实际上就已经完成了，最后再来讨论一下分页功能的实现，由于分页功能比较复杂而且用到的频率也比较高，所以有很多事先写好的函数，在用到的地方直接调用就行了。

13.4.3 分页函数

分页函数网上有很多，下面的这个分页函数主要支持三种分页的样式，小量的、中等的，还有大量的。函数具体的参数已经在下面注释出来了，这里就不多说了，具体代码如下：

```php
/*******************************page.php*******************************/
<?php
/**********************************************************
数据分页函数 Alex liu 2010 年 8 月
$style       分页样式 | small | middle | big |
$url         分页地址
$color       链接颜色
$page        当前页
$pagesize    每页显示条数
$totle       总数据量
$pagecount   总页数
**********************************************************/
function page($style,$url,$color,$page,$pagesize,$total,$pagecount)
{
///////////////////////////////////////////////////////////////////////////// 小型数据分页
if($style=="small")
{
    if($page==1)
    {
        $string=" 首页  上一页 ";
    }else{
            $string="<a href='$url?page=1'style='color:$color;'> 首  页 </a>
                <a href='$url?page=".($page-1)."' style='color:$color;'>上一页</a>";
    }
    if($page==$pagecount||$pagecount==0)
    {
        $string.="下一页  尾页 ";
    }else{
            $string.="<a href='$url?page=".($page+1)."' style='color:$color;'>下
                一页 </a><a href='$url?page=$pagecount'style='color:$color;'>尾页</a>";
    }
}
```

269

```php
if($style=='middle')
{
    if($page==1)
{
$string=" 首页 上一页 |";
}else{
    $string="<a href='$url?page=1'style='color:$color;'> 首 页 </a>
        <a href='$url?page=".($page-1)."' style='color:$color;'>上一页</a>|";
}
if($pagecount>10)
{
    if($page>$pagecount-10)
    {
        $j=$pagecount-9;
    }else{
        $j=$page;
    }
    for($i=$j;$i<$page+10;$i++)
    {
        if($i==$page)
        {
            $string.="<a href='$url?page=$i'style='color:$color;'><b>$i</b></a> |";
        }else{
            $string.="<a href='$url?page=$i'>$i</a>|";
        }
        if($i>=$pagecount)
        {
            break;
        }
    }
}
else
{
    for($i=1;$i<=$pagecount;$i++)
    {
        if($i==$page)
        {
            $string.="<a href='$url?page=$i'style='color:$color;'><b>$i</b></a> |";
        }else{
```

```
        $string.="<a href='$url?page=$i'>$i</a>|";
    }
}
if($page==$pagecount||$pagecount==0)
{
    $string.="下一页 尾页";
}else{
    $string.="<a href='$url?page=".($page+1)."' style='color:$color;'>下 一 页
        </a> <a href='$url?page=$pagecount'style='color:$color;'>尾页</a>";
    }
}
///////////////////////////////////////////////////////////////////////////// 大型数据分页
if($style=="big")
{
$string="<div style='float:left;'>  第 <span style='color:$color;'>$page
    </span> 页;
$string.=" 共 <span style='color:$color;'>$pagecount</span> 页 共 <span
    style='color:$color;'>$total</span> 条 </div>\n";
$string.="<div style='float:right;'>  页  </div>\n";
$string.="<div style='float:right;margin-top:-5px;'>\n";
$string.="<select name='into'onchange='window.location=\"$url?page=\"+this.
    value'>\n";
for($i=1;$i<=$pagecount;$i++)
{
    if($i==$page)
    {
        $string.="<option value='$i'selected='selected'>$i</option>\n";
    }
    else
    {
        $string.="<option value='$i'>$i</option>\n";
    }
}
$string.="</select></div>\n";
$string.="<div style='float:right;'>";
if($page==1)
{
    $string.=" 首页 上一页 ";
}else{
    $string.="<a href='$url?page=1'style='color:$color;'> 首 页 </a>
```

```
        <a href='$url?page=".($page-1)."'style='color:$color;'>上一页</a>';
    }
    if($page==$pagecount || $pagecount==0)
    {
        $string.="下一页 尾页  转到第  ";
    }else{
        $string.="<a href='$url?page=".($page+1)."'style='color:$color;'>下一页
            </a> <a href='$url?page=$pagecount'style='color:$color;'>尾 页 </a> 转
            到第  ";
    }
    $string.="</div>\n";
    }
    return $string;
    }
?>
```

分页函数的调用也比较简单，首先用到分页功能的页面添加 include("page.php"); 代码然后在 PHP 中对函数用到的变量进行准备；最后在使用的位置直接调用 page("small","index.php","yellow", $page, $pagesize, $total, $pagecount); 就可以了。显示结果如图 13-8 所示。

首页 上一页 下一页 尾页

图 13-8 分页功能的实现

习题 13

一、选择题

1.(   ) 系统是网站中比较常见的功能模块，尤其是企业网站，网友将业务咨询的问题发表到网站中，在一定的时间内可以得到网站管理人员的回复。

A. 用户留言　　　　　　　　　　B. 聊天室

C. 图片上传　　　　　　　　　　D. 网上调查

2. 建立一个用来存放留言者昵称、留言内容和基本信息的（   ）。

A. 数据表　　　　　　　　　　　B. 数据库

C. 数据集　　　　　　　　　　　D. 数据页

3. 只有网站的管理员才有权限（   ）和回复留言。

A. 删除　　　　　　　　　　　　B. 修改

C. 发表　　　　　　　　　　　　D. 关闭

二、填空题

1. 用户留言系统一般都是由一个_____和一个_____构成的，留言者在操作区输入自己的昵称和留言内容，单击"提交"按钮，留言就会出现在显示区了。

2. 调查的结果最好能够以_____和_____ 的形式显示出来，以便网友能够明显地注意到投票的结果。

第 14 章
图片上传

任务单十四

项目 名称	图片上传系统
能力 目标	1. 会使用 HTML 设计图片上传页面； 2. 会使用表单中的文件域； 3. 会使用 PHP 中的上传函数 move_uploaded_file()； 4. 会使用 PHP 的数据库语法，向数据库中插入数据； 5. 会使用虚拟服务器，在浏览器中测试图片上传系统。
任务 描述	为企业网站设计一个图片上传系统，用来上传产品图片： 1. 使用 phpMyAdmin 新建数据库； 2. 使用 Dreamweaver CS3，建立图片上传页； 3. 使用 AppServ-win32-2.5.9，测试图片上传系统。

经常会在网站中用到图片上传功能，图片上传是网站与网友交互的一个很好的途径，同时也是获取网友图片信息的手段。如图 14-1 所示，就是一个图片上传的表格。

图片上传

对不起，暂时没有图片！

图 14-1　图片上传示例

图片上传一般都提供给网友一个文件域和一个确认按钮，就像普通表单一样，找到自己想要上传图片的位置，然后提交就可以了。在本章中，就讨论如何实现这样的图片上传功能。

14.1　图片上传表的建立

14.1.1　图片上传的框架

为了实现图片上传，必须解决以下几个问题。

（1）要建立一个用来存放图片上传路径和具体上传时间的数据表。

（2）建立一个用来显示上传图片的页面，本实例中是在主页中显示。

（3）建立一个信息提示页面，用来提示用户的操作出现了哪些问题。

首先需要解决的问题是数据表。

14.1.2　数据表的建立

出于便于管理和提高查询效率的考虑，在实现图片上传功能时仅用了一个数据表，把上传图片的路径和具体上传时间全部放入该表中。具体的结构如表 14-1 所示。

表14-1　图片上传的数据表（upload）

字段名	说明	类型	长度
id	自动编号	bigint	
_src	图片路径	varchar	50
_time	上传时间	datetime	

分析一下调查表的结构。id 用于存放表的自动编号，是整个数据表的主键；_src 是用于存放上传图片的具体路径的；_time 是用于存放图片上传的具体时间的，以便将来在图片显示页面中按顺序排列。

建立该数据表，仍使用 phpMyAdmin 创建。首先创建数据库 _upload，再创建数据表 upload，然后创建上述三个字段，具体过程不再赘述。创建完成的数据表结构如图 14-2 所示。

字段	类型	整理	属性	Null	默认	额外
id	bigint(20)			否		auto_increment
_src	varchar(50)	gb2312_chinese_ci		否		
_time	datetime			否		

图 14-2　phpMyAdmin 中的图片上传数据表结构

14.2　图片上传页

图片上传页主要分为两个区域，第一个区域是上传表单区，第二个区域是图片显示区，当然你也可以把它们分别放在两个页面里，这一点可以根据你的实际需要。下面来讨论该图片上传页的实现过程。

14.2.1　图片上传页的实现

如图 14-3 所示是图片上传页的界面。页面的上传表单区完全可以是静态的；但下面的图片显示区就需要用到 PHP 代码了，先连接数据库，然后从数据表 upload 中提取图片路径的字段 _src 的内容，最后利用循环 while($row = mysql_fetch_array($result1)) 来遍历数组。

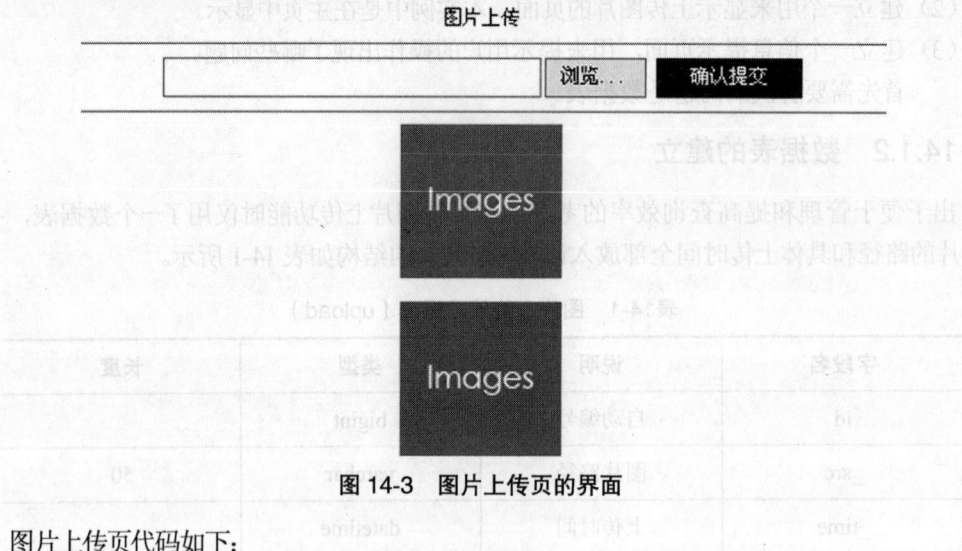

图 14-3　图片上传页的界面

图片上传页代码如下：

```
/**********************************index.php**********************************/
<!DOCTYPE html PUBLIC"-//W3C//DTD XHTML 1.0 Transitional//EN"
"http://www.w3.org/TR/xhtml1/DTD/xhtml1-transitional.dtd">
<html xmlns="http://www.w3.org/1999/xhtml">
<head>
<meta http-equiv="Content-Type" content="text/html; charset=gb2312"/>
<title> 图片上传 </title>
<style type="text/css">
```

276

```
<!--
*{font-size:12px;padding:0px;margin:0px;}
body{margin-top:40px;}
.input _ 1{width:300px;height:24px;border:1px solid #919191;}
.input _ 2{width:90px;height:24px;background-color:#414141;color:#fff;border
    :0px;}
-->
</style>
</head>
<body>
<center>
图片上传
<hr width="500" size="1" color="#919191" noshade/>
<form name="form1" method="post" action="save.php" enctype="multipart/form-
    data">
<input name="photo" type="file" class="input _ 1"/>
<input type="submit" value=" 确认提交 " class="input _ 2"/>
</form>
<hr width="500" size="1" color="#919191" noshade/>
<?php
// 连接数据库
$link=mysql _ connect("localhost","","");
mysql _ select _ db(" _ upload",$link);
mysql _ query("set names 'GBK'");
$sql="select * from upload order by _ time desc";
$result1=mysql _ query($sql);
$result2=mysql _ query($sql);
// 判断数据库没有数据时的显示
if(mysql _ fetch _ array($result2)==0) echo " 对不起，暂时没有图片! ";
while($row=mysql _ fetch _ array($result1))
{
$src=$row[" _ src"];
echo" <img src='$src'/><br/><br/>";
}
?>
</center>
</body>
</html>
```

将该页面编辑完毕后，保存为 index.htm，供后续使用。因为该页面仅实现了图片上传的前台部分和图片显示区的后台部分功能，还有很多后续工作需继续完成。

该页面提供了一个供用户选择文件位置的文件域表单，表单由两个 input 标签构成，而且分别调用了 .input1 和 .input2 两个类，在一定程度上增加了美感。

在表单的右方给用户提供了确认提交的按钮，当单击"确认提交"按钮时，页面跳转到 save.php 进行处理。

14.2.2 上传处理页面

前面完成的 index.htm 页面中提供了一个用户选择上传文件位置的界面，但是并不具有处理功能，数据的插入或验证还是需要 PHP 后台程序的支持。

下面先看看完整的代码：

```
/************************************save.php************************************/
<?php
//------------------------------------------------------------------------上传准备
$name=$ _ FILES["photo"]["name"];

$size=$ _ FILES["photo"]["size"]/1024;

$type=strstr($name,".");

$newname=date("ymd _ His")." _ ".rand(10,99).$type;

$path=$ _ SERVER ["DOCUMENT _ ROOT"]."/upload/images/".$newname;

//------------------------------------------------------------------------上传准备
if(!preg _ match("/JPG|GIF|PNG$/i",$type))

{

header("location:message.php?num=1");

}

else if($size ==0 || $size > 2000)

{

header("location:message.php?num=2");

}

else

{

    // 连接数据库

$link=mysql _ connect("localhost","","");

mysql _ select _ db(" _ upload",$link);

mysql _ query("set names'GBK'");

$sql="insert into upload( _ src, _ time) values('images/$newname',now())";

$result=mysql _ query($sql);

if($result==true)

{

    move _ uploaded _ file($ _ FILES["photo"]["tmp _ name"],$path);// 开始上传
```

```
    header("location:message.php?num=3");
}
else
{
    header("location:message.php?num=4");
}
}
?>
```

可以看出，本段程序由 index.php 引出，即单击 index.php 页面中的"确认提交"按钮后，执行本段程序。并且，本段程序又被 $name、$size、$type、$newname 和 $path 五个变量所引导，这 5 个变量分别提取和处理了上传文件的文件名、文件大小、文件类型、文件的重命名和图片上传的路径。

首先用正则表达式 if(!preg_match("/JPG|GIF|PNG$/i",$type)) 判断上传图片的格式是否是 JPG、GIF、PNG 中的任何一个，如果不是，页面跳转到 message.php 然后显示提示信息；else if($size == 0 || $size > 2000) 判断上传图片文件的大小，如果图片大小大于 2000KB，页面跳转到 message.php，然后显示提示信息。

如果给出的条件都没问题，连接数据库，将上传图片的相关信息存入数据库。如果数据库储存也没有问题，开始上传图片，否则跳转到 message.php，然后显示提示信息。

14.2.3　系统提示页的完整程序

在图片上传的后台程序中，调用了 message.php，该页面用于提示用户操作是否成功及出现了什么问题，代码如下：

```
/*******************************message.php*******************************/
<?php
$num=$ _ REQUEST["num"];
switch($num)
{
case 1:
$str= " 对不起，文件格式不正确！";
break;
case 2:
$str= " 对不起，文件大小不能超过 2000K！";
break;
case 3:
$str= " 恭喜，文件上传成功！";
break;
case 4:
$str= " 对不起，文件上传失败！";
```

PHP 程序设计

```
break;
default:
$str=" 参数错误!";
}
?>
<!DOCTYPE html PUBLIC"-//W3C//DTD XHTML 1.0 Transitional//EN"
 "http://www.w3.org/TR/xhtml1/DTD/xhtml1-transitional.dtd">
<html xmlns="http://www.w3.org/1999/xhtml">
<head>
<meta http-equiv="Content-Type" content="text/html; charset=gb2312"/>
<title> 系统提示页 </title>
<style type="text/css">
<!--
*{font-szie:12px;color:#fff;padding:0px;margin:0px;}
body{margin-top:120px;}
#massage{width:500px;height:300px;background-color:#ff0033;margin:0px auto;}
#massage
#info{width:500px;height:20px;line-height:20px;text-align:center;
      margin-top:140px;}
#massage
#link{width:500px;height:20px;line-height:20px;text-align:right;
      margin-top:115px;}
-->
</style>
</head>
<body>
<div id="massage">
<div id="info"><?php echo $str;?></div>
<div id="link"><a href="index.php">[ 返 回 ]</a>  </div>
</div>
</body>
</html>
```

将以上三个页面编辑完成后，分别保存到 C:\appserv\www\upload 目录中，并且在该目录中新建一个文件夹，命名为 images，作为上传图片的目标文件夹。

下面来体验一下图片上传的过程。在 IE 地址栏输入 http://127.0.0.1/upload/index.php，打开图片上传的主页面，选择一张你要上传的图片，然后单击"确认提交"按钮，会弹出如图 14-4 所示的提示页面。

280

图 14-4　成功上传的提示

　　然后单击"返回"链接，页面跳转回主页，上传的图片就显示在图片上传界面中的图片显示区了。

　　下面再来看看出错的情况。重新打开图片上传页面，选择一张格式错误的图片，然后单击"确认提交"按钮，会弹出如图 14-5 所示的错误提示页面。

图 14-5　错误上传的提示

习题 14

一、选择题

1.（　　　　）是网站与网友交互的一个很好的途径，同时也是获取网友图片信息的手段。

A. 用户留言　　　　　　　　　　B. 聊天室

C. 图片上传　　　　　　　　　　D. 网上调查

2. 要建立一个用来存放图片上传路径和具体上传时间的（　　　）。

A. 数据表　　　　　　　　　　B. 数据库

C. 数据集　　　　　　　　　　D. 数据页

3. 建立一个用来（　　　）上传图片的页面，本实例中是在主页中显示。

A. 删除　　　　　　　　　　　B. 修改

C. 发表　　　　　　　　　　　D. 显示

二、填空题

1. 图片上传一般都提供给网友一个_____和一个_____，就像普通表单一样，找到自己想要上传图片的位置，然后提交就可以了。

2. 建立一个_____，用来提示用户的操作出现了哪些问题。

3. 图片上传页主要分为两个区域，第一个区域是_____，第二个区域是_____，当然你也可以把它们分别放在两个页面里，这一点可以根据你的实际需要来定。

第15章
聊天室

任务单十五

项目 名称	聊天室
能力 目标	1. 会使用 HTML 设计聊天室页面； 2. 会使用框架网页进行布局； 3. 会使用 PHP 的数据库语法操作数据的储存和显示； 4. 会使用虚拟服务器，在浏览器中测试聊天室。
任务 描述	为企业网站设计一个聊天室系统，用来方便客户与企业之间的沟通： 1. 使用 phpMyAdmin 新建数据库； 2. 使用 Dreamweaver CS3，建立聊天室的相关网页； 3. 使用 AppServ-win32-2.5.9，测试聊天室系统。

聊天室是在上网时常见的东西，进入聊天室，可以海阔天空地与各色人等畅快交谈。正是由于它的自由和公平，聊天室吸引了越来越多的网友参与。聊天室还有一大特色，就是它的实时性，在线的交谈与离线的留言相比，更能激发网友的兴趣。本章就讨论如何制作聊天室。

如果要制作一个聊天室，首先要有一个网页，能够同时发言和显示所有的谈话内容，而且最好能够显示在线网友的名单，一般可以采用 HTML 的框架结构来解决这个问题。其次要能够及时地显示网友的发言，一般是在网友发言之后 10~15 秒就可以看到发言内容，甚至要更快。否则等待很长时间，也就谈不上聊天了。

与网上调查和注册等系统一样，首要解决的问题是数据存放问题。下面来构造聊天室的数据表。

15.1　聊天室数据结构的建立

首先在 IE 浏览器中打开 phpMyAdmin，创建一个数据库，命名为 chat。然后开始创建数据表。

聊天室的主要功能是管理用户的发言，可以用一个数据表来存储网友的全部发言，该数据表的名字叫 our，结构如表 15-1 所示。

表15-1　聊天室的发言数据表（our）

字段名	说明	类型	长度
_name	发言者昵称	varchar	20
_content	发言内容	varchar	50
_target	谈话对象	varchar	20
_time	发言时间（时：分：秒）	varchar	20
_second	发言时间（时间戳）	int	20
_mood	发言的表情	varchar	50
_color	发言的颜色	varchar	10

除了存储网友的发言，还有必要设计一个数据表用来存放在线用户的名单。该名单不仅可以作为谈话的对象，而且可以使网友大体掌握聊天室的热闹程度。这个数据表的名字叫 online，该数据表的结构如表 15-2 所示。

表15-2　聊天室的在线用户数据表（online）

字段名	说明	类型	长度
_name	昵称	varchar	20
_sex	性别	varchar	10
_last_time	最后在线时间	int	20

将 our 和 online 两个数据表创建成功后，就完成了聊天室的数据准备，完成的结果如图
15-1 和图 15-2 所示。具体创建数据表的过程不再赘述。

字段	类型	属性	Null	默认	额外	操作					
_name	varchar(20)		否			✏	✕	🗐	🗏	U	T
_content	varchar(50)		是	NULL		✏	✕	🗐	🗏	U	T
_target	varchar(20)		是	NULL		✏	✕	🗐	🗏	U	T
_time	varchar(20)		是	NULL		✏	✕	🗐	🗏	U	T
_second	int(20)		是	NULL		✏	✕	🗐	🗏	U	T
_mood	varchar(50)		是	NULL		✏	✕	🗐	🗏	U	T
_color	varchar(10)		是	NULL		✏	✕	🗐	🗏	U	T

图 15-1 用户发言（our）数据表结构

字段	类型	属性	Null	默认	额外	操作					
_name	varchar(20)		否			✏	✕	🗐	🗏	U	T
_sex	varchar(10)		是	NULL		✏	✕	🗐	🗏	U	T
_last_time	int(20)		是	NULL		✏	✕	🗐	🗏	U	T

图 15-2 在线用户（online）数据表结构

15.2 聊天室的实现

15.2.1 聊天室实现的基本步骤

建立聊天室的过程比较复杂，首先要进行用户的登录，这个过程不仅要确定用户的昵称
和性别，更重要的是利用这个步骤来记录用户的上线时间。当用户登录完毕后，就可以进入聊
天室了。

在聊天室的显示页面中，使用了三个框架页，它们分别用来显示所有的发言、在线网友的
名单和发言的添加表单。为了保证发言的及时性，还要对网页进行动态的定时刷新。

最后，如果用户要退出聊天室，应该显示退出的信息，并把该用户从在线的用户名单中删
除。

当聊天室建立完毕后，整个显示页面如图 15-3 所示。

15.2.2 基础准备工作

正如注册登录和网上调查章节中所述，在编辑 PHP 代码前，需要写好一段代码：数据库
连接和样式表，以供其他页面随时调用。

编写代码前，先在 C:\appserv\www 目录下新建文件夹 chat，本章的所有代码文件将全部
保存在该目录中，也便于在 IE 浏览器中调试页面。

图 15-3 聊天室主页面

数据库连接页面代码如下：

/************************ common.inc.php ************************/

```php
<?
mysql_connect("localhost","","");
mysql_select_db("chat");
?>
```

该文件负责连接数据库服务器和 chat 数据库。

完成了以上的准备工作，就可以开始聊天室的制作了。

15.2.3 聊天室的登录

一个专门的聊天室应该有一个入口，方便你以自己的身份进入聊天室。这里使用的登录页面非常精简，你仅需输入昵称，选择性别就可以进入聊天室了，如图 15-4 所示。

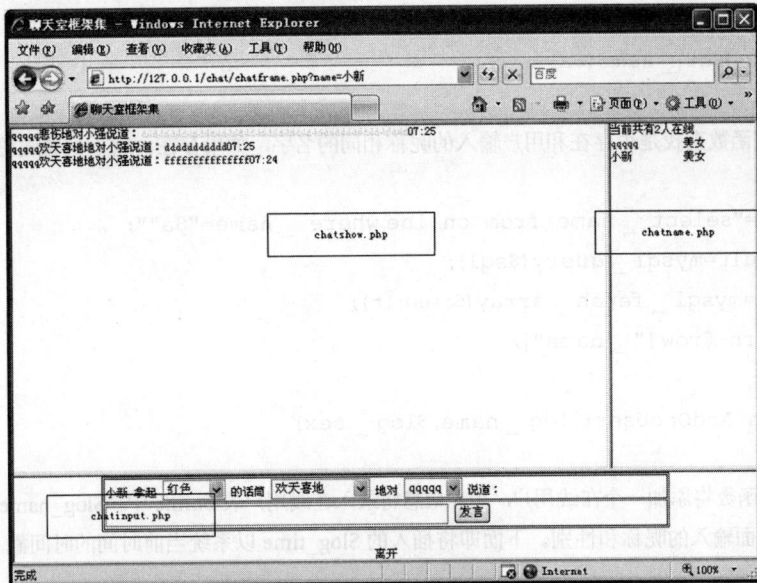

图 15-4 登录窗口

该页面的前台完全可以通过使用 Dreamweaver CS4 完成，稍微复杂的工作也就是套用样式表中的表单样式 input1。前台页面完成后，即表单完成后，使用 Dreamweaver CS4 编辑软件打开该表单，进行代码的修改和添加，这里就不再赘述。登录页面的完整代码如下：

/************************ chatlogin.php ************************/

```php
<?php
```

287

```
include "common.inc.php";
function User _ name($a)

{
```

/* 该函数查找是否存在和用户输入的昵称相同的名字，如果存在，就返回该昵称，如果不存在，就返回空值 */

```
    $sql="select _ name from online where _ name="$a"";
    $result=mysql _ query($sql);
    $row=mysql _ fetch _ array($result);
    return $row[" _ name"];

}
function AddOneUser($log _ name,$log _ sex)

{
```

/* 该函数将添加一个在线用户，用户信息将录入在线用户表 online 中。$log_name 和 $log_sex 来自用户在登录页面输入的昵称和性别。下面即将插入的 $log_time 以系统当前时间的时间戳（整数值）来表现 */

```
    $log _ time=time();
    $sql="insert into online values('$log _ name','$log _ sex','$log _ time')";
    mysql _ query($sql);

}
if($ok)

{

    if(!$name) $error=" 昵称不能为空 ";
    if(!isset($error) and User _ name($name)) $error=" 很抱歉，该昵称已经在线了 ";
    if(!isset($error) and !$sex) $error=" 没有选性别，呵呵 ";
    if(!isset($error))

    {
```

/* 如果用户的填写内容没有出错，就将用户在下面表单中输入的昵称和性别录入 online 表。然后打开聊天室的框架页面 bbsindex.php，同时向该页面送出用户输入的昵称 $name 的值，赋给 bbsindex.php 页面中的变量 $name*/

```
        AddOneUser($name,$sex);
        header("location:chatframe.php?name=$name");

    }
    else

    {
```

/* 如果用户填写的内容出错，就打开错误提示页面 login _ error.php，同时送出错误信息 $error*/

```
        header("location:log _ error.php?error=$error");

    }

}
?>
<!DOCTYPE html PUBLIC "-//W3C//DTD XHTML 1.0 Transitional//EN" "http://www.
```

```
w3.org/TR/xhtml1/DTD/xhtml1-transitional.dtd">
    <html xmlns="http://www.w3.org/1999/xhtml">
    <head>
    <meta http-equiv="Content-Type" content="text/html; charset=gb2312"/>
    <title> 聊天室登录 </title>
    <style type="text/css">
    <!--
    .text{font-size:12px;color:#000000;}
    .input1{font-size:12px;color:#000000;border:1px solid #000;}
    -->
    </style>
    </head>
    <body>
    <form name="form1" method="post" action="chatlogin.php">
    <table width="500" bgcolor="#000000" border="0" cellspacing="1"
        cellpadding="0" class="text" align="center">
        <tr height="30">
            <td bgcolor="#ffffff" colspan="2"><div align="center"> 请输入昵称和性
                别 </div></td>
        </tr>
        <tr height="30">
            <td bgcolor="#ffffff"><div align="right"> 昵称: </div></td>
            <td bgcolor="#ffffff"> <input name="name" type="text" class="input1"
                maxlength="10" size="20"/></td>
        </tr>
        <tr height="30">
            <td bgcolor="#ffffff"><div align="right"> 性别: </div></td>
            <td bgcolor="#ffffff"> <input name="sex" type="radio" value="M"/>
                帅哥 <input name="sex" type="radio" value="W"/> 美女 </td>
        </tr>
        <tr height="30">
            <td bgcolor="#ffffff" colspan="2"><div align="center"><input
                type="submit" name="ok" value=" 进入"/></div></td>
        </tr>
    </table>
    </form>
    </body>
    </html>
```

将以上代码编辑完成后，保存在 C:\appserv\www\chat 目录中。打开 IE 浏览器，在地址
栏输入 http://127.0.0.1/chat/chatlogin.php，将会看到如图 15-4 所示的登录窗口。

用户填写内容出错后，显示错误信息并提示用户重新登录的页面如下：

```
/*************************** log _ error.php ***************************/
<!DOCTYPE html PUBLIC"-//W3C//DTD XHTML 1.0 Transitional//EN""http://www.
    w3.org/TR/xhtml1/DTD/xhtml1-transitional.dtd">
<html xmlns="http://www.w3.org/1999/xhtml">
<head>
<meta http-equiv="Content-Type" content="text/html;charset=gb2312"/>
<title> 错误信息 </title>
<style type="text/css">
<!--
-->
</style>
</head>
<body class="text">
出错信息：
<font color="blue">
<?php
    echo $error;
?>
</font>
<center>
<a href="chatlogin.php" target=" _ parent">重新进入 </a>
</center>
</body>
</html>
```

15.2.4 聊天室框架的建立

如图 15-3 所示，为了实现聊天室，需要用到 3 个框架页，分别用来输入发言、显示发言和显示在线网友名单，为了约束 3 个框架页，需要制作 1 个框架集（Frameset）。框架集的代码如下所示。

```
/***************************chatframe.php ***************************/
<!DOCTYPE html PUBLIC"-//W3C//DTD XHTML 1.0 Transitional//EN"
 "http://www.w3.org/TR/xhtml1/DTD/xhtml1-transitional.dtd">
<html xmlns="http://www.w3.org/1999/xhtml">
<head>
<meta http-equiv="Content-Type" content="text/html; charset=gb2312"/>
<title>聊天室框架集 </title>
</head>
<frameset rows="80%,20%" frameborder="1" noresize scrolling="auto">
```

```
<frameset cols="80%,20%" frameborder="1" noresize scrolling="auto">
  <frame name="chatshow" src="chatshow.php" marginwidth="0" marginheight="0"
      noresize scrolling="auto"/>
  <frame name="chatname" src="chatname.php" marginwidth="0" marginheight="0"
      noresize scrolling="no"/>
</frameset>
<frame name="chatinput" src="chatinput.php?name=<?php echo $name?>"
    marginwidth="0" marginheight="0" noresize scrolling="no"/>
</frameset>
<noframes>
<body>
对不起，您的浏览器不支持框架网页，请升级您的浏览器！
</body>
</noframes>
</html>
```

框架集建立起来后，下面将要逐步实现输入页面（chatinput.php）、显示页面（chatshow.php）和名单页面（chatname.php），从而完成整个框架。

15.2.5　聊天室发言添加的实现过程

如图 15-3 所示，在聊天室的下方室添加发言的地方，发言页面的制作主要是完成一个表单。代码如下：

```
/************************* chatinput.php *************************/
<?php
include "common.inc.php";
if($ok)
{
    //用户发言之前，先查看用户是否已发呆超时，如果超时，在 online 表中会找不到该用户，该用
户就不能发言，系统会提示链接超时，请重新登录
    $count_in=mysql_query("select _name from online where _name='$name'");
/*************************
```

此处有一细节，就是 $name 从何而来？观察框架集页面 chatindex.php，在约束 chatinput.php 页面时，代码是：

```
frame name="chatinput" src="chatinput.php?name=<?php echo $name?>"
```

看到此处，读者应该明白 $name 的来源了。

可能有读者又会问，那么 chatindex.php 的 $name 又是从哪里来的呢？问得好，再向前看，在登录页面 chatlogin.php 中，用户信息填写正确后，将用户信息加入数据库，同时进入聊天室的代码如下：

```
AddOneUser($name,$sex);
header("location:chatindex.php?name=$name");
```

可见，$name 最初还是从登录页面的表单中而来的。

```
                ****************************/
    $count _ row=mysql _ num _ rows($count _ in);
    if($count _ row==0)
    {
        header("location:log _ error.php?error= 链接超时，请重新登录 ");
    }
    else
    {
        $new _ time=time();
        $sql="update online set _ last _ time='$new _ time' where _ name='$name'";
        mysql _ query($sql);
        $in _ time=date("H:i");
        $in _ second=time();
        $sql="insert into our values('$name','$content','$target',
            '$in _ time','$in _ second','$mood','$color')";
        mysql _ query($sql);
    }
}
?>
<!DOCTYPE html PUBLIC"-//W3C//DTD XHTML 1.0 Transitional//EN""http://www.
        w3.org/TR/xhtml1/DTD/xhtml1-transitional.dtd">
<html xmlns="http://www.w3.org/1999/xhtml">
<head>
<meta http-equiv="Content-Type" content="text/html;charset=gb2312"/>
<style type="text/css">
<!--
.text{font-size:12px;}
-->
</style>
</head>
<body>
<form method="post" action="chatinput.php">
<table width="600" bordercolor="green" border="1" cellpadding="1"
    cellspacing="1" align="center" class="text">
    <tr>
        <td><font color="#FF0066"><?php echo $name?></font>
            拿起
            <select name="color">
                <option value="red" style="color:red">红色 </option>
                <option value="#ffff00" style="color:yellow">黄色 </option>
                <option value="#0033ff" style="color:blue">蓝色 </option>
```

```
        <option value="#663333" style="color:black">黑色</option>
        <option value="#33ff66" style="color:green">绿色</option>
        <option value="#ffccff" style="color:pink">粉红色</option>
      </select>
      的话筒
      <select name="mood">
        <option value="欢天喜地">欢天喜地</option>
        <option value="憔悴">憔悴</option>
        <option value="悲伤">悲伤</option>
        <option value="幽幽">幽幽</option>
        <option value="一本正经">一本正经</option>
        <option value="神不知鬼不觉">神不知鬼不觉</option>
      </select>
      地对
      <select name="target">
        <?
        $sql="select * from online";
        $a=mysql_query($sql);
        while($row=mysql_fetch_array($a))
        {
          echo"<optionvalue=".$row["_name"].">".$row["_name"]."</
          option>";
        }
        ?>
      </select>
      说道:
    </td>
  </tr>
  <tr>
    <td>
      <input type="text" name="content" size="50" maxlength="50">
      <input type="submit" name="ok" value="发言">
      <input type="hidden" name="name" value="<?php echo $name;?>">
    </td>
  </tr>
</table>
</form>
<center><a href="chatlogout.php?name=<?php echo $name;?>"target="_parent">
      离开</a></center>
<!-- 该处实现退出聊天室,单击"离开"按钮后,将打开退出聊天室的页面chatlogout.php,在
下文中将有详述 -->
```

```
</body>
</html>
```

在该页面填写完发言内容后，单击"发言"按钮，将会把发言的相关内容写入数据表 our，写入的内容将是聊天室上部显示的即时聊天的数据来源。

15.2.6 聊天室发言内容的显示

在聊天室框架集的左上部，是聊天的重要部分，用以显示在线用户的发言，为了实时显示用户的最新发言，需要该页面不停地自动刷新，以不断地从数据库中读取用户的最新发言并将其以时间顺序显示在页面上。

代码如下：

```
/*********************** chatshow.php ***************************/
<!DOCTYPE html PUBLIC "-//W3C//DTD XHTML 1.0 Transitional//EN"
"http://www.w3.org/TR/xhtml1/DTD/xhtml1-transitional.dtd">
<html xmlns="http://www.w3.org/1999/xhtml">
<head>
<meta http-equiv="Content-Type" content="text/html;charset=gb2312"/>
<meta http-equiv="refresh" content="5; url=chatshow.php">
<!—定义网页的自动刷新，每隔 5 秒刷新一次 -->
<style type="text/css">
<!--
.text{font-size:12px;}
-->
</style>
</head>
<body class="text">
<?php
include "common.inc.php";
$sql="select * from our order by _ second desc limit 0,40";
// 取出数据库中前 40 条发言记录，按时间排序
$result=mysql _ query($sql);
while($row=mysql _ fetch _ array($result))
{
    echo $row[" _ name"].$row[" _ mood"]." 地对 ".$row[" _ target"]." 说道：
        <font color=".$row[" _ color"].">".$row[" _ content"]."</font>".
        $row[" _ time"]."<br>";
}
?>
</body>
</html>
```

15.2.7 聊天室在线网友名单的显示

聊天室的右上部，显示当前在线聊天的网友，这些网友的信息，主要从在线用户表 online 中获得。

```php
/************************ chatname.php ************************/
<!DOCTYPE html PUBLIC"-//W3C//DTD XHTML 1.0 Transitional//EN"
"http://www.w3.org/TR/xhtml1/DTD/xhtml1-transitional.dtd">
<html xmlns="http://www.w3.org/1999/xhtml">
<head>
<meta http-equiv="Content-Type" content="text/html;charset=gb2312"/>
<style type="text/css">
<!--
.text{font-size:12px;}
-->
</style>
</head>
<body class="text">
<?php
include "common.inc.php";
/* 取当前的时间，删除发呆的用户（1 分钟或者 10 分钟不说话的用户即为发呆）
用当前时间减去最后一次发言时间，即为该用户发呆的时间 */
$time_now=time();
$sql="delete from online where $time_now-_last_time > 600";
mysql_query($sql);
$sql="select_name from online";
$result=mysql_query($sql);
$count_row=mysql_num_rows($result);//=2
echo "当前共有 ".$count_row."人在线 <br>";
$name_check="select * from online";
$name_result=mysql_query($name_check);
while($row=mysql_fetch_array($name_result))
{
    if($row["_sex"]=='M')
    {
        echo "<font color=blue>".$row["_name"]."</font>";
        for($i=strlen($row["_name"]);$i<=12;$i++)
        {
            echo" ";// 该处实现"帅哥"或"美女"两个字的右对齐
        }
        echo" 帅哥 <br>";
    }
```

```
else
{
    echo "<font color=red>".$row["_name"]."</font>";
    for($i=strlen($row["_name"]);$i<=12;$i++)
    {
        echo" ";// 同上，该处实现"帅哥"或"美女"两个字的右对齐
    }
    echo " 美女 <br>";
}
}
?>
</body>
</html>
```

15.2.8 聊天室的退出过程

在 bbsinput.php 页面中，即用户发言的表单下方，有一个"退出"链接，用以让用户安全退出聊天室。单击"退出"链接后，将从在线用户表中删除该用户信息。

```
/************************ chatlogout.php ************************/
<!DOCTYPE html PUBLIC "-//W3C//DTD XHTML 1.0 Transitional//EN"
"http://www.w3.org/TR/xhtml1/DTD/xhtml1-transitional.dtd">
<html xmlns="http://www.w3.org/1999/xhtml">
<head>
<meta http-equiv="Content-Type" content="text/html; charset=gb2312"/>
<title> 离开聊天室 </title>
<style type="text/css">
<!--
.text{font-size:12px;}
-->
</style>
</head>
<body class="text">
<br/>
<br/>
<center>
<?php
include "common.inc.php";
$sql="delete from online where _name='$name'";
$result=mysql_query($sql);
echo " 欢迎您再次光临聊天室 ";
?>
```

```
</center>
</body>
</html>
```

15.2.9 聊天室的运行实例

在上面的所有页面正确完成后，Web 发布目录 C:\AppServ\www 下的 chat 目录中应该有如下的几个文件（见图 15-5）：打开浏览器，在地址栏输入"http://127.0.0.1/chat/chatlogin.php"，就可以打开登录页面，如图 15-4 所示登录窗口，在登录窗口中填写昵称"小强"，选择性别"帅哥"，然后就可以进入聊天室的框架了，如图 15-6 所示。

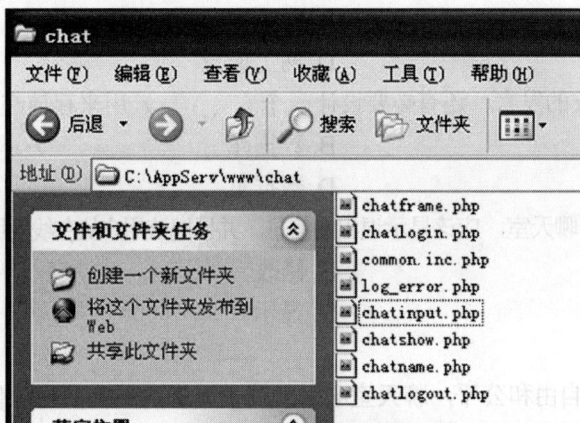

图 15-5 聊天室的页面文件构成

图 15-6 聊天室的框架

在图 15-6 中，在页面的下部表单中填写发言内容，然后单击"发言"按钮，等待 5 秒后，在页面的上部即可看到发言的内容，并且同时能够看到其他在线用户的实时发言。在页面的右上部可以看到当前在线的用户列表。

如果聊天结束，可以单击页面下部的"离开"链接，系统将弹出"欢迎您再次光临聊天室"的信息，同时将该用户从在线用户表中删除，至此该用户就完成了一次聊天的过程。

习题 15

一、选择题

1.（   ）是在上网时常见的东西，进入聊天室，可以海阔天空地与各色人等畅快交谈。

A. 用户留言　　　　　　　　　　B. 聊天室

C. 图片上传　　　　　　　　　　D. 网上调查

2. 除了存储网友的发言，还有必要设计一个（   ）用来存放在线用户的名单。

A. 数据表　　　　　　　　　　　B. 数据库

C. 数据集　　　　　　　　　　　D. 数据页

3.如果用户要退出聊天室，应该显示退出的信息，并且把该用户从在线的用户名单中（   ）。

A. 删除　　　　　　　　　　　　B. 修改

C. 发表　　　　　　　　　　　　D. 显示

二、填空题

1. 正是由于它的自由和公平，聊天室吸引了越来越多的网友参与。聊天室还有一大特色，就是它的_____，在线的交谈与离线的留言相比，更能激发网友的兴趣。

2. 如果要制作一个聊天室，首先要有一个网页，能够同时发言和显示所有的谈话内容，而且最好能够显示在线网友的名单，一般可以采用 HTML 的_____来解决这个问题。

3. 建立聊天室的过程比较复杂，首先要进行用户的登录，这个过程不仅要确定用户的昵称和性别，更重要的是利用这个步骤来记录用户的_____。当用户登录完毕后，就可以进入聊天室了。

4. 在聊天室的显示页面中，使用了三个框架页，它们分别用来显示_____、_____和_____。为了保证发言的及时性，还要对网页进行动态的定时刷新。

第 16 章
新闻及搜索系统

16.1　新闻系统数据结构的建立
16.2　新闻及搜索系统的实现

任务单十六

项目名称	新闻及搜索系统实例
能力目标	1. 会使用 install 页面来完成数据库的设计； 2. 会使用 Dreamweaver CS4 来完成静态页面的制作； 3. 会使用 PHP 和 MySQL 配合工作； 4. 会使用 CSS 和 HTML 配合布局； 5. 会使用 SQL 语句中的 LIKE 子句，来实现模糊查询功能。
任务描述	为某企业网站设计一个新闻及搜索系统： 1. 使用 phpMyAdmin 新建数据库； 2. 使用 Dreamweaver CS3，建立相关 PHP 网页； 3. 使用 AppServ-win32-2.5.9，测试系统。

一般的网站都会有新闻系统，并且为了方便访问者找到自己关心的新闻，会在新闻页面的显著位置提供一个站内搜索的表单，当你提交关键字后，即可找出包含该关键字的新闻。本章即将讨论如何建立新闻系统，并且在新闻系统中提供站内搜索功能。

本着简化、精练原则，本章所提供的新闻系统不再提供用户账户鉴别机制，具体账户的注册和登录可以参考前述章节《用户注册与登录》。

与网上调查和聊天室等系统一样，首要解决的问题是数据存放问题。下面来构造新闻系统的数据表。

16.1 新闻系统数据结构的建立

该系统数据结构非常简单，仅由一个表、三个字段构成。数据库名为 news，表名为 newinfo，结构如表 16-1 所示。

表16-1 数据表newinfo结构

字 段	类 型	说 明
_title	varchar(50)	新闻标题
_content	text	新闻内容
_time	datetime	加入时间

以往会在 IE 浏览器中使用 phpMyAdmin 创建一个数据库和数据表，这次换个思路，用 PHP 代码构成的 install 页面来完成数据库的设计。

使用 PHP 页面完成数据库设计是一种常见的方法，该方法有效地降低了系统初始化的难度，有利于系统的移植。可以想象，如果想把一个带数据库的系统迁移到另一台主机上，需要做的数据库备份和重新制作工作是多么的繁杂，而利用 install 页面，可以基本上不去看 phpMyAdmin。

既然是用 PHP 代码实现数据库的设计，其中的重点就是创建数据库、表的 SQL 语句了，下面看看这些代码：

```
/************************install.php************************/
<?php
mysql_connect("localhost","","");// 仍以本地服务器为例，账号密码均为空
$install_1="create database news";
mysql_query($install_1);// 创建数据库，名为 news
mysql_select_db("news");// 连接 search 数据库
$install_2="create table newinfo(_title varchar(50),_content text,
    _time datetime)";
mysql_query($install_2); // 创建数据表 newinfo
$install_3="insert into newinfo values(' 新闻标题一 ',' 新闻内容一 ',now())";
mysql_query($install_3);
// 插入新闻标题一、新闻内容一和现在时间，测试用的！
```

```
echo" 数据库初始化成功 !";
?>
```

编写代码后，在 C:\appserv\www 目录下新建文件夹 news，本章的所有代码文件将全部保存在该目录中，也便于在 IE 浏览器中调试页面。

将 install.php 保存在 C:\appserv\www\news 中，然后打开 IE 浏览器，在 IE 地址栏中输入 http://127.0.0.1/news/install.php，运行 install.php 页面，该页面将执行 3 个关键的 SQL 语句，完成数据库 news 和数据表 newinfo 的创建，并测试性地插入一条记录。

为了确保数据库创建成功，可以打开 phpMyAdmin 观察数据库和数据表是否存在。如图 16-1 所示，可以看到数据库的状态正常。

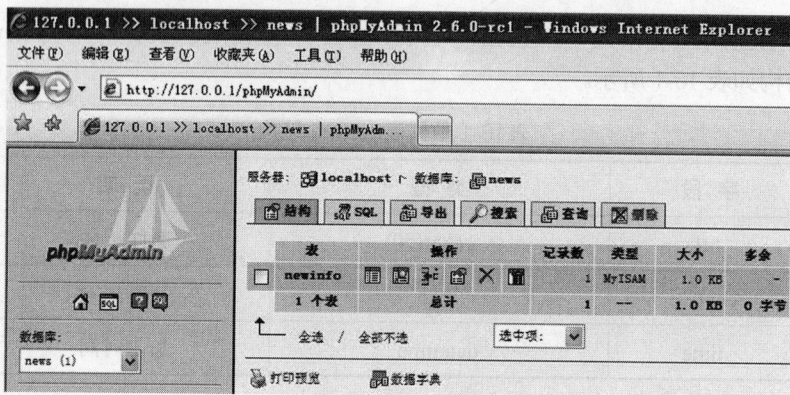

图 16-1　news 数据库

16.2　新闻及搜索系统的实现

16.2.1　新闻的录入页面

该系统相当精简，主要为了说明基本问题，所以现在直接进行新闻录入界面的编辑，如图 16-2 所示，编辑界面提供新闻标题和内容的书写区域。

图 16-2　新闻录入界面

302

源代码:

```
/****************************** admin.php******************************/
<!DOCTYPE html PUBLIC"-//W3C//DTD XHTML 1.0 Transitional//EN" "http://www.
    w3.org/TR/xhtml1/DTD/xhtml1-transitional.dtd">
<html xmlns="http://www.w3.org/1999/xhtml">
<head>
<meta http-equiv="Content-Type" content="text/html;charset=gb2312"/>
<title> 新闻录入 </title>
<style type="text/css">
<!--
body{font-size:12px;padding:0px;margin:0px;}
.input1{width:300px;height:26px;border:1px solid #414141;}
.textarea1{width:300px;height:200px;border:1px solid #414141;}
.submit1{width:90px;height:24px;background-color:#414141;color:#fff;border:
0px;}
-->
</style>
</head>
<body class="text01">
<?php
if($ok)
{
    mysql _ connect("localhost","","");
    mysql _ select _ db("news");
    $sql="insert into newinfo values('$title','$content',now())";
    $result=mysql _ query($sql);
     if($result==true)
    {
        header("location:message.php?num=1");
    }
    else
    {
        header("location:message.php?num=2");
    }
}
else
{
    ?>
```

```
<center>
<br/><br/>
新闻录入
<hr width="500" size="1" color="#414141" noshade/>
<form name="form1" method="post" action="admin.php">
<table width="500" border="0" cellspacing="0" cellpadding="0">
    <tr height="30">
        <td width="100"> 新闻标题 </td>
        <td width="400" align="left"><input type="text" name="title" class="input1"/>
            </td>
    </tr>
    <tr height="200">
        <td width="100"> 新闻内容 </td>
        <td width="400" align="left">
    <textarea name="content" class="textarea1"></textarea>
        </td>
</tr>
    <tr height="30">
        <td width="500" colspan="2">
                <input type="submit" name="ok" value=" 确认提交 " class="submit1"/>
        </td>
    </tr>
</table>
</form>
</center>
<?php
}
?>
</body>
</html>
```

将 admin.php 编辑完成后，保存到 C:\appserv\www\news 目录中，然后打开 IE 浏览器，在 IE 地址栏中输入 http://127.0.0.1/new/admin.php，运行 admin.php 页面。录入若干条记录，便于接下来测试站内搜索引擎。

16.2.2 系统提示页

系统提示页是用来对新闻的录入作出提示的页面，主要根据 admin.php 中的判断语句进行工作。

代码如下：

```
/****************************message.php****************************/
<?php
    $num=$ _ REQUEST["num"];
    switch($num)
    {
        case1:
        $str=" 新闻录入成功! ";
        break;
        case2:
        $str=" 新闻录入失败! ";
        break;
        default:
        $str=" 参数错误! ";
    }
?>
<!DOCTYPE html PUBLIC"-//W3C//DTD XHTML 1.0 Transitional//EN"
"http://www.w3.org/TR/xhtml1/DTD/xhtml1-transitional.dtd">
<html xmlns="http://www.w3.org/1999/xhtml">
<head>
<meta http-equiv="Content-Type" content="text/html;charset=gb2312"/>
<title> 系统提示页 </title>
<style type="text/css">
<!--
*{font-szie:12px;color:#fff;padding:0px;margin:0px;}
body{margin-top:120px;}
#massage{width:500px;height:300px;background-color:#ff0033;margin:0px auto;}
#massage
#info{width:500px;height:20px;line-height:20px;text-align:center;margin-
        top:140px;}
#massage
#link{width:500px;height:20px;line-height:20px;text-align:right;margin-
        top:115px;}
-->
</style>
</head>
<body>
<div id="massage">
    <div id="info"><?php echo $str;?></div>
    <div id="link"><a href="admin.php">[ 返 回 ]</a>  </div>
```

```
    </div>
    </body>
    </html>
```

16.2.3 新闻的站内搜索

本系统将新闻的显示和站内搜索整合到了一个页面，用户自己制作新闻系统的时候可以按需定制。

新闻的显示是个很容易实现的工作，无外乎是查询若干条记录并且显示在页面上。难点在于站内搜索。可以预见到的是，站内搜索肯定要用 SQL 语句来实现的。为了能够查到更多的相关记录，应该支持模糊的查询，比如，输入"中国"两个字，应该能够查出诸如"中国人"、"大中国"等相关记录，换句话说，只要记录中有"中国"这两个字，就把它查出来。并且，为了有更多的相关记录，再要求一点，就是关键字可以出现在新闻标题中，也可以出现在新闻内容中。

这时，需要温习一下 SQL 语句中的 LIKE 子句。看下面的 SQL 语句：

```
select * from news
where title like '%$keyword%' or content like '%$keyword%'
```

LIKE 表示字符匹配，而 % 代表任意多个字符，上述 SQL 语句的目的是查询 news 表中 title 字段包含关键字 $keyword 或者 content 字段包含关键字 $keyword 的记录。借助这句话，可以查出与表单中关键字有关的内容。

下面看看站内搜索的代码：

```
/*********************** index.php ***********************/
<!DOCTYPE html PUBLIC"-//W3C//DTD XHTML 1.0 Transitional//EN"
"http://www.w3.org/TR/xhtml1/DTD/xhtml1-transitional.dtd">
<html xmlns="http://www.w3.org/1999/xhtml">
<head>
<meta http-equiv="Content-Type" content="text/html;charset=gb2312"/>
<title> 站内搜索 </title>
<style type="text/css">
<!--
body{font-size:12px;padding:0px;margin:0px;}
.input1{width:300px;height:20px;border:1px solid #414141;}
.submit1{width:90px;height:24px;background-color:#414141;color:#fff;border:
    0px;}
-->
</style>
</head>
<body>
<center>
```

```
<br /><br />
站内搜索
<hr width="500" size="1" color="#414141" noshade/>
<?php
mysql _ connect("localhost","","");
mysql _ select _ db("news");
if(!$ok)
{
// 打开页面后未提交关键字前的新闻及表单显示部分
?>
<form method="post" action="index.php">
<input type="text" name="keyword" class="input1"/>
<input type="submit" name="ok" value=" 查询 " class="submit1"/>
</form>
<br>
<?php
    $sql="select * from newinfo order by _ time desc";
    $result=mysql _ query($sql);
    while($row==mysql _ fetch _ array($result))
    {
        echo $row[' _ title']."<hr width='300' size='1' color='#414141' noshade />
            ".$row[' _ content']."<br><br>";
    }
}
else
{
// 提交关键字查询后的代码
    function replace($sql,$key)
    {
        $sql=str _ replace($key,"<font color='red'>$key</font>",$sql);
        return $sql;
    }
    echo " 以下为查询结果, 查询关键字: ";
    echo $keyword;
    echo "<br><br><br>";
    $sql="select * from newinfo where _ title like'%$keyword%' or _ content like
        '%$keyword%'";
    $result=mysql _ query($sql);
    while($row=mysql _ fetch _ array($result))
```

```
    {
        echo replace($row[' _ title'],$keyword).'<hr width='300'size='1'color='#41414
            1' noshade />".replace($row[' _ content'],$keyword)."<br><br>";
    }
    echo "<a href='index.php'> 继续查询 </a>";
}
?>
</center>
</body>
</html>
```

将 index.php 编辑完成后，保存到 C:\appserv\www\news 目录中，然后打开 IE 浏览器，在 IE 地址栏中输入 http://127.0.0.1/news/index.php（或者可以直接输入 http://127.0.0.1/news，请读者自己思考为什么），运行 index.php 页面，可以看到如图 16-3 所示的新闻列表。

在如图 16-3 所示的页面中，输入关键字，比如关键字是"新闻"，然后单击"查询"按钮，会看到如图 16-4 所示的查询结果页面。可以看到，无论关键字是在新闻标题中，还是在新闻的内容中，都能够将它搜索出来，并且关键字"新闻"以红色高亮显示。

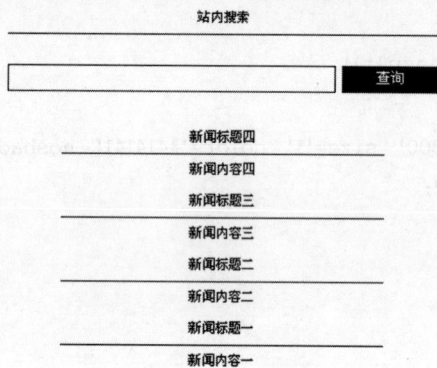

图 16-3　搜索页面

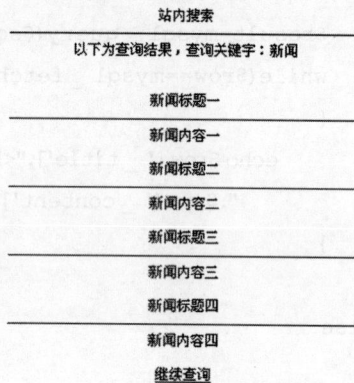

图 16-4　搜索结果

习题 16

一、选择题

1. 系统提示页是用来对新闻的录入作出提示的页面，主要根据（　　　　）中的判断语句进行工作。

A. admin.php
B. index.php

C. message.php
D. install.php

2.（　　　　）表示字符匹配。

A. LIKE
B. _

C. %
D. *

3. 系统提示页是用来对新闻的录入作出（   ）的页面。

A. 删除　　　　　　　　　　　B. 修改

C. 发表　　　　　　　　　　　D. 提示

二、填空题

1. 一般的网站都会有新闻系统，并且为了方便访问者找到自己关心的新闻，会在新闻页面的显著位置提供一个站内_____的表单，用户提交关键字后，找出包含该关键字的新闻。

2. 使用_____页面完成数据库设计是一种常见的方法，该方法有效地降低了系统初始化的难度，有利于系统的移植。可以想象，如果想把一个带数据库的系统迁移到另一台主机上，需要做的数据库备份和重新制作工作是多么的繁杂，而利用 _____ 页面，可以基本上不去看 phpMyAdmin。

3. 新闻的显示是个很容易实现的工作，无外乎是查询若干条记录并且显示在页面上。难点在于站内搜索。可以预见到的是，站内搜索肯定要用_____语句来实现，为了能够查到更多的相关记录，应该支持模糊的查询。

PHP CHEN XU SHE JI

第 17 章
PHP 的面向对象编程

任务单十七

项目 名称	面向对象程序设计实例
能力 目标	1. 会使用和定义类； 2. 会使用类的继承关系； 3. 会使用和定义构造函数； 4. 会使用和定义析构函数； 5. 会使用和定义魔术函数。
任务 描述	用面向对象的程序思想，简单模拟自动提款机的工作过程： 1. 使用类的属性来记录个人账户信息； 2. 使用类的方法来解决存取款的过程； 3. 使用实例化类的方法来输出数据。

17.1 类

类是变量与作用于这些变量的函数的集合。使用下面的语法定义一个类：

```php
<?php
class Cart
{
    var $items;// 购物车中的项目
    // 把 $num 个 $artnr 放入车中
    function add _ item($artnr,$num)
    {
        $this->items [$artnr]+=$num;
    }
    // 把 $num 个 $artnr 从车中取出
    function remove _ item($artnr,$num)
    {
        if ($this->items [$artnr]> $num){
            $this->items [$artnr]-=$num;
            return true;
        } else {
            return alse;
        }
    }
}
?>
```

上面的例子定义了一个 **Cart** 类，这个类由购物车中的商品构成的数组和两个用于从购物车中添加和删除商品的函数组成。

注意，不能将一个类的定义放到多个文件中，或多个 **PHP** 块中。以下用法将不起作用：

```php
<?php
class test {
?>
<?php
    function test() {
        print'OK';
    }
}
?>
```

PHP 将所有以 _ 开头的函数名保留为魔术函数。除非想要使用一些见于文档中的魔术功能，否则建议不要在 PHP 中将函数命名为以 _ 开头。

在 PHP 4 中，var 变量的值只能初始化为常量。用非常量值初始化变量，需要一个初始化函数，该函数在对象被创建时自动被调用。这样一个函数被称为构造函数，如以下代码所示：

```php
<?php
/*PHP4 中不能这样用 */
class Cart
{
    var $todays _ date=date("Y-m-d");
    var $name=$firstname;
    var $owner='Fred'.'Jones';
    var $items=array("VCR", "TV");
}
/* 应该这样进行 */
class Cart
{
    var $todays _ date;
    var $name;
    var $owner;
    var $items;
    function Cart()
    {
        $this->todays _ date=date("Y-m-d");
        $this->name=$GLOBALS['firstname'];
        /*etc...*/
    }
}
?>
```

类也是一种类型，就是说，它们是实际变量的蓝图。必须用 new 运算符来创建相应类型的变量。

```php
<?php
$cart=new Cart;
$cart->add _ item("10", 1);
$another _ cart=new Cart;
$another _ cart->add _ item("0815",3);
?>
```

上述代码创建了两个 Cart 类的对象 $cart 和 $another_cart，对象 $cart 的方法 add_item() 被调用时，添加了 1 件 10 号商品。对于对象 $another_cart，3 件 0815 号商品被添加到购物车中。

$cart 和 $another_cart 都有方法 add_item()，remove_item() 和一个 items 变量。它们

都是明显的函数和变量。你可以把它们当做文件系统中的某些类似目录的东西来考虑。在文件系统中，你可以拥有两个不同的 readme.txt 文件，只要不在相同的目录中。正如为了从根目录访问每个文件你需要输入该文件的完整的路径名一样，你必须指定需要调用的函数的完整名称：在 PHP 术语中，根目录将是全局名称空间，路径名符号将是 ->。因而，名称 $cart->items 和 $another_cart->items 命名了两个不同的变量。注意，变量名为 $cart->items，不是 $cart->$items，那是因为在 PHP 中一个变量名只有一个单独的美元符号。

```php
<?php
// 正确，只有一个 $
$cart->items=array("10"=>1);
// 不正确，因为 $cart->$items 变成了 $cart->""
$cart->$items = array("10"=>1);
// 正确，但可能不是想要的结果：
//$cart->$myvar 变成了 $cart->items
$myvar='items';
$cart->$myvar=array("10"=>1);
?>
```

在一个类的定义内部，你无法得知使用何种名称的对象是可以访问的：在编写 Cart 类时，并不知道之后对象的名称将会命名为 $cart 或者 $another_cart。因而你不能在类中使用 $cart->items。然而为了类定义的内部访问自身的函数和变量，可以使用伪变量 $this 来达到这个目的。$this 变量可以理解为"我自己的"或者"当前对象"。因而 '$this->items[$artnr] += $num' 可以理解为"我自己的物品数组的 $artnr 计数器加 $num"或者"在当前对象的物品数组的 $artnr 计数器加 $num"。

17.2　继承

通常你需要这样一些类，这些类与其他现有的类拥有相同变量和函数。实际上，定义一个通用类，用于你所有的项目，并且不断丰富这个类以适应你的每个具体项目，将是一个不错的练习。为了使这一点变得更加容易，类可以从其他的类中扩展出来。扩展或派生出来的类拥有其基类（这称为"继承"）的所有变量和函数，并包含所有你在派生类中定义的部分。类中的元素不可能减少，就是说，不可以注销任何存在的函数或者变量。一个扩充类总是依赖于一个单独的基类，也就是说，多继承是不支持的。使用关键字"extends"来扩展一个类。

```php
<?php
class Named _ Cart extends Cart
{
    var $owner;
    function set _ owner ($name)
    {
```

```
        $this->owner=$name;
    }
}
?>
```

上述示例定义了名为 Named_Cart 的类，该类拥有 Cart 类的所有变量和函数，加上附加的变量 $owner 和一个附加函数 set_owner()。现在，你以正常的方式创建了一个有名字的购物车，并且可以设置并取得该购物车的主人。而正常的购物车类的函数依旧可以在有名字的购物车类中使用：

```
<?php
$ncart=new Named _ Cart;        // 新建一个有名字的购物车
$ncart->set _ owner("kris");    // 给该购物车命名
print $ncart->owner;            // 输出该购物车主人的名字
$ncart->add _ item("10",1);     // （从购物车类中继承来的功能）
?>
```

这个也可以叫做"父一子"关系。你创建一个类作为父类，并使用 extends 来创建一个基于父类的新类：子类。你甚至可以使用这个新的子类来创建另外一个基于这个子类的类。

注意，类只有在定义后才可以使用! 如果你需要类 Named_Cart 继承类 Cart，必须首先定义 Cart 类。如果你需要创建另一个基于 Named_Cart 类的 Yellow_named_cart 类，必须首先定义 Named_Cart 类。简单地说：类定义的顺序是非常重要的。

17.3 构造函数

构造函数是类中的一个特殊函数，当使用 new 操作符创建一个类的实例时，构造函数将会自动调用。PHP3 中，当函数与类同名时，这个函数将成为构造函数。PHP4 中，在类里定义的函数与类同名时，这个函数将成为一个构造函数，区别很微妙，但非常关键（见下文）。

```
<?php
//PHP3 和 PHP4 中都能用
class Auto _ Cart extends Cart
{
    function Auto _ Cart()
    {
        $this->add _ item("10",1);
    }
}
?>
```

上文定义了一个 Auto_Cart 类，即 Cart 类加上一个构造函数，当每次使用"new"创建一个新的 Auto_Cart 类实例时，构造函数将自动调用并将一件商品的数目初始化为"10"。构造函数可以使用参数，而且这些参数可以是可选的，它们可以使构造函数更加有用。为了依然可以不带参数地使用类，所有构造函数的参数应该提供默认值，使其可选。

```php
<?php
//PHP3 和 PHP4 中都能用
class Constructor _ Cart extends Cart
{
    function Constructor _ Cart($item="10",$num=1)
    {
        $this->add _ item($item,$num);
    }
}
// 买些同样无聊的老货
$default _ cart=new Constructor _ Cart;
// 买些新东西 ...
$different _ cart=new Constructor _ Cart("20",17);
?>
```

你也可以使用 @ 操作符来消除发生在构造函数中的错误。如 @new。

注意，PHP3 中派生类和构造函数有许多限制。仔细阅读下列范例以理解这些限制。

```php
<?php
class A
{
    function A()
    {
      echo"I am the constructor of A.<br>\n";
    }
}
class B extends A
{
    function C()
    {
        echo"I am a regular function.<br>\n";
    }
}
//PHP3 中没有构造函数被调用
$b=new B;
?>
```

PHP3 中，在上面的示例中将不会有构造函数被调用。PHP3 的规则是："构造函数是与类同名的函数。"这里，类的名字是 B，但是类 B 中没有函数 B()。什么也不会发生。

PHP4 修正了这个问题，并介绍了另外的新规则：如果一个类没有构造函数，而其父类有构造函数，父类的构造函数将会被调用。PHP4 中，上面的例子将会输出"I am the constructor of A.
"。

```php
<?php
class A
  {
  function A()
  {
   echo"I am the constructor f A.<br>\n";
   }
   function B()
   {
      echo"I am a regular function named B in class A.<br>\n";
      echo"I am not a constructor in A.<br>\n";
   }
}
class B extends A
{
    function C()
    {
        echo"I am a regular function.<br>\n";
    }
}
// 调用 B() 作为构造函数
$b=new B;
?>
```

如果是 PHP3，类 A 中的函数 B() 将立即成为类 B 中的构造函数，虽然并不是有意如此。PHP3 中的规则是："构造函数是与类同名的函数。"PHP3 并不关心函数是不是在类 B 中定义的，或者是否已经被继承。

PHP4 修改了规则："构造函数与定义其自身的类同名。"因而在 PHP4 中，类 B 将不会有属于自身的构造函数，并且父类的构造函数将会被调用，输出"I am the constructor of A.
。"

这里似乎有问题，实际输出的结果，并不像这里说的那样。实际输出的内容是"I am a regular function named B in class A，"输出的是 B() 的内容。也就是说，例子中的注释"This will call B() as a constructor"是正确的。如果从 A 类中移除函数 B()，那么将输出 A() 的内容。

不管是 PHP3 还是 PHP4 都不会从派生类的构造函数中自动调用基类的构造函数。恰当地逐次调用上一级的构造函数是用户的责任。PHP3 或者 PHP4 中都没有析构函数。你可以使用 register_shutdown_function() 函数来模拟多数析构函数的效果。

析构函数是一种当对象被销毁时，无论使用了 unset() 或者简单地脱离范围，都会被自动调用的函数。但 PHP4 及其以下版本中没有析构函数。

17.4　析构函数

PHP5 引入了析构函数的概念，这类似于其他面向对象的语言，如 C++。析构函数会在到某个对象的所有引用都被删除或者当对象被显式销毁时执行。

析构函数示例：

```php
<?php
class MyDestructableClass {
    function _ _ construct() {
        print"In constructor\n";
        $this->name="MyDestructableClass";
    }

    function _ _ destruct() {
        print"Destroying".$this->name."\n";
    }
}
$obj=new MyDestructableClass();
?>
```

和构造函数一样，父类的析构函数不会被引擎暗中调用。要执行父类的析构函数，必须在子类的析构函数体中显式调用 parent::__destruct()。

注意，析构函数在脚本关闭时被调用，此时所有的头信息已经发出。

17.5　范围解析操作符 ::

有时，在没有声明任何实例的情况下访问类中的函数或者基类中的函数和变量很有用处。而 :: 运算符即用于此种情况。:: 可称为范围解析操作符，也可称做 Paamayim Nekudotayim，或者更简单地说是一对冒号。:: 运算符仅在 PHP4 及以后版本中有效。

```php
<?php
class A
{
    function example()
    {
        echo"I am  the original function A::example().<br>\n";
    }
}
class B extends  A
```

```
{
    function example()
    {
        echo"I am the redefined function B::example().<br>\n";
        A::example();
    }
}
//A 类中没有对象，将输出
//I am the original function A::example().<br>
A::example();
// 建立一个 B 类的对象
$b=new B;
// 这将输出
//I am the redefined function B::example().<br>
//I am the original function A::example().<br>
$b->example();
?>
```

　　上面的例子调用了 A 类的函数 example()，但是这里并不存在 A 类的对象，因此不能这样用 $a->example() 或者类似的方法调用 example()。反而将 example() 作为一个类函数来调用，也就是说，作为一个类自身的函数来调用，而不是这个类的任何对象。

　　这里有类函数，但没有类的变量。实际上，在调用函数时完全没有任何对象。因而一个类的函数可以不使用任何对象（但可以使用局部或者全局变量），并且可以根本不使用 $this 变量。

　　上面的例子中，类 B 重新定义了函数 example()。A 类中原始定义的函数 example() 将被屏蔽并且不再生效，除非你使用 :: 运算符来访问 A 类中的 example() 函数。如 A::example()（实际上，应该写为 parent::example()，17.6 节将介绍该内容）。

　　就此而论，对于当前对象，它可能有对象变量。因而，你可以在对象函数的内部使用 $this 和对象变量。

17.6　parent

　　你可能会发现自己写的代码访问了基类的变量和函数。当派生类非常精练或者基类非常专业化的时候尤其是这样。

　　不要用代码中基类文字上的名字，应该用特殊的名字 parent，它指的就是派生类在 extends 声明中所指的基类的名字。这样做可以避免在多个地方使用基类的名字。如果继承树在实现的过程中要修改，只需简单地修改类中 extends 声明的部分。

```
<?php
class A
```

```
{
    function example()
    {
        echo"I am A::example() and provide basic  functionality.<br>\n";
    }
}
class B extends A
{
    function example()
    {
        echo"I am B::example() and provide additional functionality.<br>\n";
        parent::example();
    }
}
$b=new B;
// 以下将调用 B::example()，而它会去调用 A::example()
$b->example();
?>
```

17.7　序列化对象

serialize() 返回一个字符串，包含着可以存储于 PHP 的任何值的字节流表示。unserialize() 可以用此字符串来重建原始的变量值。用序列化来保存对象可以保存对象中的所有变量。对象中的函数不会被保存，只保存类的名称。

要能够 unserialize() 一个对象，需要定义该对象的类。也就是，如果序列化了 page1.php 中类 A 的对象 $a，将得到一个指向类 A 的字符串并包含有所有 $a 中变量的值。如果要在 page2.php 中将其解序列化，重建类 A 的对象 $a，则 page2.php 中必须要出现类 A 的定义。这可以这样实现，将类 A 的定义放在一个包含文件中，并在 page1.php 和 page2.php 都包含此文件。

```
<?php
//classa.inc:
  class A
  {
      var $one=1;
      function show _ one()
      {
          echo $this->one;
      }
```

```
}
?>
<?php
//page1.php:
    include("classa.inc");
    $a=new A;
    $s=serialize($a);
    // 将 $s 存放在某处使 page2.php 能够找到
    $fp=fopen("store","w");
    fputs($fp,$s);
    fclose($fp);
?>
<?php
//page2.php:
    // 为了正常解序列化需要这一行
    include("classa.inc");
    $s=implode("",@file("store"));
    $a=unserialize($s);
    // 现在可以使用 $a 对象的 show _ one() 函数了
    $a->show _ one();
?>
```

如果用会话并使用了 session_register() 来注册对象，这些对象会在每个 PHP 页面结束时被自动序列化，并在接下来的每个页面中自动解序列化。基本上是说这些对象一旦成为会话的一部分，就能在任何页面中出现。

强烈建议在所有的页面中都包括这些注册的对象的类的定义，即使并不是在所有的页面中都用到了这些类。如果没有这样做，一个对象被解序列化了但却没有其类的定义，它将失去与之关联的类并成为 stdClass 的一个对象而完全没有任何可调用的函数，这样就很没有用处了。

因此，如果在以上的例子中 $a 通过运行 session_register("a") 成为了会话的一部分，应该在所有的页面中包含 classa.inc 文件，而不只是 page1.php 和 page2.php。

17.8　魔术函数 _sleep 和 _wakeup

serialize() 检查类中是否有魔术名称 _sleep 的函数。如果这样，该函数将在任何序列化之前运行。它可以清除对象并应该返回一个包含有该对象中应被序列化的所有变量名的数组。

使用 _sleep 的目的是关闭对象可能具有的任何数据库连接，提交等待中的数据或进行类似的清除任务。此外，如果有非常大的对象而并不需要完全储存下来时此函数也很有用。

相反地，unserialize() 检查具有魔术名称 _wakeup 的函数是否存在。如果存在，此函数可以重建对象可能具有的任何资源。

使用 _wakeup 的目的是重建在序列化中可能丢失的任何数据库连接及处理其他重新初始化的任务。

17.9 构造函数中的引用

在构造函数中创建引用可能会导致混淆的结果。本节以教程形式帮助避免问题。

```php
<?php
class Foo
{
    function Foo($name)
    {
        // 在全局数组 $globalref 中建立一个引用
        global $globalref;
        $globalref[]=&$this;
        // 将名字设定为传递的值
        $this->setName($name);
        // 并输出之
        $this->echoName();
    }
    function echoName()
    {
    echo"<br>",$this->name;
    }
    function setName($name)
    {
        $this->name=$name;
    }
}
?>
```

下面来检查一下用拷贝运算符 "=" 创建的 $bar1 和用引用运算符 "=&" 创建的 $bar2 有没有区别。

```php
<?php
$bar1=new Foo('set in constructor');
$bar1->echoName();
$globalref[0]->echoName();
/* 输出:
set in constructor
set in constructor
```

```
set in constructor */
$bar2=& new Foo('set in constructor');
$bar2->echoName();
$globalref[1]->echoName();
/* 输出:
set in constructor
set in constructor
set in constructor */
?>
```

　　显然看似没有区别，但实际上有一个非常重要的区别:$bar1 和 $globalref[0] 并没有被引用，它们不是同一个变量。这是因为"new"默认并不返回引用，而是返回一个拷贝。

　　注意，在返回拷贝而不是引用中并没有性能上的损失（因为 PHP4 及以上版本使用了引用计数）。相反，更多情况下工作于拷贝上较之工作于引用上更好，因为建立引用需要一些时间而建立拷贝实际上不花时间（除非它们都不是大的数组或对象，而其中之一跟着另一个变，使用引用来同时修改它们会更聪明一些）。

　　要证明以上写的，看看下面的代码。

```
<?php
// 现在改个名字，你预期什么结果?
// 你可能预期 $bar1 和 $globalref[0] 二者的名字都改了……
$bar1->setName('set from outside');
// 但如同前面说的，并不是这样
$bar1->echoName();
$globalref[0]->echoName();
/* 输出为:
set from outside
set in constructor */
// 现在看看 $bar2 和 $globalref[1] 有没有区别
$bar2->setName('set from outside');
// 幸运的是它们不但相同，根本就是同一个变量
// 因此 $bar2->name 和 $globalref[1]->name 也是同一个变量
$bar2->echoName();
$globalref[1]->echoName();
/* 输出为:
set from outside
set from outside */
?>
```

最后给出另一个例子，试着理解它。

```
<?php
```

```
class A
{
    function A($i)
    {
        $this->value=$i;
        // 试着想明白为什么这里不需要引用
        $this->b=new B($this);
    }
    function createRef()
    {
        $this->c=new B($this);
    }
    function echoValue()
    {
        echo"<br>","class",get _ class($this),':',$this->value;
    }
}
class B
{
    function B(&$a)
    {
        $this->a=&$a;
    }
    function echoValue()
    {
        echo"<br>","class",get _ class($this),':',$this->a->value;
    }
}
// 试着理解为什么这里一个简单的拷贝会在下面用
// 标出来的行中产生预期之外的结果
$a=& new A(10);
$a->createRef();
$a->echoValue();
$a->b->echoValue();
$a->c->echoValue();
$a->value=11;
$a->echoValue();
$a->b->echoValue();//*
$a->c->echoValue();
```

```
/*
输出为:
class A: 10
class B: 10
class B: 10
class A: 11
class B: 11
class B: 11
*/
?>
```

习题 17

一、选择题

1.（   ）是变量与作用于这些变量的函数的集合。

A. 类　　　　　　　　　　B. 函数

C. 对象　　　　　　　　　D. 资源

2. 类也是一种类型，也就是说，它们是实际变量的蓝图。必须用（   ）运算符来创建相应类型的变量。

A. var　　　　　　　　　　B. new

C. extends　　　　　　　　D. array

3.（   ）是类中的一个特殊函数，当使用 new 操作符创建一个类的实例时，构造函数将会自动调用。

A. 构造函数　　　　　　　B. 魔术函数

C. 析构函数　　　　　　　D. 全局函数

二、填空题

1. 不能将一个类的定义放到_____或_____。

2. PHP 将所有以 _ 开头的函数名保留为_____。除非想要使用一些见于文档中的魔术功能，否则建议不要在 PHP 中将函数命名以 _ 开头。

3. 在 PHP4 中，var 变量的值只能初始化为常量。用非常量值初始化变量，需要一个初始化函数，该函数在对象被创建时自动被调用。这样一个函数被称为_____。

部分习题答案

习题1

一、选择题　1. A　2. B　3. C　4. B　5. D　6. B

二、填空题　1.
　2. Dreamweaver CS4　EditPlus　UltraEdit　ZendStudio

习题2

一、选择题　1. C　2. A　3. A　4. A

二、填空题　1. 内联样式表　外联样式表　2. link　visited　hover

习题3

一、选择题　1. D　2. C　3. B

二、填空题　1. ASP　HTML

2. apache　mysql　php　www

3. Dreamweaver MX　EditPlus　UltraEdit　PHPed　PHP Expert Editor　ZendStudio

习题4

一、选择题　1. A　2. A　3. C

二、填空题　1. echo　2. C　C++　UNIX Shell

习题5

一、选择题　1. D　2. A　3. B　4. A

二、填空题　1. 常量　变量　2. array　object　3. 定界符

习题6

一、选择题　1. B　2. C　3. A　4. A

二、填空题　1. 真　假　2. if...else　switch　3. while　do…while　for

习题7

一、选择题　1. D　2. A　3. B　4. C

二、填空题　1. PHP 时间日期函数　自定义函数　2. 客户端

习题8

一、选择题　1. B　2. A　3. A　4. D

二、填空题　1. SQL Server　ODBC　MySQL　2. 快速　多线程　多用户

习题9

一、选择题　1. B　2. D　3. A　4. C

二、填空题　1. phpMyAdmin　2. MySQL　3. 数据库

习题10

一、选择题　1. D　2. A　3. A

二、填空题　1. 收集用户的信息　根据用户的要求定制页面内容　实时更新最新消息等丰富的功能　2. 插入新记录　修改记录　3. 修改

习题11

一、选择题　1. A　2. B　3. A

二、填空题　1. include require　2. .inc.php　3. MySQL

习题12

一、选择题　1. D　2. A　3. A

二、填空题　1. 网上调查　2. 数字　百分比　3. 添加　删除

习题13

一、选择题　1. A　2. A　3. A

二、填空题　1. 网上调查　2. 操作区　显示区

习题14

一、选择题　1. C　2. A　3. D

二、填空题　1. 文件域　确认按钮　2. 信息提示页面　3. 上传表单区　图片显示区

习题15

一、选择题　1. B　2. A　3. A

二、填空题　1. 实时性　2. 框架结构　3. 上线时间　4. 所有的发言　在线网友的名单　发言的添加表单

习题16

一、选择题　1. A　2. A　3. D

二、填空题　1. 搜索　2. PHP install phpMyAdmin　3. SQL

习题17

一、选择题　1. A　2. B　3. A

二、填空题　1. 多个文件中　多个 PHP 块中　2. 魔术函数　3. 构造函数

参考文献

[1] 刘智勇. HTML+CSS 开发指南. 北京：人民邮电出版社，2007.

[2] 陈锋敏. 贯通 AJAX+PHP. 北京：电子工业出版社，2008.

[3] 马忠超. 零基础学 PHP. 北京：机械工业出版社，2008.

[4] 肖嘉. 网页设计与网站开发基础教程. 西安：西安电子科技大学出版社，2005.

[5] 任长权. 静态网页制作技术：HTML/CSS/JavaScript. 北京：中国铁道出版社，2009.